TRANSFERÊNCIA DE MASSA

Blucher

Marco Aurélio Cremasco

&

Alessandra Suzin Bertan

TRANSFERÊNCIA DE MASSA

Difusão mássica em meios não convencionais

Volume 2

Transferência de massa: difusão mássica em meios não convencionais vol. 2

Editora Edgard Blücher Ltda.

Publisher Edgard Blücher
Editor Eduardo Blücher
Coordenador editorial Rafael Fulanetti
Coordenação de produção Andressa Lira
Produção editorial Kedma Marques
Preparação de texto Samira Panini
Diagramação Alessandra de Proença
Revisão de texto Bruna Marques
Capa Laércio Flenic
Imagem da capa Istockphoto

Blucher

Rua Pedroso Alvarenga, 1245, 4º andar
04531-934 – São Paulo – SP – Brasil
Tel.: 55 11 3078-5366
contato@blucher.com.br
www.blucher.com.br

Segundo o Novo Acordo Ortográfico, conforme 6. ed. do *Vocabulário Ortográfico da Língua Portuguesa*, Academia Brasileira de Letras, julho de 2021.

Dados Internacionais de Catalogação na Publicação (CIP)
Angélica Ilacqua CRB-8/7057

Cremasco, Marco Aurélio
Transferência de massa : difusão mássica em meios não convencionais / Marco Aurélio Cremasco, Alessandra Suzin Bertan. – São Paulo : Blucher, 2024.
259 p. (Vol 2)

Bibliografia
ISBN 978-85-212-2373-3 (impresso)

1. Engenharia química 2. Massa – Transferência I. Título II. Bertan, Alessandra Suzin

24-1499 CDD 660

Índice para catálogo sistemático:
1. Engenharia química

Para as nossas famílias

Apresentação

A complexidade da vida é uma questão que nos provoca a compreensão. Somos resultados de longa evolução cósmica. Nesse universo insondável, o nosso Planeta beira a uma fagulha de nada. A vida floresceu de maneira extraordinária, desenvolvendo-se em uma miríade de estruturas, desde os átomos que compõem cada célula de nosso organismo até as redes neurais que nos permitem pensar. Além disso, a busca pelo entendimento do universo revela-se em teias intrincadas de fenômenos. Explorar essa complexidade é um desafio fascinante que temos pela frente, que nos faz transpor limites, romper barreiras, desvendar o desconhecido e buscar, sobretudo, o significado da nossa existência.

Para tanto, todos os campos do conhecimento estão convocados para contribuir com as suas inquietudes. Cada qual tem o seu modo de explorar o tema e, assim, dar sentido à própria existência. Thomas Cole (1801-1848), por exemplo, procurou entendê-la no conjunto de quatro telas *A jornada da vida*, que reflete as fases de um ser humano: infância, juventude, maturidade e velhice. Há, em cada quadro, o ser humano, um anjo, um barco e um rio, espelhando as vicissitudes de existir, de tal modo que a pessoa ali presente pode ser qualquer um de nós; o anjo, quem sabe, a nossa consciência; o barco, para uns, pode ser o corpo, enquanto para outros, a alma; e o rio, a própria vida e toda a sua complexidade. Mas, a vida é complexa? Se pensarmos que a vida se constitui de elementos materiais e imateriais, tangíveis e intangíveis, podemos supor que sim. Complexa como a natureza plasmática da aurora boreal e dos raios; de magma, gases, cinzas e material piroclástico expelidos por vulcões. Complexa como o citosol em uma célula eucarionte, povoado de proteínas, DNAs, RNAs, ou em um neurônio, por onde trafegam neurotransmissores. Complexa como o leite, composto por milhares de moléculas distintas, cada qual com a sua especificidade. Complexa feito um meio de cultivo fermentescível destinado à obtenção de fármacos, cuja natureza é impregnada de fontes de carbono, nitrogênio e inúmeros micronutrientes. Complexa como a natureza híbrida dos fluidos supercríticos e dos líquidos iônicos. Complexa como o perfume e as suas notas voláteis e lipofílicas. Se o perfume emana o que há de bom na vida, existem os agrotóxicos nas lavouras, o mercúrio nas lavras e os gases do efeito estufa na atmosfera para traduzir o outro lado da humanidade.

Tal complexidade pode, à semelhança do rio de Cole, ser traduzida em um meio difusivo complexo. Ao procurar entender a difusão mássica em tais meios, estaríamos no espírito de ampliarmos o nosso conhecimento, não apenas e especificamente sobre transferência de massa. Contudo, ao pensarmos a complexidade no sentido de que a composição do meio difusivo não é completamente conhecida, teríamos de lançar mão de ferramentas matemáticas poderosas para desvendar os fenômenos de transferência de massa que, de modo convencional, não são empregados para descrevê-los. Em vez de meios complexos, optamos, neste livro, por meios não convencionais para abordar a difusão mássica em vários meios, todavia minimizando a sua complexidade quanto à sua definição química e biológica, bem como abordando o fenômeno difusivo em situações que normalmente não são discutidas em sala de aula, quando se trata de disciplinas que contenham transferência de massa no seu escopo programático.

O presente livro, *Transferência de massa: difusão mássica em meios não convencionais*, é oferecido em quinze capítulos, cujos tópicos não são habitualmente apresentados em um único corpo textual no escopo de transferência de massa. A obra estrutura-se na apresentação de problemas com abordagem transdisciplinar. Tal estratégia metodológica é a mesma encontrada no volume 1, *Transferência de massa: difusão mássica em meios convencionais*, em que se oferece determinado problema de maneira que outras áreas de conhecimento, na medida do possível, também se identifiquem com a situação apresentada. Assim, cada capítulo, apresenta um problema em contexto transdisciplinar, seguido de comentário e formulário que oferecem a base teórica para a solução técnica do problema. Este volume alinha-se ao apresentado no volume 1, comprometido com as interações entre as várias áreas do saber, como também direcionado à consciência social e ambiental enquanto complemento necessário à formação técnica de quem se envereda nas ciências exatas e tecnológicas.

Os autores

Conteúdo

CAPÍTULO 1
Passeio na aurora boreal

O que está por vir? Tudo o que existe, existe em potência, em estado de latência, feito luz escondida no breu? Inimaginável a luminosidade do *Big Bang*, mas testemunhamos a intensidade do raio nas chuvas de primavera; podemos ver, no verão, o brilho do Sol, que nos leva a pensar nas estrelas no céu noturno do outono ou no magnetismo da aurora boreal. Brilhos que fascinam o ser humano desde tempos imemoriais, em que se apreciava o fogo trazido por Prometeu à humanidade e, assim, simbolizava o conhecimento. Mesmo você, que se debruça sobre esta leitura artificialmente iluminada, talvez por lâmpada fluorescente, talvez se esquecendo que mais de 99% da matéria do universo visível esteja no mesmo estado material que flui da descarga elétrica do raio, daquele que palpita no coração das estrelas, bem como explode em cores nos girassóis e noites estreladas de Van Gogh, como também crepita da chama do fogo que traduz o conhecimento, que enleia a luz sobre a sua cabeça, que pensa e delira (Cremasco; Bertan; Miranda, 2021). Plasma, que muitos denominam quarto estado da matéria, é, de fato, o primeiro estado e de onde todos os demais originaram-se.

A Terra é bombardeada por energia vinda do espaço exterior (Baranoski *et al.*, 2005), principalmente do Sol, que espalha, por exemplo, partículas atômicas constituintes do vento solar. Uma fração dessas partículas interage com o campo magnético terrestre, sendo guiadas para as regiões magnéticas norte e sul do Planeta. Os elétrons, ao percorrerem ao longo das linhas do campo magnético, sofrem deflexões aleatórias, causadas por colisões com átomos de gases atmosférico, como oxigênio e nitrogênio. Quando os elétrons colidem com os constituintes atmosféricos, os átomos são excitados e emitem fótons (Baranoski *et al.*, 2005), promovendo o espetáculo de luzes conhecido como aurora boreal (no norte magnético da Terra) e aurora austral (no sul magnético da Terra). O meio em que ocorre o fenômeno da aurora boreal é um gás ionizado naturalmente, ou seja, plasma, e a camada da atmosfera em que acontece tal fenômeno é a ionosfera, sendo ela própria plasma (Eliezer; Eliezer, 2001; Chen, 2016). Desse modo, pretende-se ter uma ideia de como ocorre a difusão de elétrons e íons em determinada região da ionosfera (conhecida como região E) onde ocorre a aurora boreal (entre 90 km a 150 km de altitude). Encontram-se, nessa região, majoritariamente os íons NO^+ e $O_2^{\ +}$, cujas concentrações, bem como a de elétrons, podem ser obtidas a partir da Figura 1.1, enquanto as temperaturas dos elétrons (T_e) e íons (T_i) estão apresentadas na Figura 1.2.

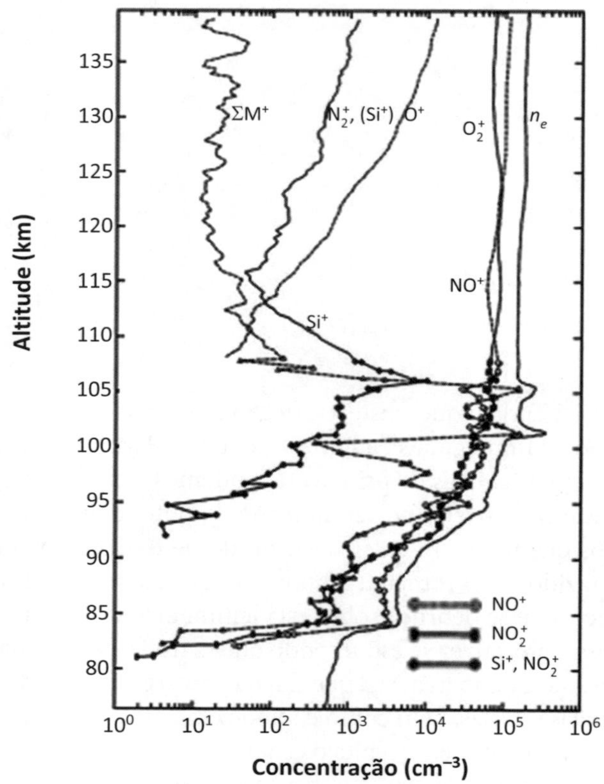

Figura 1.1 – Concentrações de íons e de elétrons na região E da ionosfera.

Fonte: adaptada de Kelley (2009).

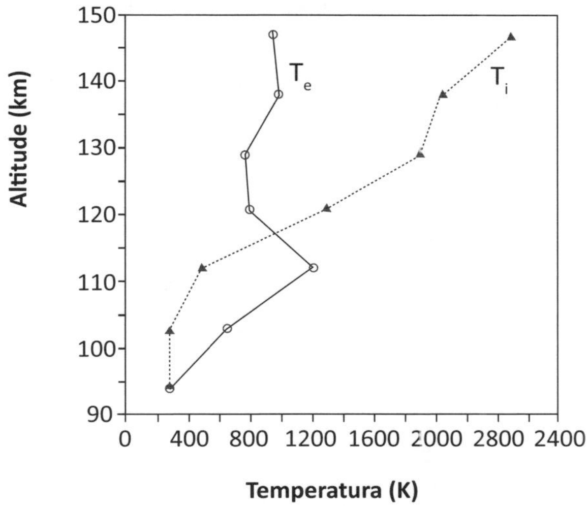

Figura 1.2 – Temperaturas de elétrons (T_e) e íons (T_i) na região polar E em presença de elevado campo elétrico.

Fonte: adaptada de Kelley (2009).

Uma das estratégias para analisar o espalhamento ou dispersão de íons e elétrons livres na região E, em particular naquela em que ocorre o fenômeno da aurora boreal, é o emprego da abordagem de difusão estocástica. Para tanto, assuma o modelo de difusão ambipolar, considerando-se o modelo de passeio aleatório tridimensional (3D) para a descrição estocástica. Tendo em vista que a massa dos elétrons é $m_e = 9{,}109 \times 10^{-31}$ kg, e dos íons O_2^+ e NO^+, bem como os respectivos números atômicos iguais a $m_{O2+} = 5{,}315 \times 10^{-26}$ kg, $m_{NO+} = 4{,}983 \times 10^{-26}$ kg, $Z_{O2+} = 16$, $Z_{NO+} = 15$, pede-se:

a) Obtenha os valores do coeficiente de difusão livre dos íons O_2^+ e NO^+, bem como os respectivos valores dos coeficientes de difusão ambipolar nas altitudes 100 km e 130 km.

b) Construa os cartogramas 3D do deslocamento dos íons O_2^+ e NO^+ a 100 km, nos tempos 0,25 s e 0,75 s.

c) Construa os cartogramas 3D do deslocamento dos íons O_2^+ e NO^+ a 0,5 s, nas altitudes 100 km e 130 km.

COMENTÁRIOS

Além de se identificar o plasma no Sol, nas estrelas, nos raios e na aurora boreal, destaca-se que a difusão em plasma está presente em algumas aplicações de engenharia, como no processo de deposição e difusão de níquel via plasma em amostras de ferro (Cardoso, 2003), em processos de nitretação a plasma (Ramos, 2003) e no pré-

-tratamento do bagaço de cana-de-açúcar visando à produção de álcool de segunda geração (Miranda, 2013). É crucial entender a natureza desse estado da matéria, contextualizando-o em relação aos demais: gás, líquido e sólido (Figura 1.3), bem como em relação à energia associada às transições de fases, conforme ilustra a Figura 1.4. A transição de gás para plasma denomina-se ionização, enquanto o processo inverso, recombinação.

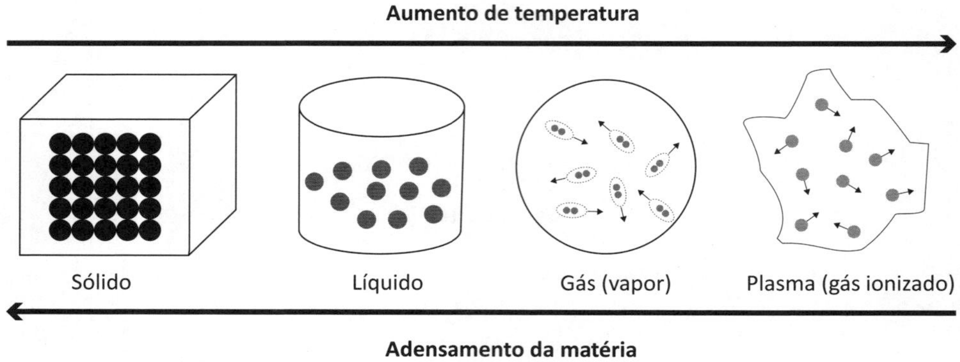

Figura 1.3 – Os estados da matéria.

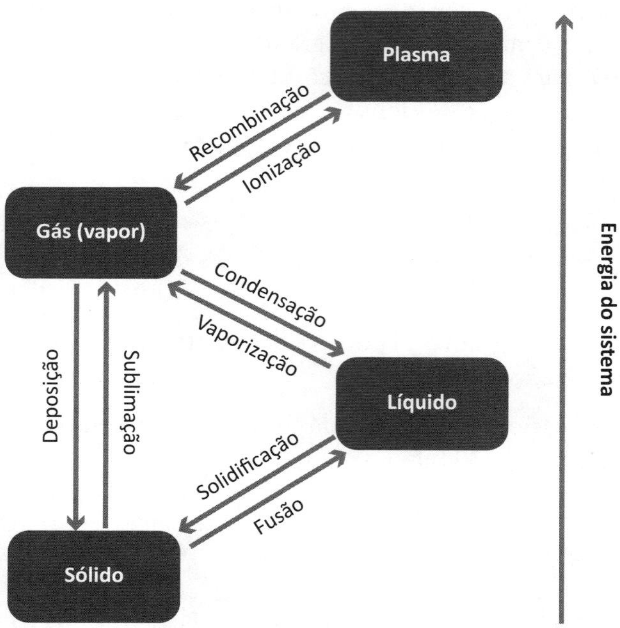

Figura 1.4 – Transição de fases em distintos estados da matéria.

Fonte: adaptada de Wikipédia (2022).

Intui-se, naturalmente, a natureza errática das partículas que compõem o plasma, de tal modo que a difusão de matéria ocorre entre as regiões mais densas para as regiões menos densas ou entre regiões com maior temperatura para regiões de menor temperatura (Motta, 1996). Tendo em vista que os elétrons apresentam massa bem menor do que a dos íons, aqueles tendem a se difundir mais rápido, arrastando o excesso de cargas positivas. O movimento dos elétrons, portanto, provoca desequilíbrio de cargas, acelerando a difusão dos íons, mas desacelerando a de elétrons, provocando a advecção de ambas as partículas, de modo que o fluxo de matéria associado aos elétrons e íons pode ser escrito, respectivamente, como

$$\mathbf{J}_e = -D_e \nabla n_e - \mu_e n_e \mathbf{E} \tag{1.1}$$

$$\mathbf{J}_i = -D_i \nabla n_i - \mu_i n_i \mathbf{E} \tag{1.2}$$

em que n_e se refere à concentração de elétrons por volume de plasma; n_i, concentração de íons por volume; μ_e e μ_i, mobilidades dos elétrons e dos íons no campo elétrico, **E**; D_e e D_i referem-se aos coeficientes de difusão livre dos elétrons e dos íons advindos, respectivamente, de

$$D_e = \frac{k_B T_e}{m_e \nu_e} \tag{1.3}$$

$$D_i = \frac{k_B T_i}{m_i \nu_i} \tag{1.4}$$

sendo a constante de Boltzmann, $k_B = 1{,}381 \times 10^{-23}$ J/K; m_e e m_i, massa do elétron e do íon, respectivamente; ν_e e ν_i, frequência de colisão, no plasma, de elétrons e de íons, respectivamente (Bittencourt, 2018)

$$\nu_e = 8{,}992 n_e^{1/2} \tag{1.5}$$

$$\nu_i = 8{,}569 \times 10^{-15} Z \left(\frac{n_i}{m_i} \right)^{1/2} \tag{1.6}$$

em que as frequências resultam em s^{-1}, utilizando-se concentrações das partículas em m^{-3}, sendo Z, o número atômico do íon considerado. Ao se assumir que o desequilíbrio entre fluxo e concentração é pequeno, ou seja, a situação de quase-equilíbrio, considera-se a igualdade entre os fluxos de elétrons e de íons, permitindo a igualdade entre as Equações (1.1) e (1.2), cujo resultado para o campo elétrico é posto na forma

$$\mathbf{E} = \left(\frac{D_i - D_e}{\mu_e + \mu_i}\right)\left(\frac{\nabla n_e}{n_e}\right) = \left(\frac{D_i - D_e}{\mu_e + \mu_i}\right)\left(\frac{\nabla n_i}{n_i}\right) = \left(\frac{D_i - D_e}{\mu_e + \mu_i}\right)\left(\frac{\nabla n}{n}\right) \tag{1.7}$$

Substituindo-se a Equação (1.7) ou na Equação (1.1) ou na Equação (1.2), obtém-se, após manipulações algébricas,

$$\mathbf{J} = \mathbf{J}_i = \mathbf{J}_n = \left(\frac{\mu_i D_e + \mu_e D_i}{\mu_e + \mu_i}\right)\nabla n \tag{1.8}$$

O fluxo de partículas representado pela Equação (1.8) refere-se à difusão ambipolar, implicando no mesmo fluxo de matéria entre elétrons e íons. O termo entre parênteses denomina-se coeficiente de difusão ambipolar, ou

$$D_a = \left(\frac{\mu_i D_e + \mu_e D_i}{\mu_e + \mu_i}\right) \tag{1.9}$$

Ao se identificar as Equações (1.3) e (1.4) na Equação (1.9), e sabendo-se que as mobilidades elétrica e iônica são iguais, respectivamente, a $\mu_e = e/m_e\nu_e$ e $\mu_i = e/m_i\nu_i$ (com e = 1,602 × 10^{-19} Coulomb), tem-se a equação para o coeficiente de difusão ambipolar na forma da equação de Einstein,

$$D_a = \frac{k_B\left(T_e + T_i\right)}{\left(m_e \nu_e + m_i \nu_i\right)} \tag{1.10}$$

É importante ressaltar que, ainda que se observe a existência do coeficiente de difusão ambipolar, este pode estar sujeito a campo magnético, o qual pode ser expresso segundo o coeficiente perpendicular de difusão na forma (Fridman, 2008)

$$D_\perp = \frac{D_a}{\gamma} \tag{1.11}$$

com

$$\gamma = 1 + \left(\frac{w_{B,i}}{\nu_i} \right)^2 + \frac{\mu_i}{\mu_e} \left[1 + \left(\frac{w_{B,e}}{\nu_e} \right)^2 \right] \tag{1.12}$$

onde $w_{B,i} = eB/m_i$; $w_{B,e} = eB/m_e$, em que B é a densidade do campo magnético. Uma vez que $B \approx 10^{-5}$ Tesla (Bittencourt, 2018) na ionosfera, γ é aproximadamente igual a 1, podendo-se considerar (Cremasco; Bertan; Miranda, 2021)

$$D_{\perp} \cong D_a \tag{1.13}$$

Destaque-se que a migração iônica pode ser avaliada pelo seu passeio aleatório de acordo com o processo estocástico markoviano. O passeio aleatório é utilizado na descrição do deslocamento errático de uma partícula material (íon, átomo ou molécula – Figura 1.5), cuja matriz de transição para qualquer dimensão se dá por (Cremasco; Bertan; Miranda, 2021)

$$P\{U_N = k|, U_{N-1} = i\} = \begin{cases} 1/2d, & \text{se i é adjacente à k,} \\ 0 & \text{se não} \end{cases} \tag{1.14}$$

sendo d a dimensão, em que d = 1, unidimensional; d = 2, bidimensional; d = 3, tridimensional. Quanto à abordagem de difusão estocástica, assume-se que os íons no plasma seguem trajetórias aleatórias (Figura 1.5), de modo que são avaliadas quanto à sua transitoriedade/recorrência.

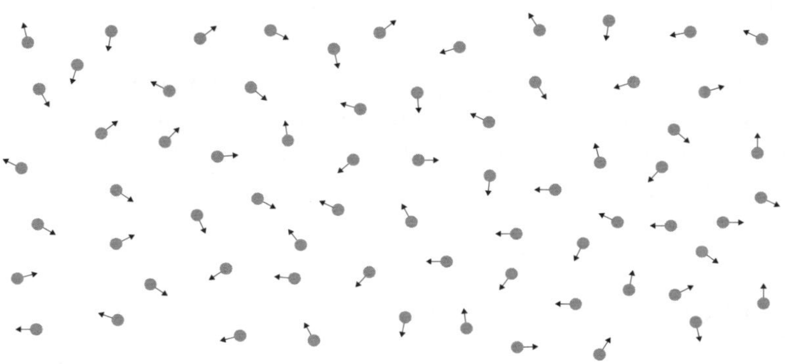

Figura 1.5 – Deslocamento errático de uma partícula material.

Considere determinada partícula situada em (0,0,0) de maneira que ela escolhe um de seus vizinhos (ou lócus) mais próximo $i - \delta_j$ ou $i + \delta_j$ ($j = x$, y ou z) para seguir (Cremasco; Bertan; Miranda, 2021). Em três dimensões, pode-se considerar um de seus seis vizinhos (Figura 1.6).

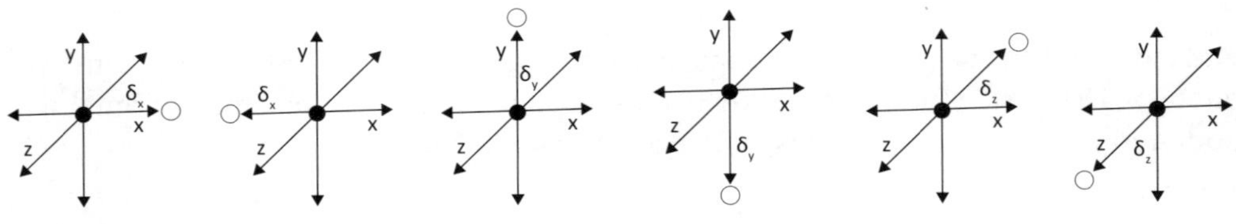

Figura 1.6 – Possibilidades de deslocamento centrada no vértice.

Fonte: adaptada de Cremasco; Bertan; Miranda (2021).

Assume-se, portanto, passeio aleatório tridimensional, simples, simétrico e independente, em que a partícula se move para a posição vizinha independentemente do deslocamento anterior, caracterizando um processo estocástico com incrementos independentes (Bhattacharya; Waymire, 1990), ou seja, estatisticamente independente implicando, por exemplo, na nulidade da matriz de covariância. Tendo em vista que o passeio é simétrico para cada vizinho e que este seja escolhido com probabilidade 1/6, decorrendo, portanto, da hipótese de transitoriedade/recorrência, não importa a definição da escolha do caminho, pois, em cada situação, existem seis vizinhos igualmente prováveis. Assim, tem-se uma relação recursiva para a probabilidade de uma partícula percorrer N passos, a partir do ponto x, até atingir o ponto y. Ao identificar tal probabilidade a P(N: x,y), tem-se a relação recursiva (Rudnick; Gaspari, 2004)

$$P(N : x, y) = \frac{1}{2d} \sum_{nns} P(N\text{-}1 : x, y - w_i) \tag{1.15}$$

A Equação (1.15) refere-se às trajetórias independentes de uma partícula em *d* dimensões, enquanto nns se refere à localização dos vizinhos mais próximos dessa mesma partícula. No caso de passeio tridimensional, a Equação (1.15) é retomada na forma (Cremasco; Bertan; Miranda, 2021)

$$P(N : \mathbf{x}, \mathbf{y}) = \frac{1}{6} \sum_{j=1}^{3} \left[P(N\text{-}1 : \mathbf{x}, \mathbf{y} - \mathbf{e}_j \delta_j) + P(N\text{-}1 : \mathbf{x}, \mathbf{y} + \mathbf{e}_j \delta_j) \right] \tag{1.16}$$

na qual $\mathbf{e}_j$ são os vetores unitários ao longo dos eixos positivo x, y e z. Subtraindo-se P(N-1: **x**,**y**) na Equação (1.16), esta é reescrita como (Rudnick; Gaspari, 2004)

$$P(N:\mathbf{x},\mathbf{y})\text{-}P(N\text{-}1:\mathbf{x},\mathbf{y})=\frac{1}{6}\sum_{j=1}^{3}\left[P\left(N\text{-}1:\mathbf{x},\mathbf{y}-\mathbf{e}_j\delta_j\right)+P\left(N\text{-}1:\mathbf{x},\mathbf{y}+\mathbf{e}_j\delta_j\right)-2P\left(N\text{-}1:\mathbf{x},\mathbf{y}\right)\right] \quad (1.17)$$

Para número de passos muito elevados (N>>1), pode-se considerar a seguinte expansão em série de Taylor (Cremasco; Bertan; Miranda, 2021)

$$P(N:\mathbf{x},\mathbf{y})\approx P(N\text{-}1,\mathbf{x},\mathbf{y})+\frac{\partial}{\partial N}P(N\text{-}1:\mathbf{x},\mathbf{y}) \quad (1.18)$$

que, substituída na Equação (1.17), resulta em

$$\frac{\partial}{\partial N}P(N:\mathbf{x},\mathbf{y})\approx\frac{1}{6}\sum_{j=1}^{3}\left[P\left(N\text{-}1:\mathbf{x},\mathbf{y}-\mathbf{e}_j\delta_j\right)+P\left(N\text{-}1:\mathbf{x},\mathbf{y}+\mathbf{e}_j\delta_j\right)-2P\left(N\text{-}1:\mathbf{x},\mathbf{y}\right)\right] \quad (1.19)$$

Adotando procedimento semelhante para o lado direito da Equação (1.18), ou seja, considerando-se a expansão da série de Taylor para cada coordenada e lembrando que x, y e z são variáveis independentes entre si (ou seja, não existem correlações), tem-se, em coordenadas retangulares e assumindo que a origem em (x,y,z) venha a ser igual a zero nas três dimensões,

$$\frac{\partial}{\partial N}P(N,x,y,z)\approx\frac{\delta_x^2}{6}\frac{\partial^2}{\partial x^2}P(N,x,y,z)+\frac{\delta_y^2}{6}\frac{\partial^2}{\partial y^2}P(N,x,y,z)+\frac{\delta_z^2}{6}\frac{\partial^2}{\partial z^2}P(N,x,y,z) \quad (1.20)$$

Assumindo que N se refere ao tempo adimensional de certo tempo característico, τ,

$$N\equiv\frac{t}{\tau} \quad (1.21)$$

resulta em (Cremasco; Bertan; Miranda, 2021)

$$\frac{\partial}{\partial t}P(t,x,y,z)\approx\frac{\delta_x^2}{6\tau}\frac{\partial^2}{\partial x^2}P(t,x,y,z)+\frac{\delta_y^2}{6\tau}\frac{\partial^2}{\partial y^2}P(t,x,y,z)+\frac{\delta_z^2}{6\tau}\frac{\partial^2}{\partial z^2}P(t,x,y,z) \quad (1.22)$$

que pode ser identificada à equação de transporte de matéria, em coordenadas cartesianas, para meios anisotrópicos na forma

$$\frac{\partial}{\partial t}n(t,x,y,z) = D_x\frac{\partial^2}{\partial x^2}n(t,x,y,z) + D_y\frac{\partial^2}{\partial y^2}n(t,x,y,z) + D_z\frac{\partial^2}{\partial z^2}n(t,x,y,z) \tag{1.23}$$

com os coeficientes de difusão nas direções x, y e z definidos de acordo com

$$D_x \equiv \frac{\delta_x^2}{6\tau};\ D_y \equiv \frac{\delta_y^2}{6\tau};\ D_z \equiv \frac{\delta_z^2}{6\tau} \tag{1.24}$$

A Equação (1.23) pode ser resolvida mediante as seguintes condições de contorno

$$n(0,x,y,z) = \delta(x)\delta(y)\delta(z) \tag{1.25}$$

em que δ(x), δ(y) e δ(z) são deltas de Dirac, e

$$n(t,x,y,z) = 0;\ x,y,z \to \pm\infty \tag{1.26}$$

cuja solução é

$$n(t,x,y,z) = \frac{1}{(2\pi)^{3/2}\sigma_x\sigma_y\sigma_z}\exp\left(-\frac{x^2}{2\sigma_x^2} - \frac{y^2}{2\sigma_y^2} - \frac{z^2}{2\sigma_z^2}\right) \tag{1.27}$$

da qual se identificam

$$\sigma_x^2 = 2D_x\tau;\ \sigma_y^2 = 2D_y\tau;\ \sigma_z^2 = 2D_z\tau \tag{1.28}$$

Observa-se que a Equação (1.27) representa uma distribuição normal multivariada (tridimensional), cujo coeficiente de correlação é nulo; característica da hipótese (forte) assumida de o passeio aleatório 3D ser um processo estocástico independente (Cremasco; Bertan; Miranda, 2021). Em se tratando da difusão ambipolar em plasma sujeito a campo magnético fraco (**B** << **E**; γ = 1), tem-se nas definições 1.28

$$\sigma_x^2 = 2D_\perp\tau;\ \sigma_y^2 = 2D_\perp\tau;\ \sigma_z^2 = 2D_a\tau \tag{1.29}$$

A Equação (1.23) é retomada como

$$\frac{\partial}{\partial t}n(t,x,y,z)=D_{\perp}\left[\frac{\partial^2}{\partial x^2}n(t,x,y,z)+\frac{\partial^2}{\partial y^2}n(t,x,y,z)\right]+D_{a}\frac{\partial^2}{\partial z^2}n(t,x,y,z) \quad (1.30)$$

que se assemelha àquela encontrada em Bittencourt (2018) para a descrição da equação de transporte de elétrons em plasma (Cremasco; Bertan; Miranda, 2021).

O desafio de especificar as trajetórias dos íons na região em que ocorre a aurora boreal é o de associar tais trajetórias à difusão de matéria, esta contemplada por sua natureza intrínseca, presente em seu coeficiente de difusão e influenciada pela concentração iônica, conforme apresenta a Figura 1.1. Para o passeio aleatório 3D, assume-se que existem L passos na direção x, associados ao seu respectivo trajeto; M passos na direção y; N passos na direção z. A estratégia para a difusão estocástica baseia-se, neste caso, na relação da natureza dispersiva do coeficiente de difusão em tais passos. É possível, portanto, associar os coeficientes de difusão com a variância relativa à distribuição gaussiana, e o deslocamento dos íons O_2^+ e NO^+ em diferentes tempos (item b) e altitudes (item c). Ressalte-se que o passeio aleatório está no escopo dos processos estocásticos markovianos (Billingsley, 1995), empregado para descrever a trajetória errática de determinada partícula material (elétron ou íon), cuja matriz de transição é dada pela Equação (1.14). Assume-se a independência de escolha para o novo deslocamento para qualquer que seja a direção x, y e z, implicando na simetria do passeio aleatório na forma p = q = ½, (ou para x ou para y ou para z, independentemente). Este também pode ser descrito pela distribuição de Bernoulli, especificamente pela distribuição binomial, de modo que se tem (Cremasco; Bertan; Miranda, 2021).

$$\sigma_x^2=p(1-p)L \quad (1.31)$$

$$\sigma_y^2=p(1-p)M \quad (1.32)$$

$$\sigma_z^2=p(1-p)N \quad (1.33)$$

sendo p = ½, resultando, portanto, para qualquer direção,

$$L=4\sigma_x^2 \quad (1.34)$$

$$M=4\sigma_y^2 \quad (1.35)$$

$$N=4\sigma_y^2 \quad (1.36)$$

Ao se considerar as definições 1.29 nas Equações (1.34) a (1.36), estas são reescritas como

$$L = 8D_{\perp}\tau \tag{1.37}$$

$$M = 8D_{\perp}\tau \tag{1.38}$$

$$N = 8D_{a}\tau \tag{1.39}$$

Em atenção à hipótese de que o campo magnético é fraco ($\mathbf{B} << \mathbf{E}$; $\gamma = 1$), ou seja, $D_{\perp} \approx D_a$, tem-se, necessariamente (Cremasco; Bertan; Miranda, 2021),

$$L = M = N = 8D_{a}\tau \tag{1.40}$$

FORMULÁRIO

A descrição do mecanismo da dispersão molecular dos íons no plasma resulta da implementação da matriz de transição, Equação (1.14), para d = 3, considerando-se que a única variável a ser fornecida é o valor do passo L, conforme apresentado na Figura 1.7.

```
Input:   j (espécie j), L (número de passos)
Output:  cartogramas 3D para diferentes tempos e altitudes
    enquanto i = 0 faça
        x ← 0;
        y ← 0;
        z ← 0;
    para i = 1 → L faça
        r ← número pseudoaleatório
        if r < 1/6
            x ← x + 1;
            x ← x + 1;
            z ← z;
        else if r < 2/6
            x ← x − 1;
            y ← y;
            z ← z;
        else if r < 3/6
```

```
                x ← x;
                y ← y + 1;
                z ← z;
            else if r < 4/6
                x ← x;
                y ← y – 1;
                z ← z;
            else if r < 5/6
                x ← x;
                y ← y;
                z ← z + 1;
            else r > 5/6
                x ← x;
                y ← y;
                z ← z – 1;
        return (recomece com novo j)
        end
```

Figura 1.7 – Algoritmo para a descrição do passeio aleatório 3D.

Fonte: adaptada de Cremasco; Bertan; Miranda (2021).

Informação adicional

Constante de Boltzmann: $k_B = 1{,}381 \times 10^{-23}$ J/K.

SOLUÇÃO

O modelo que descreve o passeio aleatório na camada da ionosfera em que ocorre o fenômeno da auroral boreal é descrito pelas Equações (1.10) a (1.13) (item a), utilizando-se o algoritmo apresentado na Figura 1.7 (lembrando-se que L = M = N tanto para o item b quanto para o item c deste capítulo). Independentemente do item, deve-se conhecer as concentrações das partículas sujeitas ao fenômeno difusivo em questão, bem como as temperaturas a que estão sujeitas. Neste caso, lança-se mão das Figura 1.1 e 1.2 para obter os valores das temperaturas dos elétrons (T_e) e íons (T_i), bem como dos valores de concentração íons O_2^+ e NO^+, cujos resultados (já convertidos para m^{-3}) encontram-se na Tabela 1.

Tabela 1 – Valores aproximados de temperatura e concentração de elétrons e íons majoritários na região da aurora boreal

Altitude (km)	T_e (K)	T_i (K)	$e \times 10^{-11}$ (m^{-3})	$O_2^+ \times 10^{-11}$ (m^{-3})	$NO^+ \times 10^{-11}$ (m^{-3})
100	250	500	0,95	0,40	0,55
130	750	1.800	1,70	0,65	0,90

a) Os valores do coeficiente de difusão livre dos íons O_2^+ e NO^+, nas altitudes 100 km e 130 km, são fornecidos, respectivamente, pela Equação (1.4), retomada

$$D_i = \frac{k_B T_i}{m_i \nu_i} \tag{1}$$

com a constante de Boltzmann, $k_B = 1{,}381 \times 10^{-23}$ J/K, e as frequências de colisão dos íons a partir da Equação (1.6), ou

$$\nu_i = 8{,}569 \times 10^{-15} Z \left(\frac{n_i}{m_i} \right)^{1/2} \tag{2}$$

Para efeito de ilustração de cálculos, serão tomadas como partículas de teste os íons O_2^+ e NO^+, na altitude de 100 km, sendo que a metodologia empregada pode ser estendida para 130 km. Uma vez que a 100 km, T_i = 500 K (Tabela 1), e resgatando do enunciado as informações $m_{O2+} = 5{,}315 \times 10^{-26}$ kg, $m_{NO+} = 4{,}983 \times 10^{-26}$ kg, $Z_{O2+} = 16$, $Z_{NO+} = 15$, tem-se na Equação (2) para os íons O_2^+ e NO^+, respectivamente,

$$\nu_{O_2^+} = \left(8{,}569 \times 10^{-15}\right)\left(16\right)\left(\frac{0{,}40 \times 10^{11}}{5{,}315 \times 10^{-26}} \right)^{1/2} = 1{,}189 \times 10^{5} \text{ s}^{-1} \tag{3}$$

$$\nu_{NO^+} = \left(8{,}569 \times 10^{-15}\right)\left(15\right)\left(\frac{0{,}55 \times 10^{11}}{4{,}983 \times 10^{-26}} \right)^{1/2} = 1{,}350 \times 10^{5} \text{ s}^{-1} \tag{4}$$

Uma vez que se conhece o valor da constante de Boltzmann, $k_B = 1{,}381 \times 10^{-23}$ J/K, e de posse dos resultados de 3 e 4, calculam-se os valores dos coeficientes livres de difusão dos elétrons dos íons O_2^+ e NO^+ a 100 km, em que $T_i = 500$ K, segundo a Equação (1)

$$D_{O_2^+} = \frac{k_B T_i}{m_{O_2^+} \nu_{O_2^+}} = \frac{(1{,}381 \times 10^{-23})(500)}{(5{,}315 \times 10^{-26})(1{,}189 \times 10^5)} = 1{,}093 \text{ m}^2/\text{s} = 10.930 \text{ cm}^2/\text{s} \quad (5)$$

$$D_{NO^+} = \frac{k_B T_i}{m_{NO^+} \nu_{NO^+}} = \frac{(1{,}381 \times 10^{-23})(500)}{(4{,}983 \times 10^{-26})(1{,}350 \times 10^5)} = 1{,}026 \text{ m}^2/\text{s} = 10.260 \text{ cm}^2/\text{s} \quad (6)$$

A obtenção dos valores do coeficiente ambipolar resulta da Equação (1.10), ou

$$D_a = \frac{k_B (T_e + T_i)}{(m_e \nu_e + m_i \nu_i)} \quad (7)$$

em que o valor da frequência de colisão dos elétrons é obtido da Equação (1.5),

$$\nu_e = 8{,}992 n_e^{1/2} \quad (8)$$

Uma vez que a 100 km de altitude $n_e = 0{,}95 \times 10^{11}$ m^{-3}, tem-se na Equação (8),

$$\nu_e = (8{,}992)(0{,}95 \times 10^{11})^{1/2} = 2{,}772 \times 10^6 \text{ s}^{-1} \quad (9)$$

Tendo em vista que a massa dos elétrons é $m_e = 9.109 \times 10^{-31}$ kg e a 100 km, a temperatura dessas partículas é igual a 250 K

$$D_{a,O_2^+} = \frac{(1{,}381 \times 10^{-23})(250 + 500)}{\left[(9{,}109 \times 10^{-31})(2{,}772 \times 10^6) + (5{,}315 \times 10^{-26})(1{,}189 \times 10^5)\right]} = 1{,}638 \text{ m}^2/\text{s} = 16.380 \text{ cm}^2/\text{s} \quad (10)$$

$$D_{a,O_2^+} = \frac{(1{,}381 \times 10^{-23})(250 + 500)}{\left[(9{,}109 \times 10^{-31})(2{,}772 \times 10^6) + (4{,}983 \times 10^{-26})(1{,}350 \times 10^5)\right]} = 1{,}539 \text{ m}^2/\text{s} = 15.390 \text{ cm}^2/\text{s} \quad (11)$$

Os resultados teóricos dos valores dos coeficientes de difusão livre, D_i, e ambipolar, D_a, tanto para 100 km quanto para 130 km, encontram-se na Tabela 2.

Tabela 2 – Valores dos coeficientes de difusão livre, D_i, e ambipolar, D_a

Íons	**O_2^+**		**NO^+**	
Altitude (km)	$D_i \times 10^{-4}$ (cm²/s)	$D_a \times 10^{-4}$ (cm²/s)	$D_i \times 10^{-4}$ (cm²/s)	$D_a \times 10^{-4}$ (cm²/s)
100	1,093	1,638	1,026	1,539
130	3,085	4,368	2,888	4,090

O valor do coeficiente de difusão livre dos íons é afetado tanto por sua natureza quanto pela concentração. Observa-se que há o incremento dos valores dos coeficientes de difusão com o incremento da altitude. Isto decorre do aumento da temperatura dos íons, o que eleva a sua energia cinética aumentando, dessa maneira, a sua difusão.

b) A construção dos cartogramas 3D para a trajetória dos íons O_2^+ e NO^+ a 100 km, nos tempos 0,1 s e 1 s, decorre do estabelecimento do número de passos N (recordando que N = M = L, ou seja, o mesmo número de passos em todas as direções), por meio da Equação (1.40), ou

$$L = M = N = 8D_a\tau \tag{12}$$

Para efeito de exemplificação, tomam-se os resultados avaliados a 100 km, considerando-se o tempo igual a 0,25 s. Desse modo, tem-se para os íons O_2^+ e NO^+, respectivamente,

$$N_{O_2^+} = 8D_a\tau = (8)(16.380)(0,25) = 32.764\ \text{cm}^2 \tag{13}$$

$$N_{NO^+} = 8D_a\tau = (8)(15.390)(0,25) = 30.781\ \text{cm}^2 \tag{14}$$

Procedimento similar é empregado para a obtenção do número de passos para τ = 0,75 s, cujos resultados estão apresentados na Tabela 3.

Tabela 3 – Número de passos (N) para o passeio aleatório 3D a 100 km de altitude: influência do tempo

τ (s)	**O_2^+**	**NO^+**
0,25	32.764	30.781
0,75	98.266	92.322

De posse do número de passos e do algoritmo apresentado na Figura 1.7, é possível construir o cartograma 3D, conforme apresentado na Figura 1. A partir da análise dessa figura, observa-se claramente a trajetória dos íons ao longo do tempo, espalhando-se aleatoriamente, todavia aumentando com o incremento do tempo e corroborando a natureza dispersiva do fenômeno de difusão da matéria.

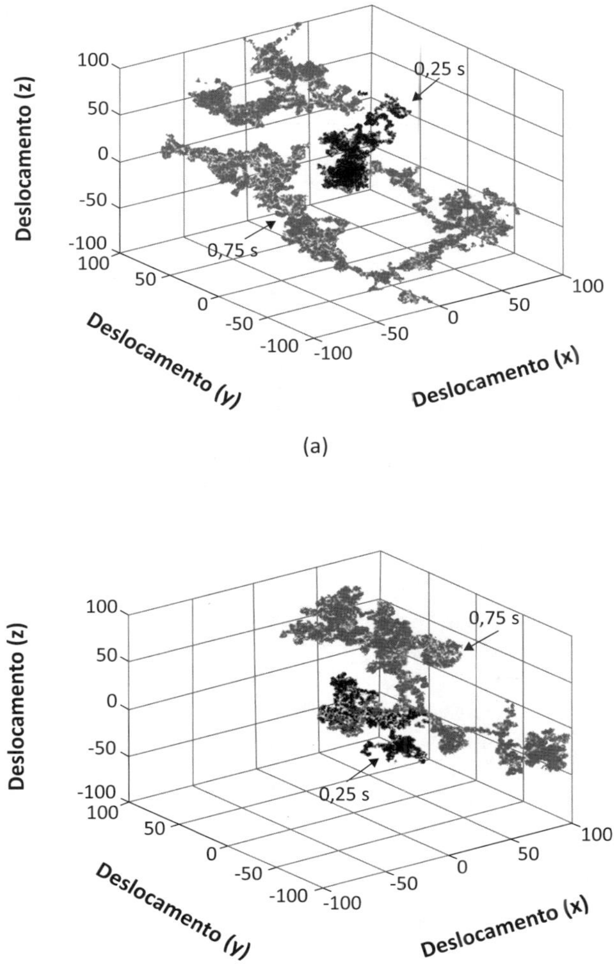

Figura 1 – Cartograma ilustrativo do passeio aleatório a 100 km nos tempos τ = 0,25 s e 0,73 s para os íons: (a) O_2^+; (b) NO^+.

c) A construção dos cartogramas 3D representativos da trajetória dos íons O_2^+ e NO^+ a 0,5 s, nas altitudes 100 km e 130 km, segue a metodologia apresentada no item anterior. Adotando procedimento semelhante ao que possibilitou os resultados de

13 e 14, foram obtidos os números de passos, a 0,5 s, e nas altitudes pretendidas, cujos resultados estão apresentados na Tabela 4. De posse de tais informações e do algoritmo sugerido na Figura 1.7, são apresentados os cartogramas 3D na Figura 2.

Tabela 4 – Número de passos (N) para o passeio aleatório 3D a 0,5 s: influência da altitude

Altitude (km)	O_2^+	NO^+
100	65.511	61.548
130	174.725	163.586

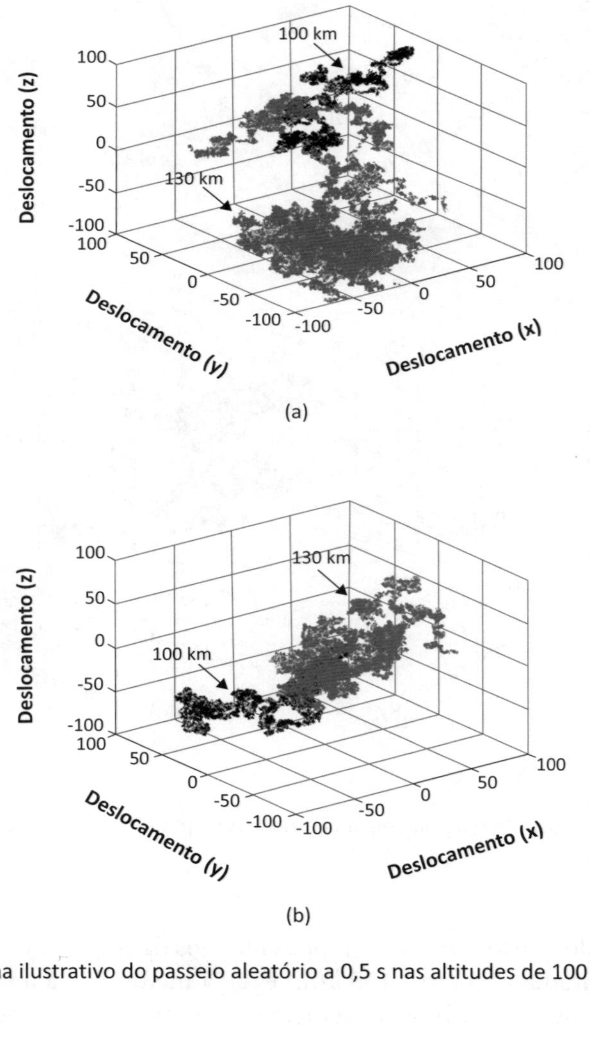

Figura 2 – Cartograma ilustrativo do passeio aleatório a 0,5 s nas altitudes de 100 km e 130 km para os íons: (a) O_2^+; (b) NO^+.

O valor do coeficiente de difusão livre dos íons é afetado tanto por sua natureza quanto pela concentração. A 110 km (Figura 1.1), há praticamente igualdade entre as concentrações de íons O_2^+ e NO^+. Uma vez que o número atômico desses íons é próximo, pode-se verificar, por inspeção da Equação (2), que a frequência de colisões dos íons NO^+, devido à sua massa ($4{,}983 \times 10^{-26}$ kg), é maior do que a do íon O_2^+ ($5{,}315 \times 10^{-26}$ kg). O aumento da frequência de colisões resultaria em menor valor para o coeficiente de difusão iônica; no entanto, quando se tem concentrações iônicas iguais, isso é inversamente proporcional à $m_i^{1/2}$. Para as outras altitudes, há claramente o efeito tanto da natureza do íon quanto de sua concentração. Tal análise pode ser estendida aos resultados do coeficiente de difusão ambipolar. No entanto, observa-se que há o incremento dos valores dos coeficientes de difusão com o incremento da altitude. Isso decorre do aumento da temperatura dos íons, o que eleva sua energia cinética, aumentando, dessa maneira, a sua difusão.

REFERÊNCIAS

BARANOSKI, G. V. G.; WAN, J.; ROKNE, J. G.; BELL, I. Simulating the dynamics of auroral phenomena. *ACM Transactions on Graphics*, v. 24, n. 1, p. 37-59, 2005.

BHATTACHARYA, R. N.; WAYMIRE, E. C. *Stochastic processes with applications*. New York: Wiley, 1990. 676 p.

BILLINGSLEY, P. *Probability and measure*. 3. ed. New York: John Wiley & Sons, 1995. 593 p.

BITTENCOURT, J. A. *Fundamentals of plasma physics*. 4. ed. New York: Springer-Verlag, 2018. 678 p.

CARDOSO, R. P. *Estudo numérico e experimental do processo de deposição e difusão de níquel via plasma em amostras de ferro na configuração ânodo-cátodo confinado*. 2003. 104 f. Dissertação (Mestrado em Engenharia Mecânica) – Universidade Federal de Santa Catarina, Florianópolis, 2003.

CHEN, F. F. *Introduction to plasma physics and controlled fusion*. 3. ed. Cham: Springer, 2016. 497 p.

CREMASCO, M. A.; BERTAN, A. S.; MIRANDA, N. T. Stochastic diffusion: walking at Northern lights. *Jökull Journal*, v. 71, n. 1, p. 2-14, 2021.

ELIEZER, S.; ELIEZER, Y. *The fourth state of matter: an introduction to plasma science*. 2. ed. Bristol: Institute of Physics Publishing, 2001. 224 p.

FRIDMAN, A. *Plasma chemistry*. Cambridge: Cambridge University Press, 2008. 1.022 p.

KELLEY, M. C. *The Earth's ionosphere: plasma physics and eletrodynamics*. 2. ed. New York: Academic Press, 2009. 572 p.

MIRANDA, F. S. *Estudo do pré-tratamento do bagaço de cana-de-açúcar utilizando plasma em líquidos*. 2013. 72 f. Dissertação (Mestrado em Processamento de Materiais e Catálise) – Universidade do Vale do Paraíba, São José dos Campos, 2013.

MOTTA, C. C. *Modelo auto-consistente para a cinética da descarga do laser a vapor de cobre*. 1996. 206 f. Tese (Doutorado em Física) – Instituto de Física, Universidade de São Paulo, São Paulo, 1996.

RAMOS, F. D. *A influência das tensões sobre a difusão de nitrogênio no processo de nitretação a plasma*. 2003. 96 f. Dissertação (Mestrado em Engenharia) – Universidade Federal do Rio Grande do Sul, Porto Alegre, 2003.

RUDNICK, J.; GASPARI, G. *Elements of the random walk – An introduction for advanced students and reseachers*. Cambridge: Cambridge University Press, 2004. 329 p.

WIKIPÉDIA. *Transição de fase*. Disponível em: https://pt.wikipedia.org/wiki/Transi%C3%A7%C3%A3o_de_fase. Acesso em: 28 dez. 2022.

CAPÍTULO 2
Raios

O jesuíta Antônio Ruiz Montoya, em sua missão evangelizadora à nação Guarani (no atual norte do Paraná), associou Deus a Tupã; em sua interpretação, a primeira palavra, "Tu", está relacionada à admiração, e a segunda, "pã", à interrogação (Montoya, 1989). Talvez Montoya não tenha reconhecido a espiritualidade do povo Guarani, ligada à manifestação da natureza, pois Tupã é identificado à chuva, tempestade (relâmpago, raio, trovão), particularmente com seu brilho (admiração) e som (interrogação). Há, no panteão japonês, Rainjin, deus do trovão, dos relâmpagos e tempestades. No folclore chinês, há Dian Mu, deusa do relâmpago; sem esquecer Thor, deus nórdico que, com o seu martelo Mjölnir, produz trovões e relâmpagos. Na mitologia grega existe Zeus, deus dos deuses, deus da tempestade, cuja aparência de relâmpago, tão brilhante e tão poderosa, pode incinerar qualquer mortal, como o que aconteceu com Sêmele, mãe do amado Dioniso; mas também pode se apresentar como chuva de ouro feito aquela para encantar Dânae (Cremasco; Bertan, 2023).

Como observado, trovões e relâmpagos estão presentes em várias culturas, personificados em deuses. O raio é um dos fenômenos naturais mais perigosos da atmosfera terrestre (Paras; Rai, 2012), produzindo a luz natural mais brilhante e o som mais potente da Terra, com cerca de 9 milhões de descargas por dia em todo o mundo (Dwyer; Uman, 2014). Os raios são intensos o suficiente para dividir o nitrogênio e o oxigênio moleculares, reagindo para produzir óxidos de nitrogênio, NO_x (Jacobson, 2005; Gressent *et al.*, 2016), que controla a concentração do gás ozônio na troposfera, influenciando a emissão de gases de efeito estufa, que pode, junto com a atividade de raios, deflagrar incêndios florestais, contribuindo para o aquecimento global (Paras; Rani, 2018).

O raio é uma descarga elétrica transitória e de alta corrente, e o mecanismo de sua iniciação permanece um mistério, sobretudo porque costuma ocorrer no interior das nuvens (Tran; Rakov, 2016). No entanto, a fonte mais comum de raios é a nuvem de tempestade ou *cumulo nimbus*, na qual regiões de cargas elétricas de polaridade opostas são separadas em virtude de vários mecanismos, incluindo troca iônica, convecção e indução (Paras; Rai, 2012). As regiões de carga positiva e negativa podem desenvolver alta tensão entre elas, e entre uma região carregada e o solo. Quando essa tensão vai além da força dielétrica do ar, transitando entre duas regiões de uma nuvem, entre nuvens ou entre uma nuvem e o solo (Jacobson, 2005), tem-se a descarga ou raio nuvem-terra (Baba; Rakov, 2009). Os modelos que descrevem a morfologia e a dinâmica da descarga elétrica em raios podem ser divididos em duas categorias: a primeira baseada em leis físicas e a segunda, em modelos probabilísticos, refletindo o comportamento estocástico da descarga (Gulyás; Szedenik, 2009).

Desse modo, avalie o deslocamento aleatório da descarga elétrica, em termos de cartogramas, em um raio do tipo descendente nuvem-terra, carregado negativamente. Para tanto, assuma a abordagem difusional contemplada nos coeficientes paralelo e perpendicular, considerando-se passeio aleatório bidimensional, assumindo-se a origem do raio (líder) às distâncias de 1 km, 3 km e 5 km do solo ($z_0 = 0$), bem como o campo elétrico, E, superior em duas vezes àquele necessário para vencer a constante dielétrica do ar, E_{th} (campo elétrico limiar). Assuma, para tanto, que o raio é constituído por duas regiões: *streamer zone* (cabeça do raio; flâmula), de comprimento z_S; e *channel zone* (região do canal), cujo comprimento é z_C, conforme representado na Figura 2.1.

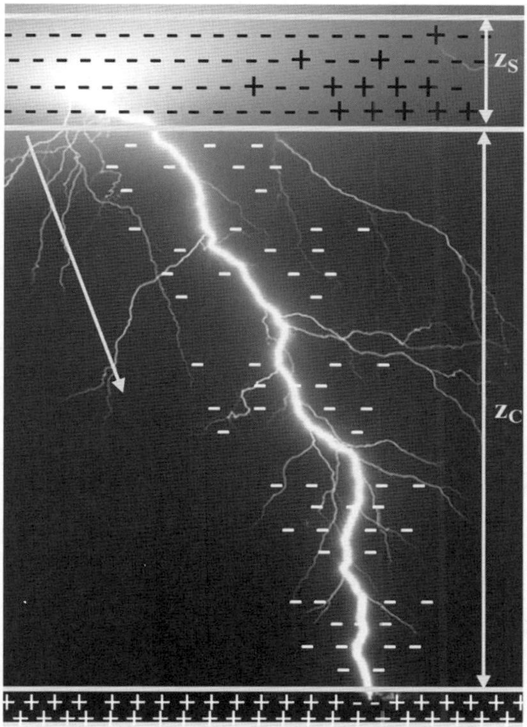

Figura 2.1 – Regiões básicas para descarga elétrica descendente carregada negativamente.

Fonte: adaptada de Skow (2015).

COMENTÁRIOS

Raios ocorrem quando a força do campo elétrico excede a força limiar, E_{th}, a qual se situa entre 100 e 400 kV/m (Jacobson, 2005), podendo ser obtida a partir de (Marshall *et al.*, 1995)

$$E_{th} = 216 \exp\left(-\frac{z}{8,4}\right) \tag{2.1}$$

na qual z é a altitude em que se origina o raio, em km; e a força limiar, E_{th}, obtida em kV/m. Na situação em que o campo elétrico é superior ao do limiar, a concentração de elétrons aumenta exponencialmente com o tempo, provocando uma avalanche de descarga elétrica (Levin *et al.*, 1983), dispersando elétrons nas direções paralela e perpendicular, cujos coeficientes de difusão são obtidos, respectivamente, a partir de (Dwyer, 2010)

$$\frac{D_{\parallel}}{v} = 3,80 \times 10^{3}\, E^{-1,57} \tag{2.2}$$

$$\frac{D_{\perp}}{v} = 2,86 \times 10^{4}\, E^{-1,79} \tag{2.3}$$

com as unidades de $D_{\parallel}$ e $D_{\perp}$ em m^2/s; E, em kV/m, e maior do que E_{th}; a velocidade da avalanche, v, em m/s, sendo aproximadamente v = 0.89 c, em que c é a velocidade da luz (Dwyer, 2010). Neste capítulo, assumem-se duas regiões que caracterizam um raio-líder: *streamer zone* e *channel zone*.

STREAMER ZONE

O modelo estocástico para a descrição da difusão nessa região é semelhante àquela descrita no Capítulo 1, cuja matriz de transição é dada pela Equação (1.14) ou (Cremasco; Bertan, 2023)

$$P\left\{U_N = k \middle| , U_{N-1} = i\right\} = \begin{cases} 1/2d, & \text{se i é adjacente à k,} \\ 0 & \text{se não} \end{cases} \tag{2.4}$$

representada na Figura 1.6, aqui retomada na Figura 2.2, para d = 2 (passeio aleatório bidimensional).

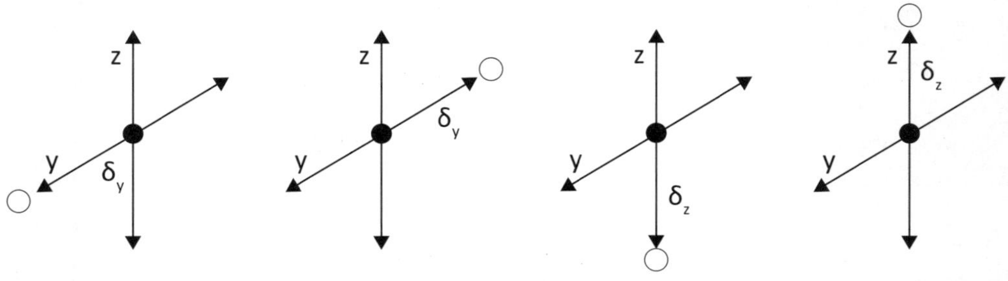

Figura 2.2 – Passeio aleatório bidimensional para uma partícula material: a circunferência vazia indica a possibilidade de sua ocupação, após o deslocamento δ_j (j = x ou y), a partir da posição central na cor preta.

Fonte: adaptada de Cremasco; Bertan (2023).

Dada à natureza markoviana do problema, assume-se que cada direção, y e z, é independente do novo deslocamento, não importando a escolha da direção, de modo que seu passeio aleatório é simétrico, p = q = ½, seja para y ou z (Cremasco; Bertan; Miranda, 2021), podendo ser descrita por uma distribuição binomial de variância σ_i^2 (para i = y ou z), dada por (DeGroot; Schervish, 2002)

$$\sigma_i^2 = p(1-p)N_i = \frac{1}{4}L_i \tag{2.5}$$

L_i é o número de eventos ou o número de passos aleatórios na direção i. Dwyer (2010), a partir de estratégia para obter os coeficientes de difusão, Equações (2.2) e (2.3), encontrou

$$\sigma_i^2 = 2(z-z_0)\frac{D_i}{v} \tag{2.6}$$

que é similar da distribuição gaussiana (Forbes *et al.*, 2011). Tendo em vista que p = q= ½ para qualquer direção, é possível escrever, a partir da Equações (2.5) e (2.6), para a *streamer zone* (z_S)

$$L_i = 8(z-z_0)\frac{D_i}{v} \tag{2.7}$$

Na *streamer zone*, assume-se difusão nas duas direções ou $D_y = D_\parallel$ e $D_z = D_\perp$ (Cremasco; Bertan, 2023). Nesse caso, o número de passos aleatórios para as difusões paralela e perpendicular são obtidas, respectivamente, considerando-se as Equações (2.2) e (2.3) na Equação (2.7)

$$L_{||} = 2,88\times10^4(z-z_0)E^{-1,57} \tag{2.8}$$

$$L_\perp = 46,88\times10^4(z-z_0)E^{-1.79} \tag{2.9}$$

com $E = \alpha E_{th}$ e $\alpha > 1$. A *streamer zone* é tipicamente caracterizada quando ambas as zonas de difusão são importantes, ou seja, $N_\parallel = N_\perp$. Tendo em vista que $L_{|||} < L_\perp$, o número de passos aleatórios a ser considerado é aquela oriundo da Equação (2.8) para essa região (Cremasco; Bertan, 2023).

CHANNEL ZONE

A região do canal (ou da cauda do raio) é observada quando a avalanche de descarga elétrica passa a ocorrer em uma situação de quase-aleatoriedade em (2d-1) direções. No caso 2D, em uma única direção apontada para a direção –z na situação de descarga descendente, conforme ilustra a Figura 2.3.

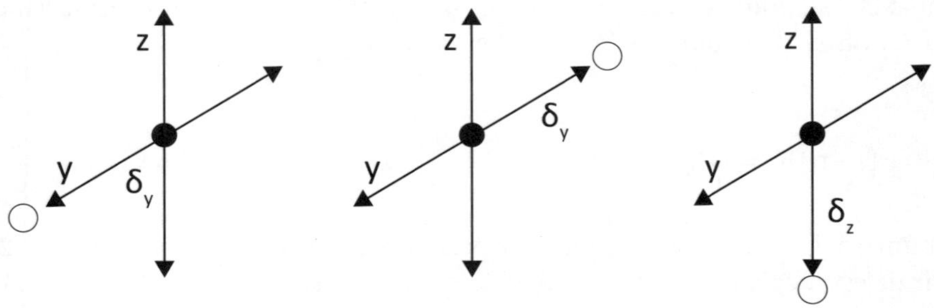

Figura 2.3 – Passeio aleatório, considerando quase-aleatoriedade, de uma partícula material: a circunferência vazia indica a possibilidade de sua ocupação, após o deslocamento δ_j (j = y ou z), a partir da posição central na cor preta.

Fonte: adaptada de Cremasco; Bertan (2023).

A matriz de transição, nesse caso, é dada por (Cremasco; Bertan, 2023)

$$P\{U_N = k \,|, U_{N-1} = i\} = \begin{cases} \dfrac{1}{(2d-1)} & \text{se i é adjacente à k,} \\ 0 & \text{ou não} \end{cases} \tag{2.10}$$

O número total de passos para descrever o descolamento do raio na direção descendente está associado àquele regido pelo seu maior valor, portanto, àquele oferecido pela Equação (2.9). Por outro lado, a estimativa do comprimento do canal (aquele que se observa), z_C, considerando-se as Equações (2.8) e (2.9), advém de

$$L_\perp - L_{||} = 31{,}07(z_C - z_0)\left[\alpha \exp\left(-\frac{z_C}{8.400}\right)\right]^{-1.79} \tag{2.11}$$

De posse do valor conhecido do comprimento da cauda do raio, z_C, o valor do comprimento da *streamer zone*, z_S, é obtida, desde que se conheça o valor da altitude z, por

$$z_S = z - z_C \tag{2.12}$$

FORMULÁRIO

Assim como no Capítulo 1, a implementação das matrizes de transição é dada pelas Equações (2.4) e (2.10), para d = 2, as quais podem se adequar ao algoritmo associado às Figuras 2.2 e 2.3 conforme fornecido na Figura 2.4. Ressalte-se a necessidade de se conhecer previamente a geração dos números pseudoaleatórios, r_i (ou advindos de algoritmos clássicos ou daqueles disponibilizados em sub-rotinas).

```
Input:   L|| e L⊥
Output:  cartograma 2D
    enquanto i = 0 faça
        y ← 0;
        z ← 0;
    para i = 1 → L|| faça
        r ← número pseudoaleatório
        if r < ¼
            y← y + 1;
            z ← z;
        else if r < ²⁄₄
            y ← y – 1;
            z ← z;
        else if r < ¾
            y ← y;
            z ← z + 1;
        else r > ¾
            y ← y;
            z ← z – 1;
    para i = L|| +1 → L⊥ faça
        r ← número aleatório
        if r < ⅓
            y ← y + 1;
            z ← z;
        else if r < ⅔
            y ← y – 1;
            z ← z;
        else r > ⅔
            y ← y;
            z ← z – 1;
    return
    end
```

Figura 2.4 – Algoritmo para a descrição do passeio aleatório em duas dimensões.

Fonte: adaptada de Cremasco; Bertan (2023).

SOLUÇÃO

Para obter os cartogramas 2D, é necessário conhecer os números de passos aleatórios. Considerando-se a altitude z = 1 km, tem-se na Equação (2.1)

$$E_{th} = 216\exp\left(-\frac{z}{8,4}\right) = (216)\exp\left(-\frac{1}{8,4}\right) = 191,8 \text{ kV/m} \tag{1}$$

Uma vez que $\alpha = 2$,

$$E = \alpha E_{th} = (2)(191,8) = 383,5 \text{ kV/m} \tag{2}$$

O coeficiente de difusão paralela, $D_{\parallel}$, advém da Equação (2.2); substituindo-se nesta o valor da velocidade da luz, c = 2,998 x 10^8 m/s, e o resultado 2,

$$D_{\parallel} = (2,998\times10^8)(2,88\times10^4)(383,5)^{-1,57} = 0,80\times10^8 \text{ m}^2/\text{s} \tag{3}$$

De igual modo, o coeficiente de difusão perpendicular, $D_{\perp}$, advém do emprego da Equação (2.3), na qual se substitui c = 2,998 x 10^8 m/s e o resultado 2,

$$D_{\perp} = (2,998\times10^8)(46,88\times10^4)(383,5)^{-1,79} = 3,32\times10^8 \text{ m}^2/\text{s} \tag{4}$$

O número de passos na *streamer zone* advém da Equação (2.8), para z = 1 km = 1.000 m; z_0 = 0 m e o resultado 2,

$$L_{\parallel} = 2,88\times10^4(z-z_0)E^{-1,57} = (2,88\times10^4)(1.000-0)(383,5)^{-1,57} = 2.528\,\text{m} \tag{5}$$

observando que se deve considerar número inteiro. Já o número de passos aleatórios para a descarga descendente do raio, $L_{\perp}$, pode ser calculado pela Equação (2.9) para z = 1.000 m e z_0 = 0 m,

$$L_{\perp} = 46,88\times10^4(z-z_0)E^{-1,79} = (46,88\times10^4)(1.000)(383,5)^{-1,79} = 11.119 \text{ m} \tag{6}$$

Obtém-se o valor do comprimento da zona do canal (Equação (2.12)) por meio da Equação (2.11). Sabendo que α = 2,

$$11.119 - 2.582 = 31{,}07 z_C \left[2\exp\left(-\frac{z_C}{8.400} \right) \right]^{-1.79} \tag{7}$$

Resolvendo esta equação, obtém-se

$$z_C = 810 \text{ m} = 0{,}81 \text{ km} \tag{8}$$

Assim, a altura da *streamer zone* para z = 1 km é obtida ao substituir esse valor em conjunto com o resultado de 8 na Equação (2.12),

$$z_S = z - z_C = 1 - 0{,}81 = 0{,}19 \text{ km} \tag{9}$$

De igual modo, faça-se o mesmo procedimento para as altitudes z = 3 km e z = 5 km, cujos resultados estão apresentados na Tabela 1.

Tabela 1 – Valores dos coeficientes de difusão, número de passos aleatórios e comprimentos das regiões características de um raio-líder

Altitude (km)	$D_{\parallel} \times 10^{-8}$ (m²/s)	$D_{\perp} \times 10^{-8}$ (m²/s)	$L_{\parallel}$	$L_{\perp}$	z_C (km)	z_S (km)
1	0,80	3,32	2.528	8.589	0,81	0,19
3	1,16	5,09	11.023	51.077	2,58	0,42
5	1,69	7,80	26.700	130.368	4,46	0,54

É importante destacar que, uma vez que a densidade do ar diminui com a altitude, tornando-o mais rarefeito, estimula-se o incremento da difusão de cargas elétricas, aumentando a importância da contribuição da difusão paralela (Cremasco; Bertan, 2023). Como consequência, aumenta-se o comprimento da *streamer zone*. A obtenção dos cartogramas 2D para o presente capítulo advém da entrada dos valores e N_C no algoritmo ilustrado na Figura 2.4, cujos resultados estão apresentados nas Figuras 1 a 3.

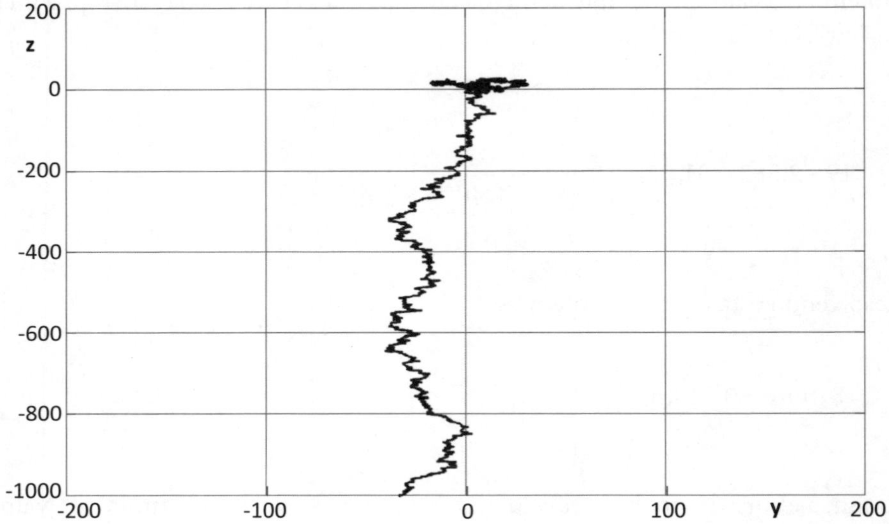

Figura 1 – Cartograma 2D relativo à descarga descendente do raio-líder a 1 km de altitude.

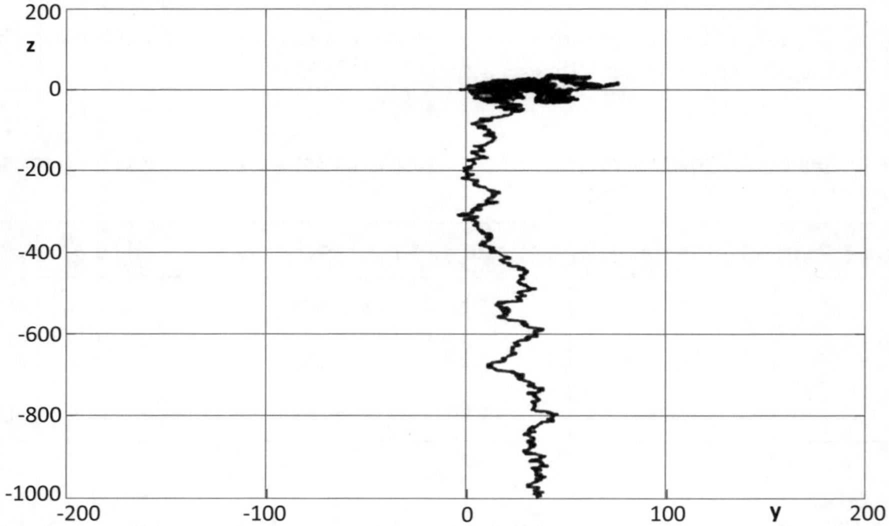

Figura 2 – Cartograma 2D relativo à descarga descendente do raio-líder a 3 km de altitude.

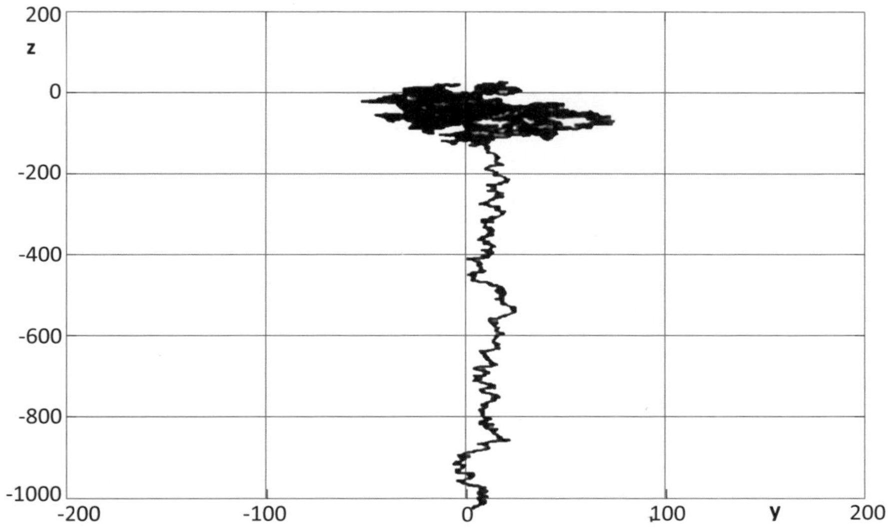

Figura 3 – Cartograma 2D relativo à descarga descendente do raio-líder a 5 km de altitude.

A partir da análise dessas figuras, nota-se que o comprimento da *streamer zone* aumenta com o incremento da altitude. Além disso, verifica-se a dispersão aleatória da descarga elétrica, particularmente na *streamer zone*. Na zona do canal, e como impõe por modelo, é observado o formato clássico de um raio.

REFERÊNCIAS

BABA, Y.; RAKOV, V. Present understanding of the lightning return stroke. In: BETZ, H. D.; SCHUMANN, U.; LAROCHE, P. (Eds.). *Lightning: principles, instruments and applications*. New York: Springer, 2009. Chapter 1, p. 1-22.

CREMASCO, M. A.; BERTAN, A. S.; MIRANDA, N. T. Stochastic diffusion: walking at Northern lights. *Jökull Journal*, v. 71, n. 1, p. 2-14, 2021.

CREMASCO, M. A.; BERTAN, A. S. Simple approach to describe stochastic diffusion in leader lightning. *Jökull Journal*, v. 73, n. 3, p. 50-60, 2023.

DeGROOT, M. H.; SCHERVISH, M. J. *Probability and statistics*. 4. ed. Boston: Addison-Wesley, 2002. 896 p.

DWYER J. R. Diffusion of relativistic runaway electrons and implications for lightning initiation. *Journal of Geophysical Research*, v. 115, n. A00E14, 2010.

DWYER, J. R.; UMAN, M. A. The physics of lightning. *Physics Reports*, v. 534, n. 4, p. 147-241, 2014.

FORBES, C., M. EVANS, N.; HASTING; PEACOCK, B. *Statistical distributions*. 4. ed. Hoboken: John Wiley & Sons, 2011. 230 p.

GRESSENT, A.; SAUVAGE, B.; CARIOLLE, D.; EVANS, M.; LARICHE, M.; MARI, C.; THOURET, V. Modeling lightning-NO_x on a sub-grid scale in a global chemical transport model. *Atmospheric Chemistry and Physics*, v. 16, p. 5867-5889, 2016.

GULYÁS, A.; SZEDENIK, N. 3D simulation of the lightning path using a mixed physical-probabilistic model – The open source lightning model. *Journal of Electrostatics*, v. 67, p. 518-523, 2009.

JACOBSON, M. Z. *Fundamentals of atmospheric modeling*. Cambridge: Cambridge University Press, 2005. 813 p.

LEVIN, Z.; BORUCKI, W. J.; TOON, O. B. Lightning generation in planetary atmospheres. *Icarus*. v. 56, n. 1, p. 80-115, 1983.

MARSHALL, T. C.; McCARTHY, M. P.; RUST, W. D. Electric field magnitudes and lightning initiation in thunderstorms. *Journal of Geophysical Research*, v. 100, p. 7097-7103, 1995.

MONTOYA, A. R. *La conquista espiritual del Paraguay*. Buenos Aires: Equipo Difusor de Estúdios de Historia Iberoamericana, 1989. 228 p.

PARAS, M. K.; RAI, J. On the energy estimation of lightning discharge. *Research Journal of Recent Sciences*, v. 1, n. 9, p. 36-40, 2012.

PARAS M. K.; RANI, P. Survey on electrical activity in Earth's atmosphere. *Advance Eletrocmagnetics*, v. 7, n. 4, p. 34-45, 2018.

SKOW, K. *Iwoa's lightning*. National Weather Service (NWS). 2015. Disponível em: https://www.flickr.com/photos/noaaphotolib/27661834650/in/album-72157624929203483. Acesso em: 7 jun. 2021.

TRAN, M. D.; RAKOV, V. A. Initiation and propagation of cloud-to-ground lightning observed with a high-speed video camara. *Scientific Reports*, v. 6, n. 39521, p. 1-11, 2016.

CAPÍTULO 3

Vulcão

Enfim explode. A Terra, viva, manifesta-se a partir de suas entranhas, como se excrementos e lágrimas fluíssem por canais, resultantes do impacto de raios solares, deixando esvair enxofre e betume através da face do Planeta. Talvez fosse essa a imagem derivada da visão atormentada do astrônomo e matemático alemão Johannes Kepler sobre vulcões. Ou, quem sabe, o barulho ensurdecedor e as chamas expelidas da cratera resultam do trabalho de Hefesto para dar forma às armas aos deuses, cuja forja está situada sob uma montanha, em particular, sob o Etna. A propósito, Hefesto, deus helênico que, na mitologia latina, recebe o nome de Vulcano e, disso, a denominação para vulcão. Vulcão também é simbologia de prisão, pois no próprio Etna foi aprisionado, pela deusa Atena, Encélado, cuja dor é ouvida nos estrondos e a sua respiração são as chamas que dela brotam. Mimas, seu irmão, foi encarcerado sob o Vesúvio, por Hefesto. Aliás, Mimas rebelou-se em 79 d. C., destruindo Pompeia e Herculano, levando a óbito seus moradores, seja pelas lavas ou pelos efeitos de gases tóxicos, como aqueles que vitimaram Plínio, o Velho. Mas não só na Europa associa-se vulcões a lendas e mitos. Onde quer que estejam, eles se manifestam no imaginário. No Anel de Fogo do Pacífico e nas Américas, as explosões violentas estão associadas a manifestações sobrenaturais ou divinas. Para aplacar a fúria, sacrifícios humanos eram realizados, como o ritual inca no Misti, vulcão vizinho à Arequipa, no Peru (Zavala, 2019). E não só fúria. Seja na mitologia maori, seja na mitologia andina, as explosões vulcânicas são oriundas da disputa de dois pretendentes pelo coração da mesma amada. Taranaki e Tongariro digladiaram-se por Pihanga, na Nova Zelândia, enquanto Licancabur e Jurique, por Kimal, no Chile (Ribeiro, 2018). O fato é que o ser humano convive com essa manifestação da natureza, retratando-a em sua cultura, como aquela registrada em pintura de parede de cerca de 7.000 a.C., no sítio neolítico em Çatal Höyük na Anatólia, Turquia (Naves, 2022).

Mito ou história, o fato é que as erupções vulcânicas explosivas podem ter impactos sociais devastadores em populações próximas, cobrindo países inteiros em cinzas, arruinando plantações, matando gado e pessoas. Essas erupções também podem ter efeitos globais, com potencial para impactar o tráfego aéreo, a qualidade do ar, as temperaturas globais e os ciclos biogeoquímicos (Cassidy *et al.*, 2018). Ainda que não existam vulcões ativos no Brasil, o país, vez ou outra, é tomado pelo resultado de erupções que ocorrem a milhares de quilômetros, como aquela em 2022, decorrente da erupção do Hunga Tonga-Hunga Ha'apai, em Tonga, no Pacífico Sul, cujas cinzas viajaram por mais de 12 mil quilômetros para alcançar a costa brasileira. As plumas emitidas por vulcões andinos, como o do Lascar, em 1993, e o Puyehue-Cordón Caulle, em 2011, ambos chilenos, atingiram o Brasil, particularmente a região Sul, comprometendo a qualidade do ar e o transporte aéreo (Metsul Meteorologia, 2022).

Nota-se que a atividade vulcânica é responsável pela formação de uma atmosfera permanente na Terra, e as emissões vulcânicas continuam influenciando a composição atmosférica e, assim, o clima. As medições das emissões vulcânicas (fluxo de gás, composição) feitas na superfície fornecem meio indireto para explorar o interior inacessível de vulcões e seus complexos sistemas magmáticos. Assim, eles podem contribuir para o monitoramento de perigos vulcânicos e a previsão de erupções (Gutmann *et al.*, 2018). No que se refere ao sistema magmático, a taxa de ascensão do magma é um parâmetro físico fundamental na determinação do comportamento de uma erupção vulcânica (Georgeais *et al.*, 2021). Observa-se que os vulcões são elos entre fenômenos que acontecem no interior da Terra com a sua atmosfera, conforme ilustra a Figura 3.1. O magma, rocha derretida, contida em regiões situadas abaixo da crosta terrestre, ascende e acumula-se em câmaras magmáticas subterrâneas. Durante uma erupção, o magma ascende por canais (chaminés) até transbordar na cratera do vulcão ou escapar por fissuras e escorrer em derrames de lava. Dependendo da composição química do magma, ocorre a explosão na cratera do vulcão, liberando uma pluma de cinzas, vapor de água (H_2O), gás carbônico (CO_2), dióxido de enxofre (SO_2); ou desprendendo rochas e cinzas em volta do vulcão, conhecido como fluxo piroclástico (Zolnerkevi, 2013).

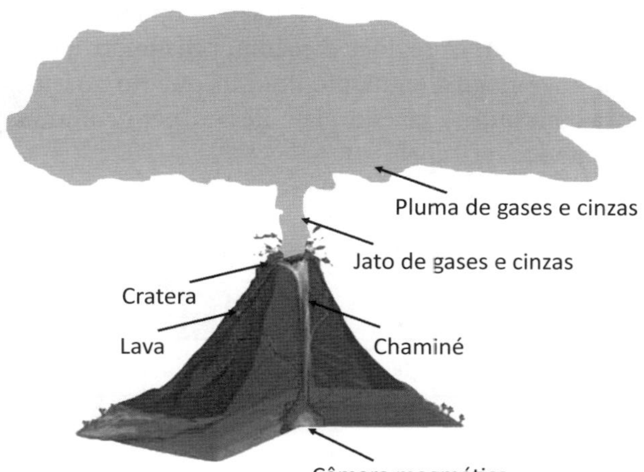

Figura 3.1 – Estrutura simplificada de um vulcão.

Fonte: adaptada de Mundo Educação (2022).
Disponível em: https://mundoeducacao.uol.com.br/geografia/vulcoes.htm.

Erupções vulcânicas são frequentemente precedidas por aumento no fluxo de CO_2 vulcânico (Santoro *et al.*, 2017). Além disso, o acompanhamento da emissão desse gás é importante para averiguar se existe ou não contribuição significativa de emissões globais de CO_2 de fontes naturais. O vulcão Katla, situado do sul da Islândia, emite cerca de 4 milhões de toneladas/ano, equivalente a aproximadamente o mesmo que um milhão de veículos (Instituto de Engenharia, 2018). O CO_2 e outros voláteis não são apenas responsáveis por erupções vulcânicas drásticas, mas também afetam as propriedades de transporte (por exemplo, coeficiente de difusão e viscosidade) e equilíbrio (por exemplo, equilíbrio de fase) de magmas. Compreender a difusão de voláteis em magmas silicatos, por exemplo, fornece a estrutura necessária para a compreensão de processos como formação de bolhas e o seu crescimento, que podem, em última análise, levar a violentas erupções vulcânicas (Baker *et al.*, 2005). Magmas comuns apresentam composição variadas, desde o tipo basáltico (50% em massa de SiO_2) até o riolítco (75% em massa de SiO_2), os quais contêm frações de voláteis dissolvidos, como H_2O, CO_2, H_2S, N_2, HCl, HF, COS e SO_2 (Lesher; Spera, 2015), sendo H_2O o volátil dominante e o CO_2, o segundo mais abundante em magmas (Baker *et al.*, 2005). Portanto, a descrição da fenomenologia dos transportes presente em vulcões é complexa em virtude de composição magmática, quantidade significativa de energia térmica e pressão que afetam propriedades de transporte, como viscosidade, condutividade térmica, além do escoamento ascendente do magma e o fenômeno de erupção em si, que envolve mudança abrupta de fase com a liberação de voláteis, cinzas e material piroclástico.

Ainda que o vulcão se caracterize como típico meio complexo, procura-se dar os primeiros passos para a sua compreensão a partir de simplificações. Sob esse aspecto, lança-se mão do modelo do passeio aleatório, enquanto aproximação, para a descrição da difusão estocástica do volátil CO_2 tanto no meio magmático, ou seja, no interior do vulcão, no qual se identificam as regiões da câmara magmática e da chaminé (ver Figura 3.1), considerando o magma enquanto líquido, quanto no meio gasoso, em que o CO_2 está em mistura com outros gases no jato desses, bem como na pluma vulcânica, como aqueles apresentados na Tabela 3.1.

Tabela 3.1 – Composição química de determinada mistura gasosa vulcânica

	CO_2	H_2	H_2O	SO_2	H_2S
% (mols)	1,8	0,06	95,88	2	0,26

Fonte: adaptada de Lages *et al.* (2020)

Desse modo, pede-se:

a) Assumindo que o magma contido na câmara magmática esteja a 1.150 °C e a 900 °C na chaminé, inclusive na cratera, obtenha os valores do coeficiente de difusão do CO_2 em tais meios difusivos.

b) Construa o cartograma 3D do deslocamento do CO_2 no sistema difusivo apresentado no item a) para o tempo de 1h.

c) Assumindo que os gases expelidos são aqueles apresentados na Tabela 3.1, obtenha a sua massa molar.

d) Suponha que a região de jato esteja a 600 °C e a 0,94 atm, e a pluma vulcânica a 400 °C e 0,41 atm. Obtenha os valores do coeficiente de difusão do CO_2 na mistura gasosa descrita na Tabela 3.1.

e) Construa os cartogramas 3D do deslocamento do CO_2 no sistema difusivo apresentado no item d) para o tempo de 1h.

COMENTÁRIOS

Vulcões fazem parte da cartografia terrestre (Figura 3.2), sendo que boa parte se situa no encontro entre placas tectônicas, 80% dos vulcões alinham-se desde a Cordilheira dos Andes até as Filipinas, cruzando a costa oeste da América do Norte e o Japão.

Figura 3.2 - Distribuição de vulcões no Planeta.

Fonte: adaptada de Mundo Educação (2022).
Disponível em: https://mundoeducacao.uol.com.br/geografia/vulcoes.htm.

Vulcão é uma formação geológica encontrada tanto no mar quanto em terra, que expele magma, massa rochosa fundida de alta temperatura, composta por silicatos, vapor de água e gás (Branco, 2014). Nesse sentido, um dos primeiros passos para o seu estudo, dentre os diversos campos do conhecimento em que se insere, é buscar entender a sua manifestação, *a priori*, em dois meios difusivos distintos: magma (aproximando-o enquanto meio líquido) e atmosférico (aproximando-o como uma mistura gasosa de voláteis). No caso do magma, em particular do basáltico, este se apresenta, quando em erupção, entre 1.000 °C e 1.300 °C, sendo composto principalmente por SiO_2 (50% em massa), Al_2O_3 (15%), CaO (12%) e quantidades aproximadamente iguais de FeO e MgO (10%) (Lesher; Spera, 2015).

O mecanismo pelo qual ocorre a transferência de massa é típico processo termodinâmico irreversível da difusão de matéria (Mungall, 2002). Não só isso, pois existem processos dinâmicos responsáveis pela geração, ascensão, erupção e derramamento de magma, com subsequente solidificação e interação em sistemas magmáticos hidrotérmicos. Em sistemas magmáticos dinâmicos típicos (de não equilíbrio), os gradientes de pressão, velocidade, temperatura e potencial químico originam transporte de momento, energia e matéria, sendo transportados por fluxo advectivo ou difusivo (Lesher; Spera, 2015). Já a composição do gás vulcânico é controlada por conteúdos voláteis em magmas e sua condição de desgaseamento (Shinohara, 2013).

Vulcões liberam gases e aerossóis para a atmosfera. Na ordem descendente da abundância típica, as emissões de gases vulcânicos consistem em: H_2O, CO_2, SO_2, HCl, HF, H_2S, OCS, CO e HBr. Observações de plumas vulcânicas identificam várias espécies adicionais, por exemplo, NO, NO_2, HNO_3, BrO, OClO, SO_4^{-2}, HO_2NO_2 e H_2O_2. Essas espécies são formadas por reações químicas oxidantes à medida que os gases magmáticos se misturam com o ar, primeiro em altas temperaturas perto da fonte (na superfície da cratera) e depois em baixas temperaturas conforme a pluma resfriada se dispersa na atmosfera (Roberts; Dayma; Oppenheimer, 2019).

No caso da difusão mássica, esta envolve o movimento de diferentes constituintes na escala molecular ou atômica. Do ponto de vista atomístico, a difusão decorre da caminhada aleatória de partículas, muitas vezes ativadas termicamente, que depende da temperatura, do tamanho das espécies envolvidas e da viscosidade do meio difusivo. O deslocamento aleatório determina a mobilidade intrínseca do soluto, sendo descrito por seu coeficiente de difusão (Lesher; Spera, 2015). Nesse sentido, busca-se abordar, neste capítulo, o deslocamento tridimensional do CO_2 nas regiões magmáticas, câmara (região 1) e chaminé (região 2), e de gases vulcânicos, jato (região 3) e pluma (região 4). O modelo estocástico para a câmara magmática (região 1) e pluma vulcânica (região 4) segue a matriz de transição oferecida pela Equação (1.14), retomada aqui

$$P\{U_N = k|, U_{N-1} = i\} = \begin{cases} 1/2d, & \text{se i é adjacente à k,} \\ 0 & \text{se não} \end{cases} \tag{3.1}$$

a qual está representada na Figura 1.6, aqui retomada na Figura 3.3, para d = 3 (passeio aleatório tridimensional).

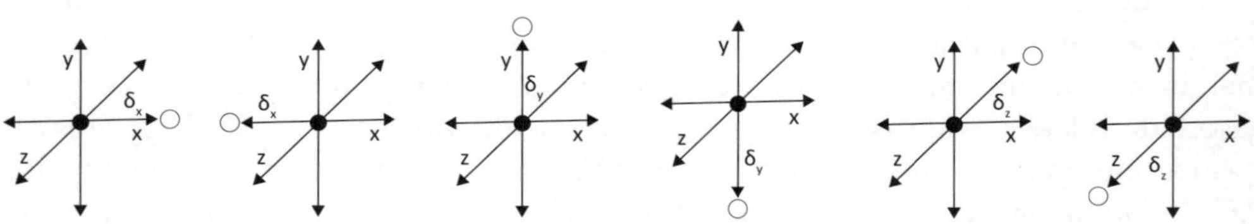

Figura 3.3 – Passeio aleatório tridimensional para uma partícula material: a circunferência vazia indica a possibilidade de sua ocupação, após o deslocamento δ_j (j = x ou y ou z), a partir da posição central na cor preta.

Fonte: adaptada de Cremasco; Bertan; Miranda (2021).

O modelo estocástico para as regiões de chaminé magmática (região 2) e jato de gases vulcânicos (região 3) segue a matriz de transição oferecida pela Equação (2.10), ou

$$P\{U_N = k\,|, U_{N-1} = i\} = \begin{cases} \dfrac{1}{(2d-1)} & \text{se i é adjacente à k,} \\ 0 & \text{ou não} \end{cases} \tag{3.2}$$

ilustrada na Figura 3.4 para o deslocamento 3D, em uma única direção apontada para a direção +z na situação de deslocamento ascendente.

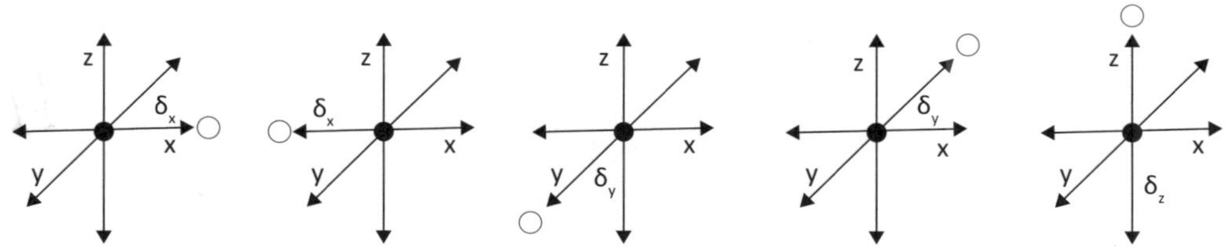

Figura 3.4 – Passeio aleatório, considerando quase-aleatoriedade, de uma partícula material: a circunferência vazia indica a possibilidade de sua ocupação, após o deslocamento δ_j (j = x ou y ou z), a partir da posição central em cor preta.

A obtenção do número de passos para cada região segue ao discutido na apresentação das Equações (1.31) a (1.39), resultando na Equação (1.40), aqui reescrita como

$$L_j = 8D_{CO_2,j}\Delta t \tag{3.3}$$

em que L é o número de passos; j é a região difusiva de interesse: j =1 (câmara magmática); j = 2 (chaminé magmática); j = 3 (jato de gases vulcânicos); j = 4 (pluma vulcânica); $D_{CO2,j}$ é o coeficiente de difusão do CO_2 no meio difusivo j; Δt, tempo de observação considerado. Uma vez conhecido os valores de L_j, pode-se obter o deslocamento aleatório do CO_2 em tais meios difusivos a partir de algoritmos, como aqueles fornecidos na Figura 3.5, para as regiões magmáticas e na Figura 3.6, para as regiões gasosas.

Input: L_1 e L_2 (número de passos nas regiões de câmara magmática e chaminé magmática)

Output: cartograma 3D

```
enquanto i = 0 faça
        x ← 0;
        y ← 0;
        z ← 0;
para i = 1 → L1 faça
        r ← número pseudoaleatório entre 0 e 1
        if r < 1/6
                x← x + 1;
                y ← y;
                z ← z;
        else if r < 2/6
```

```
                x ← x – 1;
                y ← y;
                z ← z;
            else if r < 3/6
                x ← x;
                y ← y + 1;
                z ← z;
            else if r < 4/6
                x ← x;
                y ← y – 1;
                z ← z;
            else if r < 5/6
                x← x;
                y← y;
                z ← z + 1;
            else r > 5/6
                x← x;
                y← y;
                z ← z – 1;
        para i = L1 +1 → L1 + L2 faça
            r ← número pseudoaleatório entre 0 e 1
            if r < 1/6
                x← x + 1;
                y ← y ;
                z ← z ;
            else if r < 2/6
                x ← x – 1;
                y ← y ;
                z ← z ;
            else if r < 3/6
                x ← x;
                y ← y + 1;
                z ← z;
            else if r < 4/6
                x ← x;
                y ← y – 1;
                z ← z;
            else r > 5/6
                x← x;
```

```
                        y← y;
                        z ← z + 1;
        return
        end
```

Figura 3.5 – Algoritmo para a descrição do passeio aleatório 3D na região magmática.

Input: L_3 e L_4 (número de passos nas regiões de jato e pluma vulcânica)

Output: cartograma 3D

```
        enquanto i = 0 faça
                x ← 0;
                y ← 0;
                z ← 0;
        para i = 1 → L3 faça
                r ← número pseudoaleatório entre 0 e 1
                if r < 1/6
                    x← x + 1;
                    y ← y;
                    z ← z;
                else if r < 2/6
                    x ← x – 1;
                    y ← y;
                    z ← z;
                else if r < 3/6
                    x ← x;
                    y ← y + 1;
                    z ← z;
                else if r < 4/6
                    x ← x;
                    y ← y – 1;
                    z ← z;
                else r > 5/6
                    x ← x;
                    y ← y – 1;
                    z ← z + 1;
        para i = L3+ 1 → L3 +L4 faça
                r ← número pseudoaleatório entre 0 e 1
```

```
            if r < 1/6
                x← x + 1;
                y ← y ;
                z ← z ;
            else if r < 2/6
                x ← x – 1;
                y ← y ;
                z ← z ;
            else if r < 3/6
                x ← x;
                y ← y + 1;
                z ← z;
            else if r < 4/6
                x ← x;
                y ← y – 1;
                z ← z;
            else if r < 5/6
                x← x;
                y← y;
                z ← z + 1;
            else r > 5/6
                x← x;
                y← y;
                z ← z – 1;
        return
        end
```

Figura 3.6 – Algoritmo para a descrição do passeio aleatório 3D na região gasosa.

FORMULÁRIO

Para a obtenção do valor do coeficiente de difusão do CO_2 no meio magmático, considera-se a sua difusão em aluminossilicato fundido (Watson, 1982)

$$D_{CO_2,j} = 3,5\exp\left(-\frac{1,95\times10^5}{RT_j}\right) \tag{3.4}$$

com R = 8,3145 J/(mol.K), T em Kelvin, o resultado para D_{CO2} em cm^2/s, e correlação válida para o intervalo entre 800 °C e 1.500 °C a pressão de 500 MPa.

A massa molar da mistura gasosa vulcânica, M, advém de

$$M = \sum_{i=1}^{N} y_i M_i \tag{3.5}$$

em que y_i é a fração molar da espécie i e M_i, a sua massa molar. O conhecimento do coeficiente de difusão do CO_2, a ser identificado à especie 1, na mistura gasosa multicomponente M, dá-se por meio da lei de Blanck (Prausnitz; Lichtenthaler; Azevedo, 1999), ou

$$D_{1M} = \frac{(1 - y_1)}{\sum_{i=2}^{N} \frac{y_i}{D_{1i}}} \tag{3.6}$$

em que D_{1j} se refere ao coeficiente de difusão do soluto 1 no componente i = 2, 3,... ou N, presente na mistura gasosa. Para tanto, assume-se H_2 à espécie 2; H_2O = 3; SO_2 = 4; H_2S = 5. O coeficiente de difusão binário, D_{1i}, oriundo da teoria cinética dos gases, pode se apresentar como (Reid; Prausnitz; Poling, 1987)

$$D_{1i} = 2{,}66 \frac{T^{3/2}}{\sigma_{1i}^2 P \Omega_D M_{1i}^{1/2}} \times 10^{-3} \tag{3.7}$$

sendo a massa molar reduzida na forma

$$M_{1i} = 2{,}0 \left(\frac{M_1 M_i}{M_1 + M_i} \right) \tag{3.8}$$

com a temperatura (T) em K; pressão (P) em atm; diâmetro de Lennard-Jonnes (σ_{1i}) em Å; Ω_D, a integral de colisão; D_{1i} em cm^2/s. Pela natureza apolar tanto do CO_2 quanto do H_2, o diâmetro de colisão de Lennard-Jones, nesse caso, é calculado como (Reid; Prausnitz; Poling, 1987)

$$\sigma_{12} = \frac{1}{2}(\sigma_1 + \sigma_2) \tag{3.9}$$

Nas demais situações em que as moléculas são polares, o diâmetro de colisão advém de

$$\sigma_{1i} = (\sigma_1 \sigma_i)^{1/2}, \text{ para i} \neq 2 \tag{3.10}$$

O valor da integral de colisão, tanto para o par apolar-apolar quanto apolar-polar, advém de (Neufeld; Janzen; Aziz, 1972)

$$\Omega_D = \frac{1,06036}{T^{*0,1561}} + \frac{0,193}{\exp(0,473T^*)} + \frac{1,03587}{\exp(1,52996T^*)} + \frac{1,76474}{\exp(3,8941T^*)} \tag{3.11}$$

com a temperatura reduzida, T*, obtida de

$$T^* = \frac{k_B T}{\varepsilon_{1i}} \tag{3.12}$$

sendo a energia máxima de atração oriunda de

$$\frac{\varepsilon_{1i}}{k_B} = \sqrt{\left(\frac{\varepsilon_1}{k_B}\right)\left(\frac{\varepsilon_i}{k_B}\right)} \tag{3.13}$$

Convém ressaltar que, uma vez que se conhece o valor do coeficiente de difusão do CO_2 (espécie 1) na espécie i, em determinada temperatura e pressão (T_3 e P_3), por exemplo, pode-se estimá-lo a outras condições, T_4 e P_4, para gases, por intermédio de

$$D_{1i}\Big|_{T_4,P_4} = D_{1i}\Big|_{T_3,P_3}\left(\frac{T_4}{T_3}\right)^{3/2}\left(\frac{P_3}{P_4}\right)\left(\frac{\Omega_{D3}}{\Omega_{D4}}\right) \tag{3.14}$$

A Tabela 3.2 apresenta informações complementares e necessárias para a estimativa do valor de difusão do CO_2 na mistura gasosa considerada.

Tabela 3.2 – Propriedades dos constituintes presentes na mistura gasosa vulcânica

	CO_2	H_2	H_2O	SO_2	H_2S
M_i (g/mol)	44,010	2,016	18,015	64,063	34,080
σ_i (Å)	3,941	2,827	2,641	4,112	3,623
ε_i/k_B (K)	195,2	59,7	809,1	335,4	301,1

Fonte: adaptada de Reid; Prausnitz; Poling (1987)

Informações adicionais:

1 m = 10^2 cm = 10^{10} Å;

1 s = 10^9 ns; 1 m/s = 10 Å/ns;

1 cm^2/s = 10^7 $Å^2/ns$; 1 h = 3,6 × 10^{12} ns.

SOLUÇÃO

a) Os valores do coeficiente de difusão do CO_2 nas regiões magmáticas são frutos da aplicação direta da Equação (3.4),

$$D_{CO_2,j} = 3,5\exp\left(-\frac{1,95\times10^5}{RT_j}\right) \tag{1}$$

sendo que o magma contido câmara magmática está a T_1 = 1.150 °C = 1.150 + 273,15 = 1.423,15 K. Substituindo esse valor em conjunto com R = 8,3145 J/(mol.K) na Equação (1), obtém-se

$$D_{CO_2,1} = (3,5)\exp\left[-\frac{(1,95\times10^5)}{(8,3145)(1.423,15)}\right] = 2,438\times10^{-7}\ \text{cm}^2/\text{s} \tag{2}$$

Para o magma presente na chaminé magnética, assumiu-se que esta esteja a T_2 = 900 °C = 900 +273,15 = 1.173,15 K. Levando esse valor e R = 8,3145 J/(mol.K) na Equação (1),

$$D_{CO_2,2} = (3,5)\exp\left[-\frac{(1,95\times10^5)}{(8,3145)(1.173,15)}\right] = 7,276\times10^{-9}\ \text{cm}^2/\text{s} \tag{3}$$

b) Construção do cartograma 3D do deslocamento do CO_2 no sistema magmático resulta da implementação do algoritmo oferecido na Figura 3.5. Para tanto, assume-se a unidade dos coeficientes de difusão em μm²/s, de modo que $D_{CO2,1}$ = 24,38 μm²/s e $D_{CO2,2}$ = 0,728 μm²/s. Visto que Δt = 1 h = 3.600 s, tem-se da Equação (3.3)

$$L_1 = 8D_{CO_2,1}\Delta t = (8)(24,38)(3.600) = 702.170\ \mu\text{m}^2 \tag{4}$$

$$L_2 = 8D_{CO_2,1}\Delta t = (8)(0,728)(3.600) = 20.954\ \mu\text{m}^2 \tag{5}$$

De posse dos valores de L_j, lança-se mão do algoritmo sugerido na Figura 3.5 do qual foi gerado o cartograma, para o deslocamento 3D do CO_2 no meio magmático, apresentado na Figura 1.

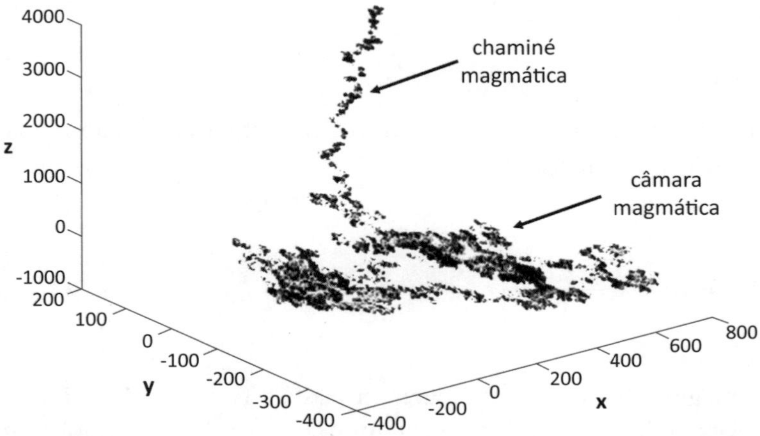

Figura 1 – Deslocamento 3D do CO_2 nas regiões magmáticas (note que os deslocamentos nas direções x, y e z referem-se aos seus valores ao quadrado, μm^2, tendo em vista a unidade do número de passos L_j).

c) Valor da massa molar dos gases vulcânicos é oriundo da Equação (3.5), considerando-se as espécies presentes na Tabela 3.1, ou

$$M = y_1 M_1 + y_2 M_2 + y_3 M_3 + y_4 M_4 + y_5 M_5 \tag{6}$$

Os valores das frações molares (a partir da Tabela 3.1) e das massas molares (Tabela 3.2) são apresentados na Tabela 1.

Tabela 1 – Frações e massas molares dos constituintes dos gases vulcânicos

	CO_2 (1)	H_2 (2)	H_2O (3)	SO_2 (4)	H_2S (5)
y_i	0,0180	0,0006	0,9588	0,0200	0,0026
M_i (g/mol)	44,010	2,016	18,015	64,063	34,080

Substituindo as informações contidas na Tabela 2 na Equação (6), obtém-s

$$M=(0{,}0180)(44{,}010)+(0{,}0006)(2{,}016)+(0{,}9588)(18{,}015)+$$

$$+(0{,}200)(64{,}063)+(0{,}0026)(34{,}080)=19{,}4360\ \text{g/mol} \tag{7}$$

d) A obtenção dos valores do coeficiente de difusão do CO_2 na mistura gasosa vulcânica a 600 °C e 0,93 atm (j = 3, jato de gases vulcânicos) e a 400 °C e 0,41 atm (j = 4, pluma vulcânica), advém da Equação (3.6), que pode ser retomada considerando-se as frações molares fornecidas na Tabela 1.

$$D_{1M}=\frac{(1-0{,}0180)}{\dfrac{0{,}0006}{D_{12}}+\dfrac{0{,}9588}{D_{13}}+\dfrac{0{,}0200}{D_{14}}+\dfrac{0{,}0026}{D_{15}}} \tag{8}$$

cuja expressão para o cálculo do valor do coeficiente binário de difusão, D_{1i}, advém da Equação (3.7)

$$D_{1i}=2{,}66\frac{T^{3/2}}{\sigma_{1i}^{2}P\Omega_{D}M_{1i}^{1/2}}\times 10^{-3} \tag{9}$$

com a massa molar reduzida obtida da Equação (3.8),

$$M_{1i}=2{,}0\left(\frac{M_1 M_i}{M_1+M_i}\right) \tag{10}$$

Para ilustração de cálculos, elege-se o par CO_2-H_2, em que M_1 = 44,010 g/mol e M_2 = 2,016 g/mol (ver Tabela 3.2),

$$M_{12}=(2{,}0)\left[\frac{(44{,}010)(2{,}016)}{44{,}010+2{,}016}\right]=3{,}855\ \text{g/mol} \tag{11}$$

A Tabela 2 apresenta os demais resultados para M_{1i}.

Tabela 2 – Massas molares reduzidas

M_{12} (g/mol)	M_{13} (g/mol)	M_{14} (g/mol)	M_{15} (g/mol)
3,855	25,561	52,176	38,414

O valor do diâmetro de colisão do par CO_2-H_2 advém da Equação (3.9). Da Tabela 3.2, sabe-se que σ_1 = 3,941 Å e σ_2 = 2,827 Å, resultando em

$$\sigma_{12} = \frac{1}{2}(\sigma_1 + \sigma_2) = \frac{1}{2}(3,941 + 2,827) = 3,384\ \text{Å} \tag{12}$$

Para as demais espécies polares (j ≠ 1 e 2), o valor do diâmetro de colisão do par 1j é fruto da Equação (3.10). Tomando o vapor de água para exemplicação, verifica-se da Tabela 3.2 que σ_3 = 2,641 Å, em que se tem

$$\sigma_{13} = (\sigma_1\sigma_3)^{1/2} = [(3,941)(2,641)]^{1/2} = 3,266\ \text{Å} \tag{13}$$

De igual modo para as outras espécies polares, SO_2 e H_2S, tem-se, respectivamente,

$$\sigma_{14} = (\sigma_1\sigma_4)^{1/2} = [(3,941)(4,112)]^{1/2} = 4,026\ \text{Å} \tag{14}$$

$$\sigma_{15} = (\sigma_1\sigma_5)^{1/2} = [(3,941)(3,623)]^{1/2} = 3,779\ \text{Å} \tag{15}$$

O valor da integral de colisão, Ω_D, presente na Equação (3.11), depende da temperatura reduzida, T*, oriunda da Equação (3.12), ou

$$T^* = \frac{k_B T}{\varepsilon_{1i}} \tag{16}$$

com a energia máxima de atração advinda da Equação (3.13),

$$\frac{\varepsilon_{1i}}{k_B} = \sqrt{\left(\frac{\varepsilon_1}{k_B}\right)\left(\frac{\varepsilon_i}{k_B}\right)} \tag{17}$$

Exemplificando os cálculos para CO_2-H_2, observa-se, na Tabela 3.2, que: $\varepsilon_1/k_B = 195{,}2$ K e $\varepsilon_2/k_B = 59{,}7$ K resultando em

$$\frac{\varepsilon_{12}}{k_B} = \sqrt{(195{,}2)(59{,}7)} = 107{,}95 \text{ K} \tag{18}$$

A Tabela 3 apresenta os resultados para a energia máxima de atração para os demais pares 1j.

Tabela 3 – Energia máxima de atração

ε_{12}/k_B (K)	ε_{13}/k_B (K)	ε_{14}/k_B (K)	ε_{15}/k_B (K)
107,95	397,41	255,87	242,43

A temperatura reduzida, por sua vez, depende da temperatura da mistura gasosa. Para efeito de demonstração de cálculo, toma-se a região de jato de gases vulcânicos (j = 3), que está a 600 °C ou T = 600 + 273,15 = 873,15 K, que, em conjunto com o resultado 18 (para o par CO_2-H_2), é substituído na Equação (16),

$$T^* = \frac{k_B T}{\varepsilon_{12}} = \frac{(873{,}15)}{(107{,}95)} = 8{,}088 \tag{19}$$

que, por sua vez, é levado à Equação (3.11), para a obtenção do valor da integral de colisão nas

$$\Omega_D = \frac{1{,}06036}{(8{,}088)^{0{,}1561}} + \frac{0{,}193}{\exp[(0{,}473)(8{,}088)]} + \frac{1{,}03587}{\exp[(1{,}52996)(8{,}088)]} + \frac{1{,}76474}{\exp[(3{,}8941)(8{,}088)]} = 0{,}769 \tag{20}$$

A Tabela 4 apresenta os resultados tanto para a temperatura reduzida quanto para a integral de colisão a 600 °C para os demais pares 1j.

Tabela 4 – Temperatura reduzida e integral de colisão a 600 °C (873,15 K)

par	CO_2 - H_2 (12)	CO_2 - H_2O (13)	CO_2 - SO_2 (14)	CO_2 - H_2S (15)
T*	8,088	2,197	3,412	3,602
Ω_D	0,769	1,042	0,919	0,907

Torna-se possível obter o valor do coeficiente binário de difusão a T_3 = 600 °C (873,15 K) e P_3 = 0,94 atm (condições na região de jato de gases vulcânicos), utilizando-se a Equação (9). Retomando o par CO_2-H_2 para efeito de exemplificação de cálculos, os valores T = 873,15 K, P = 0,94 atm e os resultados 11, 12 e 20 são levados à Equação (9)

$$D_{12} = (2{,}66)\frac{(873{,}15)^{3/2}}{(3{,}384)^2(0{,}94)(0{,}769)(3{,}855)^{1/2}}\times 10^{-3} = 4{,}221\ \mathrm{cm^2/s} \tag{21}$$

A Tabela 5 apresenta os resultados para os valores do coeficiente binário de difusão para os demais pares 1j.

Tabela 5 – Coeficientes binários de difusão a 600 °C e 0,94 atm

D_{12} (cm²/s)	D_{13} (cm²/s)	D_{14} (cm²/s)	D_{15} (cm²/s)
4,221	1,331	0,678	0,909

Desse modo, o valor do coeficiente de difusão do CO_2 na mistura gasosa a 600 °C e 0,94 atm é obtido ao substituir os resultados fornecidos pela Tabela 3.7 na Equação (8)

$$D_{1M} = \frac{(1-0{,}0180)}{\frac{(0{,}0006)}{(4{,}221)}+\frac{(0{,}9588)}{(1{,}331)}+\frac{(0{,}0200)}{(0{,}678)}+\frac{(0{,}0026)}{(0{,}909)}} = 1{,}304\ \mathrm{cm^2/s} \tag{22}$$

Para a obtenção do valor do coeficiente de difusão do CO_2 na pluma gasosa, que está a 400 °C (673,15K) e 0,41 atm, emprega-se a Equação (3.14)

$$D_{1i}\Big|_{T_4,P_4} = D_{1i}\Big|_{T_3,P_3}\left(\frac{T_4}{T_3}\right)^{3/2}\left(\frac{P_3}{P_4}\right)\left(\frac{\Omega_{D3}}{\Omega_{D4}}\right) \tag{23}$$

São conhecidos os valores de T_3 = 873,15 K, P_3 = 0,94 atm, T_4 = 673,15 K, P_4 = 0,41 atm e os coeficientes binários de difusão D_{1j} a T_3 e P_3 (Tabela 5) bem como os respectivos valores das integrais de colisão Ω_{D3}. (Tabela 4). Observa-se, portanto, que além da Equação (23), os cálculos restantes direcionam-se à obtenção de valores das integrais de colisão na condição T_4. Tendo em vista que são conhecidos os valores das energias máximas de atração por intermédio da Tabela 3, resta obter o valor da temperatura reduzida, para cada par 1j, a T = 400 °C (673,15 K). Tomando o par CO_2-H_2, tem-se da Equação (16)

$$T^* = \frac{k_B T}{\varepsilon_{12}} = \frac{(673,15)}{(107,95)} = 6,236 \tag{24}$$

que, substituído na Equação (3.11), fornece

$$\Omega_D = \frac{1,06036}{(6,236)^{0,1561}} + \frac{0,193}{\exp[(0,473)(6,236)]} + \frac{1,03587}{\exp[(1,52996)(6,236)]} + \frac{1,76474}{\exp[(3,8941)(6,236)]} = 0,807 \tag{25}$$

A Tabela 6 fornece os valores tanto de temperatura reduzida quanto de integral de colisão a 400 °C para os demais pares 1j.

Tabela 6 – Temperatura reduzida e integral de colisão a 400 °C (673,15 K)

par	CO_2 - H_2 (12)	CO_2 - H_2O (13)	CO_2 - SO_2 (14)	CO_2 - H_2S (15)
T*	6,236	1,693	2,631	2,777
Ω_D	0,807	1,143	0,986	0,971

Dessa maneira, pode-se utilizar a Equação (23). Empregando-a para o par CO_2-H_2,

$$D_{12}\Big|_{T_4,P_4} = (4,221)\left(\frac{673,15}{873,15}\right)^{3/2}\left(\frac{0,94}{0,41}\right)\left(\frac{0,769}{0,807}\right) = 6,244\ \text{cm}^2/\text{s} \tag{26}$$

A Tabela 7 apresenta os resultados para os valores do coeficiente binário de difusão para os demais pares 1j na região de pluma vulcânica.

Tabela 7 – Coeficientes binários de difusão a 400 °C e 0,41 atm

D_{12} (cm²/s)	D_{13} (cm²/s)	D_{14} (cm²/s)	D_{15} (cm²/s)
6,244	1,883	0,982	1,319

O valor do coeficiente de difusão do CO_2 na mistura gasosa a 400 °C e 0,41 atm é obtido a partir dos resultados fornecidos pela Tabela 7 na Equação (8),

$$D_{1M} = \frac{(1-0,0180)}{\frac{(0,0006)}{(6,244)}+\frac{(0,9588)}{(1,883)}+\frac{(0,0200)}{(0,982)}+\frac{(0,0026)}{(1,319)}} = 1,847\ \text{cm}^2/\text{s} \tag{27}$$

e) Para a construção do cartograma 3D do deslocamento do CO_2 na região gasosa, correspondente ao jato de gases vulcânicos (região 3) e pluma vulcânica (região 4), para o tempo de 1 h, advém, inicialmente, da obtenção do número de passos em cada região. O conhecimento desse parâmetro é fruto da substituição dos resultados 22 ($D_{CO2,3}$ = 1,304 cm²/s) e 27 ($D_{CO2,4}$ = 1,847 cm²/s) para Δt = 1 h = 3.600 s na Equação (3.3), obtendo-se, respectivamente,

$$L_3 = 8D_{CO_2,1}\Delta t = (8)(1,304)(3.600) = 37.555\ \text{cm}^2 \tag{28}$$

$$L_4 = 8D_{CO_2,1}\Delta t = (8)(1,847)(3.600) = 53.194\ \text{cm}^2 \tag{29}$$

Conhecidos valores de L_j, utiliza-se o algoritmo sugerido na Figura 3.6 para gerar o cartograma, para o deslocamento 3D do CO_2 no meio gasoso vulcânico, apresentado na Figura 2.

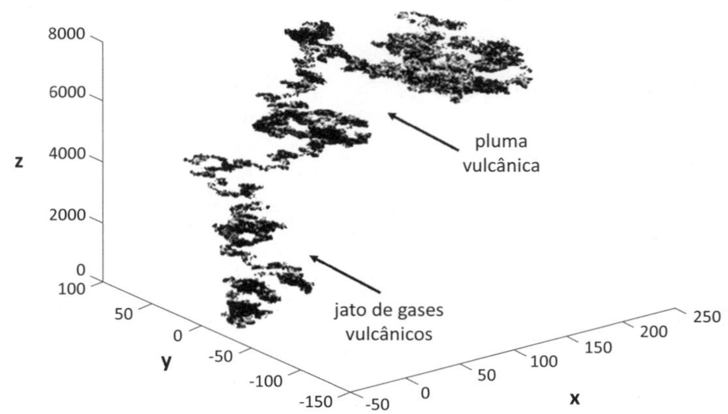

Figura 2 – Deslocamento 3D do CO_2 na região gasosa vulcânica (os deslocamentos nas direções x, y e z referem-se aos seus valores ao quadrado, cm², visto a unidade do número de passos L_j).

A Figura 3 apresenta, a título de ilustração, a composição entre as Figuras 1 e 2. Ressalte-se, todavia, que o deslocamento do CO_2 (em unidade de comprimento ao quadrado para cada deslocamento unitário) está em grandezas distintas: em μm^2 para região magmática e cm^2 para a região atmosférica. Isto se dá pela natureza distinta dos meios difusivos. Ainda que a temperatura da zona magmática venha a ser superior àquelas atmosféricas, o magma oferece resistência bem mais proeminente à difusão do CO_2 quando comparado àquela oferecida pelos gases vulcânicos.

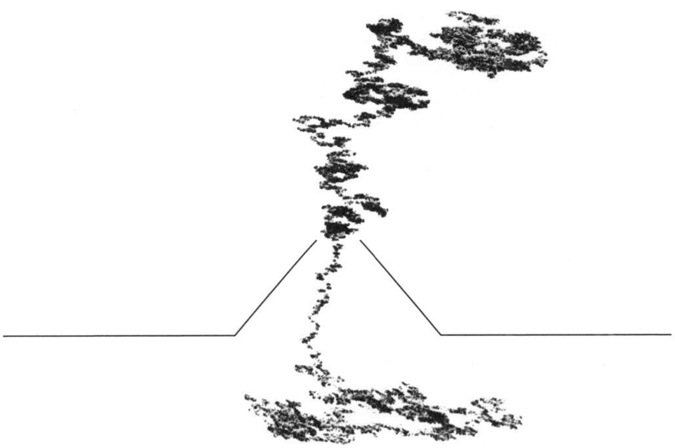

Figura 3 – Deslocamento 3D do CO_2 nas regiões vulcânicas (os deslocamentos nas direções x, y e z referem-se aos seus valores ao quadrado, visto a unidade do número de passos L_j).

REFERÊNCIAS

BAKER, D. R.; FREDA, C.; BROOKER, R. A.; SCARLATO, P. Volatile diffusion in silicate melts and its effects on melt inclusions. *Annals of Geophysics*, v. 48, n. 4/5, p. 669-717, 2005.

BRANCO, P. M. Vulcões. 18 ago. 2014. *Serviço Geológico do Brasil.* Disponível em <http://www.cprm.gov.br/publique/SGB-Divulga/Canal-Escola/Vulcoes-1108.html>. Acesso em: 15 abr. 2022.

CASSIDY, M.; MANGA, M.; CASHMAN, K.; BACHMANN, O. Controls on explosive-effusive volcanic eruption styles. *Nature Comunications*. 2018. Disponível em: <www.nature.com/naturecommunications>. Acesso em: 01 abr. 2022.

CREMASCO, M. A.; BERTAN, A. S.; MIRANDA, N. T. Stochastic diffusion: walking at Northern lights. *Jökull Journal*, v. 71, n. 1, p. 2-14, 2021.

GEORGEAIS, G.; KOGA, K.; MOUSSALLAM, Y.; ROSE-KOGA, E. Magma decompression rate calculations with EMBER: a user-friendly software to model diffusion of H_2O, CO_2 and S in melt embayments. *Geochemistry, Geophysics, Geosystems*, v. 22, n. 7, p. 1-20, 2021.

GUTMANN, A.; BOBROWSKI, N.; ROBERTS, T. J.; RÜDIGER, J.; HOFFMANN, T. Advances in bromine speciation in volcanic plumes. *Frontiers in Earth Science*, v. 6, n. 213, p. 1-24, 2018.

INSTITUTO DE ENGENHARIA. Vulcão na Islândia emite tanto CO_2 quanto um milhão de carros. 01 out. 2018. Disponível em <https://www.institutodeengenharia.org.br/site/2018/10/01/vulcao-na-islandia-emite-tanto-co2-quanto-a-um-milhao-de-carros>. Acesso em: 13 abr. 2022.

LAGES, J.; MOUSSALLAM, Y.; BANI, P.; PETERS, N.; AIUPPA, A.; BITETTO, M.; GIUDICE, G. First in-situ measurements of plume chemistry at Mount Garet Volcano, Island of Gaua (Vanuatu). *Applied Science*, v. 10, n. 10, p. 1-15, 2020.

LESHER, C. E.; SPERA, F. J. Thermodynamic and transport properties of silicate melts and magma. Chapter 5, p. 113-145. In: SIGURDSSON, H. *The encyclopedia of volcanoes*. 2. ed. Cambridge: Academic Press, 2015. 1456 p.

METSUL METEOROLOGIA. *Cinzas do vulcão de Tonga chegam ao Brasil e realçam cores do céu*. Disponível em: <https://metsul.com/cinzas-do-vulcao-de-tonga-chegam-ao-brasil-e-realcam-cores-do-ceu/>. Acesso em: 14 abr. 2022.

MUNDO EDUCAÇÃO. *Vulcões*. Disponível em: <https://mundoeducacao.uol.com.br/geografia/vulcoes.htm>. Acesso em: 14 abr. 2022.

MUNGALL, J. E. Empirical models relating viscosity and tracer diffusion in magmatic silicate melts. *Geochimica et Cosmochimica Acta*, v. 66, n. 1, p. 125-143, 2002.

NAVES, F. A visão neolítica de uma erupção vulcânica. 9 jan. 2014. *Diário de Notícias*. Disponível em: <https://www.dn.p7t/ciencia/a-visao-neolitica-de-uma-erupcao-vulcanica-3621940.html/>. Acesso em: 14 abr. 2022.

NEUFELD, P. D.; JANZEN, A. R.; AZIZ, R. A. Empirical equations to calculate 16 of the transport collision integrals Ωl,s* for the Lennard-Jones (12-6) potential. *The Journal of Chemical Physics*, v. 57, n. 3, p. 1100-1102, 1972.

PRAUSNITZ, J. M.; LICHTENTHALER, R. N.; AZEVEDO, E. G. *Molecular thermodynamics of fluid-phase equilibria*. 3. ed. Upper Saddler River: Prentice-Hall, 1999, 860 p.

REID, R. C.; PRAUSNITZ, J. M.; POLING, B. E. *The properties of gases and liquids*. 4. ed. New York: McGraw-Hill, 1987, 742 p.

RIBEIRO, K. A lenda de Licanbur. 1 dez. 2018. *O Diário do Mundo*. Disponível em: <http://odiariodomundo.com/lenda-de-licancabur/>. Acesso em: 13 abr. 2022.

ROBERTS, T.; DAYMA, G.; OPPENHEIMER, C. Reaction rates control high-temperature chemistry of volcanic gases in air. *Frontiers in Earth Science*, v. 7, n. 154, p. 1-17, 2019.

SANTORO, S. *et al.* Volcanic plume CO_2 flux measurements at Mount Etna by Mobile Differential Absorption Lidar. *Geosciences*, v. 7, n. 9, p. 227-239, 2017.

SHINOHARA, H. Composition of volcanic gases emitted during repeating vulcanian eruption stage of Shinmoedake, Kirishima volcano, Japan. *Earth Planets Space*, v. 65, p. 667-675, 2013.

WATSON, E. B. Basalt contamination by continental crust: some experiments and models. *Contributions to Mineralogy and Petrology*, v. 80, p. 73-87, 1982.

ZAVALA, E. Os segredos do maior sacrifício de crianças feito pelos incas para 'acalmar' um vulcão. 13 out. 2019. *BBC News/Brasil*. Disponível em: <https://www.terra.com.br/noticias/ciencia/os-segredos-do-maior-sacrificio-de-criancas-feito-pelos-incas-para-acalmar-um-vulcao,f6478d82e25aab55ae26f5910e563f6f9ejygcuv.html>. Acesso em: 19 abr. 2022.

ZOLNERKEVI, I. Vigia espacial. *Revista Fapesp*, n. 214, 2013. Disponível em: <https://revistapesquisa.fapesp.br/vigia-espacial/>. Acesso em: 4 abr. 2022.

CAPÍTULO 4
Está no DNA

A vida imersa no lapso do tempo, mas que não existe no abstrato, e a busca de sua compreensão e de seu sentido são um dos pilares centrais da investigação filosófica e científica. Para as pessoas comuns, a vida está associada às vicissitudes inerentes à existência, enquanto para psicólogos remete à vida psíquica; para sociólogos, as relações sociais; para os teólogos, a base espiritual (Bertan; Cremasco, 2021). Não existe, portanto, uma única visão para a vida, pois o olhar a ela direcionado é transdisciplinar, envolvendo desde a cosmologia até a teoria de sistemas complexos (Damineli; Damineli, 2007; Rodrigues, 2019). Ressalte-se, dentre tantas concepções sobre o tema, uma difundida entre os povos de cultura abraâmica segundo a qual a vida é resultado de sopro divino, e não de leis naturais, sendo estas investigadas em laboratórios e processos teóricos (Damineli; Damineli, 2007).

Dentre tais formulações teóricas para o afloramento da vida, considerando-a enquanto surgimento de organismos vivos na Terra, está a hipótese da sopa primordial.

Em seus primórdios, o Planeta era rico em hidrogênio, amônia, metano e água, combinação propícia para a produção de aminoácidos capazes de gerar matéria orgânica e, a partir disso, a sopa primordial, condição para o desenvolvimento de organismos vivos (Lrving, 2017). Os aminoácidos são unidades fundamentais que compõem as proteínas. A relação entre o DNA e os aminoácidos ocorre por meio do código genético, no qual as sequências específicas de bases nitrogenadas no DNA: adenina (A), timina (T), citosina (C) e guanina (G), Figura (4.1), determinam a sequência de aminoácidos em uma proteína.

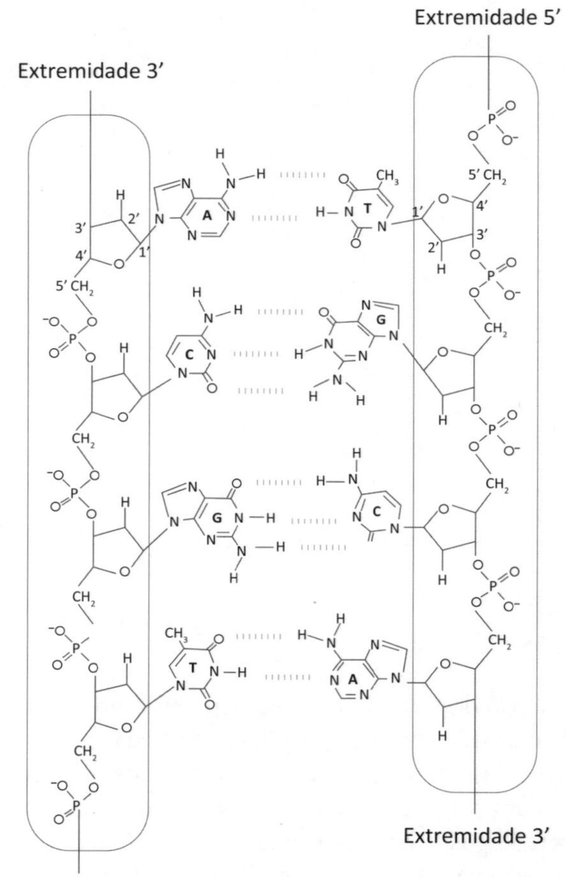

Figura 4.1 – Componentes em um segmento de dupla hélice de DNA desenrolado. Suporte açúcar-fosfato em destaque.

Fonte: adaptada de Bordoni *et al.* (2022).

Na engenharia genética, moléculas circulares duplas de DNA, denominadas plasmídeos, podem ser manipuladas e utilizadas como vetores de clonagem, transportando genes, ou ser clonadas para multiplicarem-se ou expressarem genes de interesse, resultando, por exemplo, em terapias genéticas, dentre as quais a insulina sintética por meio do DNA recombinante, destinado a portadores de diabetes mellitus. Em 1983, a insulina humana foi a primeira proteína recombinante comercializada, substituindo a insulina porcina. Essa molécula é produzida graças à bactéria *Escherichia coli*, "o pau para toda obra" da engenharia genética (Joly, 1995). Para a obtenção de insulina, o gene humano é isolado e recortado, utilizando-se enzimas de restrição, introduzindo-o no plasmídeo da *E. coli*, resultando em um plasmídeo recombinante, que é inserido na célula da bactéria, a qual codifica o gene humano da insulina, produzindo-a (Zieliński *et al.*, 2019).

Suponha que se tenha o interesse de fazer uma clonagem de DNA por meio de um plasmídeo de DNA circular (pDNA). Será que o plasmídeo contém o gene certo? Qual técnica a ser utilizada para tanto? Pode-se empregar a eletroforese em gel, destinada à separação de plasmídeos. A técnica consiste, inicialmente, em eleger e caracterizar determinado gel de modo a acondicioná-lo em um recipiente dotado de cavidades ou poços, nos quais amostras de DNA plasmídico (pDNA) são inseridas. Em determinada extremidade do recipiente acopla-se o eletrodo positivo e, na extremidade oposta, o eletrodo negativo. Preenche-se o volume em que o gel está imerso com uma solução tampão contendo sal, para que se possa conduzir cargas elétricas. Por apresentarem grupos fosfato em suas estruturas (ver Figura 4.1), as macromoléculas de pDNA apresentam carga negativa, movendo-se por meio da matriz de gel na direção do polo positivo. Fragmentos menores de pDNA (que apresentam menores massas molares) deslocam-se mais rapidamente do que os fragmentos maiores (Figura 4.2).

Figura 4.2 – Ilustração do deslocamento de pDNA na eletroforese: as formigas que carregam folhas menores (menores pDNA) se movimentam mais rapidamente.

Decorrido certo tempo, em que o gel está sob o efeito de corrente elétrica, fragmentos menores de pDNA estarão mais próximos do polo positivo, enquanto os maiores permanecerão próximas aos poços, conforme mostra a Figura 4.3 (Nunes, 2013; Marcuz, 2019). O deslocamento de fragmentos de pDNA através dos poros do gel pode ser descrito por mecanismo de difusão mássica, baseando-se fundamentalmente no movimento aleatório dos plasmídeos.

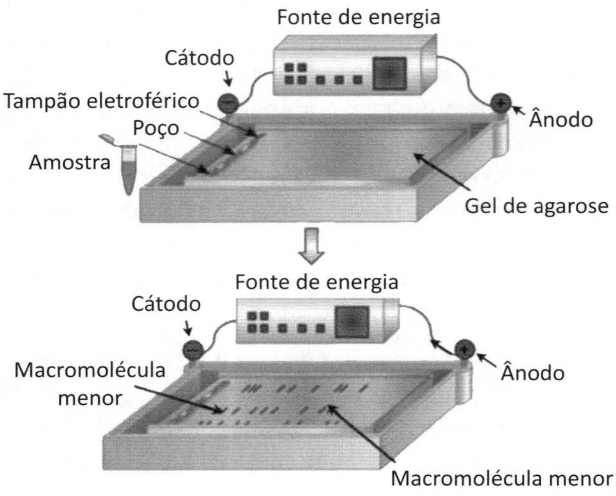

Figura 4.3 – Eletroforese em gel de agarose para a separação de pDNA.

Fonte: adaptada de Sciendirect (2005).

Considerando-se que os valores dos raios de giro, r_G, para os plasmídeos pCAMBRIA-1303 e pUC-19 são iguais, respectivamente, a 138,7 nm e 53,3 nm (Nunes, 2013), obtenha:

a) Os valores do coeficiente de difusão dos plasmídeos diluídos em solução tampão de NaCl a 20 °C (η_B = 1,043 cP).

b) Cartograma 3D relativo ao movimento browniano dos fragmentos elencados no item anterior, assumindo 10^5 passos aleatórios e Δt = 1 ns.

c) Os valores do coeficiente de difusão a partir do cartograma obtido no item anterior.

d) Os valores dos coeficientes efetivos de difusão relativos aos pDNA citados neste capítulo, dada a importância do estudo dos plasmídeos na técnica da eletroforese, na qual se emprega agarose a 0,16% (para possibilitar o trânsito dos plasmídeos através dos poros do gel), em que o gel apresenta diâmetro de poro de 500 nm, tampão de NaCl a 20 °C. Obtenha os valores dos coeficientes efetivos de difusão relativos aos pDNA citados neste capítulo.

COMENTÁRIOS

O ácido desoxirribonicleico (DNA) realiza funções essenciais para o organismo, como portador de informações moleculares capazes de especificarem as características de certo ser vivo, assim como é capaz de duplicar essa informação para que, quando da divisão celular, cada célula resultante ou célula-filha traga a mesma informação presente na célula-mãe (Marques, 2014). Desse modo, metodologias de manipulação de informações presentes no DNA, como a terapia gênica e a engenharia genética, impactam sobremaneira o mundo contemporâneo. Para tanto, processos de manipulação/separação de fragmentos dessas macromoléculas são incorporados no cotidiano da biologia molecular, em que a difusão mássica em gel desempenha papel central. A compreensão da difusão mássica em gel é essencial em processos de separação de ácidos nucleicos, proteínas, peptídeos, aminoácidos, ácidos/bases orgânicos, fármacos, por meio de técnicas cromatográficas ou membranas. A difusão mássica em gel está presente no desenvolvimento de lentes de contato à base de hidrogel, bem como o encapsulamento de células em hidrogel para aplicações biomédicas. O conhecimento do coeficiente de difusão nesse tipo de meio é necessário para entender a liberação de medicamentos no corpo, permitindo o controle adequado de sua dosagem.

A descrição do mecanismo difusivo não se restringe à descrição de uma teoria, podendo-se citar, pelo menos, três:

i) a teoria do volume livre;

ii) a teoria da obstrução; e,

iii) a teoria fluidodinâmica.

A teoria do volume livre assume que o soluto se move por meio de saltos em vazios deixados pelo solvente, acarretando a redistribuição do volume livre. Esse mecanismo governa principalmente a difusão de moléculas cujo tamanho é menor do que as dimensões características desses vazios. A teoria de obstrução concentra-se no obstáculo causado pelas cadeias impenetráveis de polímeros, com especial atenção à geometria da rede. Já a teoria fluidodinâmica está associada ao arraste do soluto por meio da ação da cadeia polimérica (Quesada-Pérez; Martín-Molina, 2021). No caso de gel obtido a partir de fibras rígidas, como o de alginato e de agarose, amplamente encontradas na eletroforese em gel, a teoria mais indicada para explicar a difusão mássica nesse meio é a da obstrução.

Como já mencionado, a eletroforese associada à identificação de plasmídeos envolve um gel, usualmente preparado a partir da agarose, que se trata de um polissacarídeo. A agarose, quando aquecida em meio líquido e, posteriormente, submetida a resfriamento, produz um gel sólido e flexível. Em nível molecular, o gel é um emaranhado de moléculas de agarose, unidas por ligações de hidrogênio (Pavan, 2018), resultando em uma espécie de matriz porosa em decorrência dos sítios vazios. O mecanismo da difusão mássica do pDNA na matriz porosa pode ser sintetizada por meio de sua difusividade, considerando-se a teoria da obstrução, na sua forma mais simples, segundo Pluen *et al.* (1999)

$$D_{ef} = D_{AB} \exp\left(-\frac{\sigma_A}{\sigma_p}\varphi^{1/2}\right) \tag{4.1}$$

No presente capítulo, os diâmetros presentes na Equação (4.1) estão associados, respectivamente, ao diâmetro do plasmídeo, σ_A, que depende de sua concentração no gel ao diâmetro médio dos poros no gel, σ_p, formados durante a sua preparação; φ, fração volumétrica de fibras de agarose, obtida, segundo Pluen *et al.* (1999), a partir de

$$\varphi = 0,9756 w_{agarose} \tag{4.2}$$

em que $w_{agarose}$ é a fração mássica da agarose. Já o coeficiente binário de difusão, D_{AB}, presente na Equação (4.1), está associado à difusão do plasmídeo na solução tampão, que pode ser obtido por meio da equação de Stokes-Einstein para a difusão do plasmídeo (A) diluído na solução tampão (B) segundo

$$D_{AB} = 1,465 \times 10^{-7} \frac{T}{\eta_B \sigma_A} \tag{4.3}$$

resultando o valor do coeficiente de difusão em cm^2/s; η_B é a viscosidade dinâmica da solução tampão em cP; T, temperatura do meio em Kelvin; o diâmetro de Stokes-Einstein do plasmídeo, σ_A, em Å, sendo que o raio de Stokes-Einstein ($r_A = \sigma_A/2$) se relaciona ao seu raio de giro (para pDNA) segundo (Nunes, 2013)

$$r_G = 1,505 r_A \tag{4.4}$$

ou

$$\sigma_A = \frac{2}{1,505} r_G \tag{4.5}$$

que, substituído na Equação (4.3), resulta em

$$D_{AB} = 1,1024 \times 10^{-7} \frac{T}{\eta_B r_G} \tag{4.6}$$

A descrição da dispersão molecular do pDNA na solução tampão pode ser abordada por meio do modelo do movimento browniano, a partir do qual se escreve para o deslocamento do plasmídeo em três dimensões, considerando-se a descrição estocástica no limite viscoso (a partir de Medved; Davis; Vasquez, 2020)

$$x(t) = x(t - \Delta t) + \beta_A R_i \tag{4.7}$$

$$y(t) = y(t - \Delta t) + \beta_A R_i \tag{4.8}$$

$$z(t) = z(t - \Delta t) + \beta_A R_i \tag{4.9}$$

com R_i, número pseudoaleatório i, cuja função de distribuição de probabilidade (PDF do inglês *Probability Distribution Function*) apresenta média igual a 0 e variância igual a 1; ou seja, o ruído branco N(0,1) e

$$\beta_A = \sqrt{2D_{AB}\Delta t} \tag{4.10}$$

A obtenção do valor do coeficiente de difusão via a simulação do movimento browniano, considerando-se a definição do deslocamento quadrático médio em 3D,

$$D_{AB} \equiv \lim_{t \to \infty} \frac{\left\langle (r - r_o)^2 \right\rangle}{6\Delta t} \tag{4.11}$$

podendo ser obtido a partir das Equações (4.7) a (4.9), por meio de

$$D_{AB} \equiv \frac{1}{6L} \sum_{i=1}^{L} \frac{(\Delta x_i)^2 + (\Delta y_i)^2 + (\Delta z_i)^2}{\Delta t} \tag{4.12}$$

em que L é o número de passos e as diferenças quadráticas associam-se ao deslocamento quadrático médio em cada direção por meio de

$$\left\langle \left[x(t) - x(t - \Delta t) \right] \right\rangle^2 = (\Delta x_i)^2 \tag{4.13}$$

$$\left\langle \left[y(t) - y(t - \Delta t) \right] \right\rangle^2 = (\Delta y_i)^2 \tag{4.14}$$

$$\left\langle \left[z(t) - z(t - \Delta t) \right] \right\rangle^2 = (\Delta z_i)^2 \tag{4.15}$$

FORMULÁRIO

Ao se conhecer os valores de β_A para o plasmídeo A, Equação (4.10), e o número de passos L, pode-se utilizar o algoritmo fornecido na Figura 4.4.

Input: Plasmídeo A, L (número de passos),
randn (números pseudoaleatórios que segue N(0,1); Box-Müller, p. ex.)
β_A (desvio padrão), Δt

Output: D_{AB}, figura do deslocamento quadrático médio; cartograma 3D

```
enquanto i = 0 faça
somax = 0
somay = 0
somaz = 0
para i = 1 -> L faça
        randn <- número pseudoaleatório – N(0,1)
        dx<- β_A*randn
        x <- x + dx
        x2 <- x^2
        somax <- x2
        randn <- número pseudoaleatório – N(0,1)
        dy <- β_A*randn
        y <- y + β_A*randn
        y2 <- y^2
        somay <- y2
        randn <- número pseudoaleatório – N(0,1)
        dz<- β_A*randn
        z <- z + β_A*randn
        z2 <- z^2
        somaz <- z2
        soma <- somax + somay + somaz
return (leia novo i)
para A atual -> L faça
        D_AB <- soma/(6LΔt)
return (leia novo A)
end
```

Figura 4.4 – Algoritmo para a obtenção do cartograma 3D e D_{AB}: movimento browniano.

Informações adicionais:

1 nm = 10 Å;

1 $cm^2/s = 1 \times 10^7$ Å^2/ns.

SOLUÇÃO

a) Os valores do coeficiente de difusão dos plasmídeos diluídos em solução tampão advêm da Equação (4.6)

$$D_{AB} = 1{,}1024 \times 10^{-7} \frac{T}{\eta_B r_G} \tag{1}$$

Visto que a difusão dos plasmídeos ocorre na mesma solução tampão de NaCl a T = 20 °C = 20 + 273,15 = 293,15 K e η_B = 1,043 cP, tem-se na Equação (1)

$$D_{AB} = \left(1{,}1024 \times 10^{-7}\right) \frac{(293{,}15)}{(1{,}043) r_G} = \frac{3{,}097 \times 10^{-5}}{r_G} \tag{2}$$

Para o plasmídeo pCAMBRIA-1303, r_G = 138,7, nm = 1.387 Å, substituído na Equação (2) fornece

$$D_{AB} = \frac{\left(3{,}097 \times 10^{-5}\right)}{(1.387)} = 2{,}234 \times 10^{-8} \text{ cm}^2/\text{s} \tag{3}$$

Em se tratando do plasmídeo pUC-19, r_G = 53,3, nm = 533 Å, resulta da Equação (2),

$$D_{AB} = \frac{\left(3{,}097 \times 10^{-5}\right)}{(533)} = 5{,}812 \times 10^{-8} \text{ cm}^2/\text{s} \tag{4}$$

b) O cartograma 3D relativo ao movimento browniano dos fragmentos elencados no item anterior será obtido a partir do conhecimento do desvio padrão apresentado na Equação (4.10)

$$\beta_A = \sqrt{2 D_{AB} \Delta t} \tag{5}$$

Considerando pCAMBRIA-1303, tem-se D_{AB} = 2,23 × 10^{-8} cm²/s = 0,223 Å²/ns. Uma vez que Δt = 1 ns, resulta na Equação (5)

$$\beta_A = \sqrt{(2)(0{,}223)(1{,}0)} = 0{,}668 \text{ Å} \tag{6}$$

Para o pUC-19, $D_{AB} = 5{,}81 \times 10^{-8}$ cm²/s = 0,581 Å²/ns. Visto $\Delta t = 1$ ns, tem-se da Equação (5)

$$\beta_A = \sqrt{(2)(0{,}581)(1{,}0)} = 1{,}078 \text{ Å} \tag{7}$$

A partir dos valores de β_A e considerando-se $L = 10^5$ passos para cada plasmídeo, utiliza-se o algoritmo ilustrado na Figura 4.4 para obter os respectivos deslocamentos brownianos conforme ilustra a Figura 1, da qual se observa a maior dispersão para o menor plasmídeo (pUC 19).

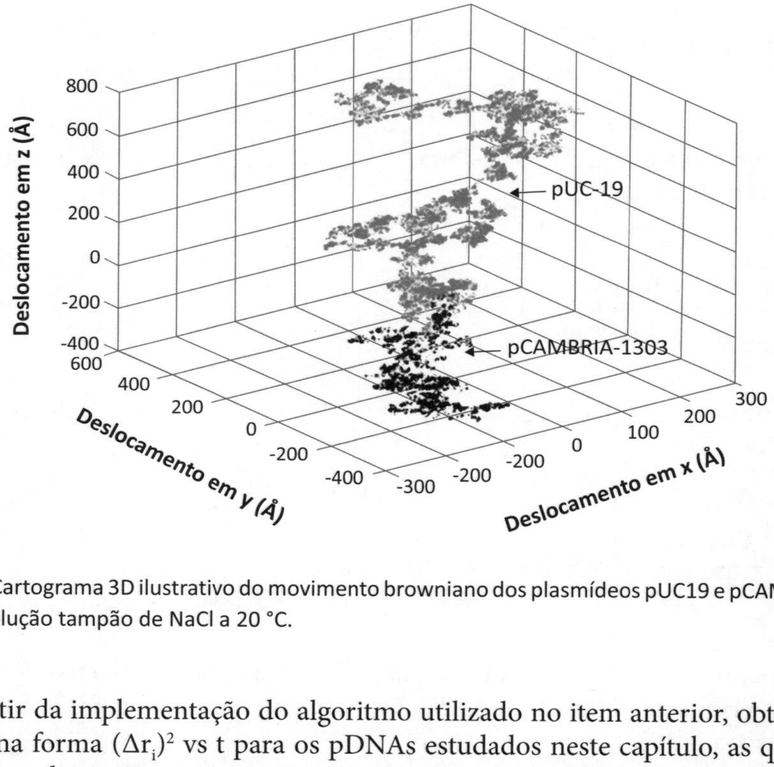

Figura 1 – Cartograma 3D ilustrativo do movimento browniano dos plasmídeos pUC19 e pCAMBRIA-1303 em uma solução tampão de NaCl a 20 °C.

c) A partir da implementação do algoritmo utilizado no item anterior, obtiveram-se retas na forma $(\Delta r_i)^2$ vs t para os pDNAs estudados neste capítulo, as quais estão apresentadas na Figura 2. Nota-se que a inclinação da reta diminui com a diminuição do valor do coeficiente de difusão, apontando para menor espalhamento do pCAMBRIA-130 em relação ao pUC-19. A partir dos resultados que geraram a Figura 2 e empregando-se a Equação (4.12), foram obtidos os valores simulados $D_{AB\ (pCAMBRIA\text{-}1303)} = 0{,}2226$ Å²/ns; $D_{AB\ (pUC\text{-}19)} = 0{,}5809$ Å²/ns, corroborando o modelo adotado no presente capítulo.

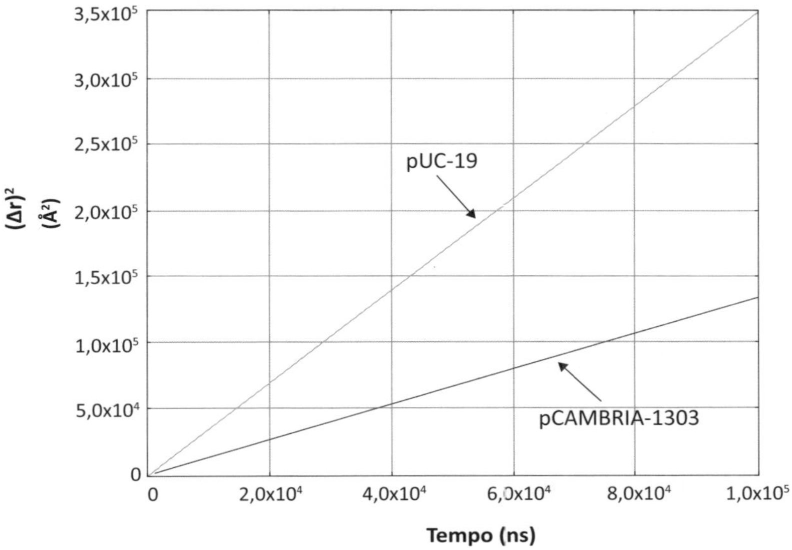

Figura 2 – Deslocamento quadrático médio em função do tempo para a difusão de pCAMBRIA-1303 e pUC-19 em solução tampão de NaCl a 20 °C.

d) Tratando-se da estimativa dos valores dos coeficientes efetivos de difusão relativos aos pDNAs discutidos neste capítulo, considerando-se o meio difusivo destinado à eletroforese, serão utilizadas as Equações (4.1) e (4.2), ou

$$D_{ef} = D_{AB} \exp\left(-\frac{\sigma_A}{\sigma_p}\varphi^{1/2}\right) \tag{8}$$

com

$$\varphi = 0{,}9756 w_{agarose} \tag{9}$$

Tendo em vista que a concentração da agarose é de 0,16 %, isso implica: $w_{agarose} = 0{,}0016$ que, substituído na Equação (9),

$$\varphi = (0{,}9756)(1{,}6 \times 10^{-3}) = 1{,}56 \times 10^{-3} \tag{10}$$

Uma vez conhecido o diâmetro dos poros do gel, σ_p = 500 nm, resta determinar os valores do diâmetro do plasmídeo, os quais advêm da Equação (4.5)

$$\sigma_A = \frac{2}{1{,}505} r_G \tag{11}$$

Para pCAMBRIA-1303, r_G = 138,7 nm, ou

$$\sigma_A = \frac{(2)}{(1{,}505)}(138{,}7) = 184{,}32 \text{ nm} \tag{12}$$

Substituindo-se os resultados 3 e 12 na Equação (8), obtém-se o valor do coeficiente efetivo de difusão do plasmídeo pCAMBRIA-1303 no gel de agarose a 0,16%,

$$D_{ef} = (2{,}234 \times 10^{-8}) \exp\left[-\left(\frac{184{,}32}{500} \right) (1{,}56 \times 10^{-3})^{1/2} \right] = 2{,}202 \times 10^{-8} \text{ cm}^2/\text{s} \tag{13}$$

Procede-se de igual modo para o pUC-19. Tendo em vista que o seu r_G é igual a 53,3 nm, tem-se da Equação (11)

$$\sigma_A = \frac{(2)}{(1{,}505)}(53{,}3) = 70{,}83 \text{ nm} \tag{14}$$

Substituindo-se os resultados 4 e 14 na Equação (8), obtém-se o valor do coeficiente efetivo de difusão do plasmídeo pUC-19 no gel de agarose a 0,16%,

$$D_{ef} = (5{,}812 \times 10^{-8}) \exp\left[-\left(\frac{70{,}83}{500} \right) (1{,}56 \times 10^{-3})^{1/2} \right] = 5{,}780 \times 10^{-8} \text{ cm}^2/\text{s} \tag{15}$$

REFERÊNCIAS

BERTAN, A. S.; CREMASCO, M. A. Chemical engineering and transdisciplinarity against covid-19. Cap. 1, p. 24-42. In: SOUZA, P. M. D.; OLIVEIRA, E. A. D (Eds.). *Engenharia química: inovação e tradição em tempos de pandemia*, Even3 Publicações, 2021, 600 p.

BORDONI, E.; MUNIZ, F.; CAÇADOR, J.; ARAÚJO NETO, M. Componentes em um segmento de dupla hélice de DNA desenrolado. *Suporte açúcar-fosfato em destaque*. Disponível em: <https://canal.cecierj.edu.br/recurso/7208>. Acesso em: 27 dez. 2022.

DAMINELI, A.; DAMINELI, D. S. C. Origens da vida. *Estudos Avançados*, v. 21, n. 59, p. 263-284, 2007.

JOLY, P.-B. Biotecnologias: revolução silenciosa ou encontro frustrado? p. 197-198. In: WITKOWSKI, N. (Ed). Tradução: FERREIRA, R. L. *Ciência e tecnologia hoje*. Ensaio, 1995. 449 p.

LRVING, M. Reheating the primordial soup helps scientists stack the building blocks of life. *New Atlas*. Sep. 2017. Disponível em: <https://newatlas.com/reheating-primordial-soup-peptides/51174/>. Acesso em: 8 ago. 2021.

MARCUZ, C. Síntese e avaliação de *criogel monolítico contendo grupo epóxi reativo com o-fosfo-l-tirosina para adsorção de IgG e seus fragmentos*. 2019. 97 f. Dissertação (Mestrado em Engenharia Química) – Universidade Estadual de Campinas, Campinas, 2019.

MARQUES, M. R. F. *Bioquímica*. Florianópolis: Biologia/EAD/UFSC, 2014. 182 p.

MEDVED, A.; DAVIS, R.; VASQUEZ, P. A. Understanding fluid dynamics from Langevin and Fokker-Planck equations. *Fluids*, v. 5, n. 1, p. 40-63, 2020.

NUNES, J. C. M. *Purificação de DNA plasmídico usando tecnologias de membrana: Modelação e aplicação*. 2013. 132 f. Tese (Doutorado em Química) – Universidade da Beira Anterior, Covilhã, 2013.

PAVAN, G. L. *Orto-fosfo-L-tirosina como ligante para purificação de IgG humana por cromatografia de pseudobioafinidade*. 2018. 138 f. Tese (Doutorado em Engenharia Química) – Universidade Estadual de Campinas, Campinas, 2018.

PLUEN, A.; NETTI, P. A.; JAIN, R. K.; BERK, D. A. Diffusion of macromolecules in agarose gels: comparison of linear and globular configurations. *Biophysical Journal*, v. 77, p. 542-552, 1999.

QUESADA-PÉREZ, M.; MARTÍN-MOLINA, A. Solute diffusion in gels: thirty years of simulations. *Advances in Colloid and Interface Science*, v. 287, n. 102320, p. 1-10, 2021.

RODRIGUES, M. A. M. *Vida em Georges Canguilhem na complexidade informacional biológica, tecnológica e assimilação do organismo vivo à máquina*. 2019. 69 f. Trabalho de Conclusão de Curso (Filosfia) – Filosofia, Universidade Federal de Uberlândia, Uberlândia, 2019. 69 p.

SCIENCEDIRECT. *Lysozyme – An overview*. ScienceDirect Topics. 2005. Disponível em: <https://www.sciencedirect.com/topics/biochemistry-genetics-and-molecularbiology/lysozyme#:~:text=Lysozyme%20is%20an%20enzyme%20that,well%2Ddocumented%20egg%20white%20allergen>. Acesso em: 28 dez. 2022.

ZIELIŃSKI, M. *et al.* Expression and purification of recombinant human insulin from E.coli 20 strain. *Protein Expression and Purification*, v. 157, p. 63-69, 2019.

CAPÍTULO 5
Entre a flor e o carrapicho

A essência está no verde. Verde. Verde de se perder em verde. Verde-claro, escuro, cinza, marrom, azul. Todas as cores são verdes. As planícies, vales cobertos pelo cobertor verde. A venda verde da mata que tapa e que não está à venda, pois tudo o que se vê é verde.

(Cremasco, 2004)

Tanto as tonalidades de verde quanto a criação literária são possíveis em virtude da reação de fotossíntese, que se caracteriza pela absorção de luz e, por intermédio de tal reação, permite a produção de fontes nutrientes para os vegetais. As folhas têm células fotossintetizadoras e clorofila, responsável por sua pigmentação verde (Shevela; Björn; Govindjee, 2019). A molécula de clorofila, ao ser exposta à luz, absorve parte da energia luminosa, acarretando a reação do gás carbônico com água segundo

$$6CO_2(g) + 6H_2O(\ell) + \text{calor} \Rightarrow C_6H_{12}O_6(aq) + 6O_2(g)$$

possibilitando a síntese de carboidratos. A célula vegetal é tipicamente eucarionte, cujo citoplasma abriga diversas reações químicas e vários elementos decorrentes do metabolismo do vegetal, como os microRNAs (miRNAs) (Bailey, 2019), que fazem parte dos RNAs endógenos e não codificantes. Os miRNAs estão presentes em sua forma madura no citosol, parte fluida do citoplasma, e são reguladores-mestre da expressão gênica entre a maioria dos eucariotos. Tem-se demonstrado que os miRNAs atuam em redes gênicas regulando processos fisiológicos essenciais em vegetais ao afetarem de forma direta ou indireta as concentrações de proteínas e hormônios envolvidos com o desenvolvimento da planta durante a maturação do órgão floral, a morfogênese da folha, a iniciação da raiz e o desenvolvimento vascular, além de desempenharem papéis fundamentais em respostas a estresses (Wang; Mei; Ren, 2019). Na Tabela 5.1 estão exemplos de miRNAs com as respectivas funções e número total de nucleotídeos (ntn) presentes em sua cadeia polimérica, envolvidos no desenvolvimento foliar em espécies vegetais (Figura 5.1).

Tabela 5.1 – Principais tipos e funções de mRNA

Tipo	ntn	Função
miR396-GRF	162	Atua na regulação dos genes alvo e no crescimento da folha (Li *et al.*, 2021).
miR319-TCP	168	Participa de diferentes rotas biológicas, desde a biossíntese e a sinalização de hormônios até a proliferação e diferenciação celular (Hu; Liu; Cao, 2019).
miR164-CUC	176	Estabelece o limite entre células meristemáticas indiferenciadas e as células aptas para a diferenciação, contribuindo, portanto, para o início do desenvolvimento dos primórdios foliares (Liang *et al.*, 2019).
miR165-HD Zip III	182	Essencial para o desenvolvimento normal das faces adaxial/abaxial das folhas (Sirohi *et al.*, 2018).

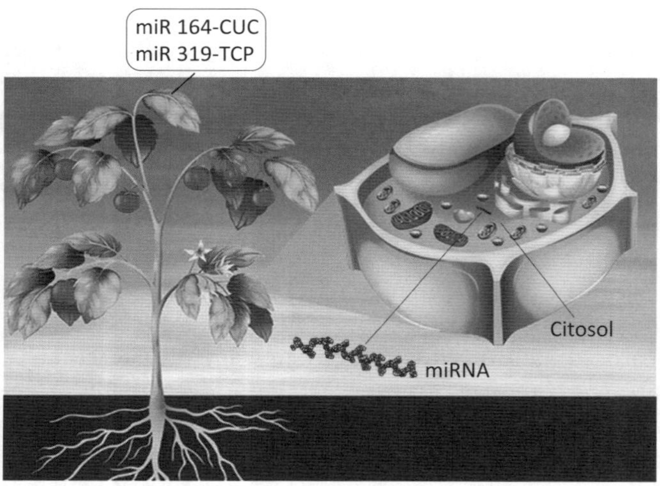

Figura 5.1 – miRNAs atuantes no desenvolvimento foliar de espécies vegetais.

Fonte: adaptada de Chen *et al.* (2018).

O fenômeno de transferência de massa faz-se presente no interior da célula vegetal quando, por exemplo, os miRNas difundem-se em citosol para exercer as diversas funções como as descritas na Tabela 5.1, nas células de folhas de espécies vegetais, como do carrapicho (*Xanthium pennsylvanicum*) e do crisântemo (*Chrysanthemum var Sunbeam)* (Figura 5.2).

(a) (b)

Figura 5.2 – Espécies vegetais: a) carrapicho, b) crisântemo.

Fontes: Revista Globo Rural (2013) e Equipe +Soja (2019).

Tendo em vista a ampla contribuição funcional dos miRNAs regulando genes diretamente relacionados ao desenvolvimento foliar, tornando-se evidente quando se avaliam os fenótipos de plantas, pede-se:

a) Represente, na mesma figura, as cadeias lineares do miR319-TCP e do miR164-CUC.

b) Sabendo que a viscosidade aparente do citosol foliar do crisântemo e do carrapicho, a 25 °C, são iguais, respectivamente, a 45 cP e 56,3 cP (Heilbrunn, 1958), estime o valor do coeficiente de difusão dos microRNAs apontados no item anterior, considerando-os diluídos nos meios difusivos (citosol).

c) Construa o cartograma 3D relativo ao deslocamento aleatório dos microRNAs, de modo a avaliar a influência do meio difusivo, considerando-se movimento browniano dos solutos com número de passos igual a 10^5 e $\Delta t = 1$ ns.

COMENTÁRIOS

A fotossíntese é um processo imprescindível para vida e foi parcialmente descoberta em 1600 por Jan Baptista van Helmont. Ele realizou um experimento de cinco anos envolvendo um salgueiro e concluiu que o crescimento da árvore era resultado dos nutrientes que ela havia recebido da água, e não do solo. A conclusão de Helmont foi imprecisa, mas seu experimento provou que a água contribui para o crescimento das plantas. Joseph Priestley é outro cientista que contribuiu para a descoberta da fotossíntese. Seus experimentos incluíram colocar uma vela acesa dentro de um frasco fechado. A chama apagou-se rapidamente e Priestley concluiu que o ar dentro da jarra havia sido "danificado". Embora Priestley não soubesse disso na época, seus experimentos provaram que o ar contém oxigênio. Jan Ingenhousz realizou experiências importantes no final da década de 1770, provando que as plantas produzem oxigênio. Ingenhousz expôs as plantas à luz do Sol e depois à sombra. Ele notou que pequenas bolhas eram produzidas pelas plantas quando estavam sob a luz do Sol. Quando transferidos para a sombra, as bolhas deixaram de ser produzidas. Ingenhousz, mais tarde, concluiu que as plantas usam luz para produzir oxigênio. Mais tarde, em 1796, Jean Senebier, demonstrou que as plantas absorvem dióxido de carbono e liberam oxigênio com a ajuda da luz solar. Depois, na década de 1840, Julius Robert Mayer, um médico e físico alemão, afirmou que a energia não pode ser criada nem destruída, postulando que plantas convertem energia luminosa em energia química (Shevela; Björn; Govindjee, 2019).

Conforme mencionado, a reação fotossintética ocorre no ambiente celular, do qual o citosol faz parte, e é o meio difusivo considerado no presente capítulo. Sabe-se que a biogênese dos miRNAs inclui sua transcrição no núcleo celular e exportação para o citosol. De acordo com a biogênese e o mecanismo de ação do miRNA em plantas, no núcleo celular, o gene MIRNA é transcrito pela RNA polimerase II ou III originando o transcrito primário do miRNA. No citosol, o miRNA é processado pela enzima ribonuclease III (RIII) DICER1, dando origem aos miRNAs maduros de fita simples (Figueiredo; Vasconcelos, 2020). Observa-se, portanto, a importância de se conhecer ou, pelo menos, ter uma noção qualitativa de aspectos difusivos de microRNAs. Para isso, uma primeira aproximação é assumir o movimento browniano, no limite viscoso, para a descrição da dispersão dos solutos nos meios difusivos considerados neste capítulo por meio das Equações (4.7) a (4.9), aqui retomadas

$$x(t) = x(t - \Delta t) + \beta_A R_i \tag{5.1}$$

$$y(t) = y(t - \Delta t) + \beta_A R_i \tag{5.2}$$

$$z(t) = z(t - \Delta t) + \beta_A R_i \tag{5.3}$$

sendo R_i, número pseudoaleatório i de função de distribuição de probabilidade (PDF do inglês *Probability Distribution Function*) N(0,1), e

$$\beta_A = \sqrt{2D_{AB}\Delta t} \tag{5.4}$$

O coeficiente de difusão do soluto A no meio B, D_{AB}, advém da equação de Stokes-Einstein, Equação (4.3), ou

$$D_{AB} = 1,465 \times 10^{-7} \frac{T}{\eta_B \sigma_A} \tag{5.5}$$

Lembrando que, nessa equação, o valor do coeficiente de difusão está em cm^2/s; η_B é a viscosidade dinâmica do meio difusivo, em cP; T, temperatura do meio em Kelvin; o diâmetro de Stokes-Einstein do soluto, σ_A, em Å. No caso de proteínas que apresentam massa molar entre 14 kDa e 240 kDa, tem-se, a partir de dados encontrados em Erickson (2009), a seguinte correlação proposta neste livro

$$\sigma_A = -221,74 + 26,374 \ell n(M_A) \tag{5.6}$$

com σ_A em Å e M_A em Da. A massa molar do miRNA pode ser obtida, conhecendo-se o número total de nucleotídeos (ntn) (a partir de Nunes, 2013),

$$M_A = 340(ntn) \tag{5.7}$$

Observa-se a aparente simplicidade para a estimativa do coeficiente de difusão, o qual é afetado sobremaneira pela complexidade das interações físico-químicas do meio difusivo considerado neste capítulo, as quais são altamente influenciadas pela natureza dos íons e macromoléculas. Nesse caso, é importante buscar a representação ou a sua aproximação mais simplificada de tais constituintes. Uma cadeia linear ou cadeia de ligação livre (FJC), que é representativa ao miR319-TCP ou ao miR164-CUC, segundo Nunes (2013), pode ser gerada a partir de passeio aleatório de N passos, sendo que, a cada passo, um novo ponto é gerado, o qual pode ocupar qualquer posição no interior de uma circunferência de raio L, cujo centro reside no ponto anterior, conforme ilustra a Figura 5.3, para uma cadeia linear 2D. Repete-se o processo até que a cadeia possua N segmentos.

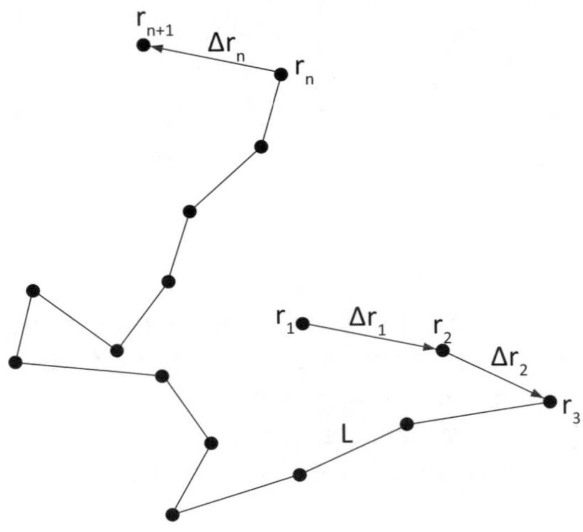

Figura 5.3 – Passeio aleatório 2D de uma cadeia FJC com N segmentos com comprimento L.

Fonte: adaptada de Nunes (2013).

Os valores de N e L são definidos para que se obtenha igual comprimento do contorno da molécula real; L corresponde à distância mínima para que se tenha um segmento com orientação independente do anterior (Nunes, 2013). Na geração da cadeia 3D, utiliza-se o sistema de coordenadas esféricas, na qual um vetor posição fica definido por três valores: distância à origem r, ângulo entre a projeção do vetor posição, no plano xy, e o eixo positivo dos xx, definido como ângulo θ, e o ângulo entre o vetor posição e o eixo positivo dos zz, ângulo φ. A relação entre tais sistemas segue o seguinte equacionamento (Nunes, 2013),

$$r = \left(x^2 + y^2 + z^2\right)^{1/2} \tag{5.8}$$

$$\theta = \arctan 2\left(y, x\right) \tag{5.9}$$

$$\phi = \arccos\left(z/r\right) \tag{5.10}$$

$$x = r\cos\theta \operatorname{sen}\varphi \tag{5.11}$$

$$y = r\operatorname{sen}\theta \operatorname{sen}\varphi \tag{5.12}$$

$$z = r\cos\varphi \tag{5.13}$$

sendo r um número pseudoaleatório entre 0 e 1 (observe que é diferente daqueles presentes nas Equações (5.1) a (5.3)). Dessa maneira, a posição de um novo ponto de cada segmento da cadeia advém de (Nunes, 2013)

$$x_{i+1} = x_i + L\cos\theta_{i+1}\text{sen}\varphi_{i+1} \tag{5.14}$$

$$y_{i+1} = y_i + L\text{sen}\theta_{i+1}\text{sen}\varphi_{i+1} \tag{5.15}$$

$$z_{i+1} = z_i + L\cos\varphi_{i+1} \tag{5.16}$$

Verifica-se que o conhecimento do diâmetro difusional do miR319-TCP e do miR164-CUC é fundamental, inclusive para a representação da macromolécula. Ressalte-se que, em se tratando de coordenadas polares, a aleatoriedade está associada ao valor que os ângulos θ e φ tomam em cada interação. Por outro lado, é preciso definir tanto L quanto N. Segundo Nunes (2013), para o caso de uma representação FJC, as várias massas atômicas são substituídas por N + 1 massas pontuais, e tendo em vista que a estrutura da molécula se altera constantemente, é o raio de giro médio, r_G, que se relaciona com valores experimentais. Desse modo, uma FJC apresenta raio de giro dado por

$$r_G = L\left[\frac{N(N+2)}{6(N+1)}\right]^{1/2} \tag{5.17}$$

sendo N = ntn, no presente caso, bem como o raio de giro se relaciona com o diâmetro de Stokes-Einstein segundo a Equação (4.5), aqui retomada como

$$r_G = 0{,}7525\sigma_A \tag{5.18}$$

em que o diâmetro de Stokes-Einstein, σ_A, é obtido da Equação (5.6).

FORMULÁRIO

A representação da cadeia linear do miR319-TCP e do miR164-CUC estudados neste capítulo dá-se após conhecer o valor de N, que representa o número total de passos aleatórios e aqui coincide com o número total de nucleotídeos, ntn. O comprimento de cada segmento da cadeia linear, L, advém da Equação (5.17), conhecendo-se o raio de giro. De posse dos valores N e L para miR319-TCP e para o miR164-CUC, utiliza-se o algoritmo apresentado na Figura 5.4 para a obtenção da cadeia linear para esses microRNAs.

```
Input:   miRNA A, N (número de passos),
         rand (números pseudoaleatórios)
         L (distância mínima),
Output:  cadeia 3D
Comentário: geração da cadeia FJC
            enquanto i = 0 faça
                   0 ← x
                   0 ← y
                   0 ← z
                   rand(N,1) ← u_i
                   rand(N,1) ← v_i
            para i = 2 → N +1 faça
                   2*pi*u(i-1) ← teta
                   acos((2*v(i-1)-1) ← fi
                   x ← x + L*cos(teta)*sen(fi)
                   y ← y + L*sen(teta)*sen(fi)
                   z ← z + L*cos*sen(fi)
            return (leia novo i)
            leia novo micro RNA
            end
```

Figura 5.4 – Algoritmo para a obtenção da cadeia linear de microRNA.

Fonte: adaptada de Nunes (2013).

Informação adicional:

$1\ cm^2/s = 10^7\ Å^2/ns$.

SOLUÇÃO

a) Para representar as cadeias lineares dos miRNAs, miR319-TCP e do miR164-CUC, é necessário conhecer os valores do número de passos aleatórios, N, que coincide com o número total de nucleotídeos, sendo estes conhecidos da Tabela 5.1 (N = 168 para o miR319-TCP e N = 176 para o miR164-CUC), restando calcular o comprimento mínimo L para ambos os miRNAs, o qual advém da Equação (5.17), retomada como

$$L = r_G \left[\frac{6(N+1)}{N(N+2)} \right]^{1/2} \tag{1}$$

O valor do raio de giro, r_G, é obtido utilizando-se a Equação (5.18)

$$r_G = 0,7525\sigma_A \tag{2}$$

em que o valor o diâmetro de Stokes-Einstein, σ_A, advém da Equação (5.6)

$$\sigma_A = -221,74 + 26,374\ell n(M_A) \tag{3}$$

e o valor da massa molar do miRNA, da Equação (5.7) para N = ntn

$$M_A = 340N \tag{4}$$

Para o miR319-TCP, N = 168, resultando da Equação (4)

$$M_A = (340)(168) = 57.120\,\text{Da} \tag{5}$$

que, levado à Equação (3), oferece

$$\sigma_A = -221,74 + (26,374)\ell n(57.120) = 67,13\,\text{Å} \tag{6}$$

permitindo conhecer o valor do raio de giro ao substituir o resultado 6 na Equação (2)

$$r_G = (0,7525)(67,13) = 50,52\,\text{Å} \tag{7}$$

Desse modo, substitui-se N = 168 e r_G = 50,52 Å na Equação (1)

$$L = (50,52)\left[\frac{(6)(168+1)}{(168)(168+2)}\right]^{1/2} = 9,52\,\text{Å} \tag{8}$$

Adota-se o mesmo procedimento de cálculo para o miR164-CUC, sabendo que, para este miRNA, N = 176, tem-se a seguinte sequência de cálculos e resultados

$$M_A = (340)(176) = 59.840\,\text{Da} \tag{9}$$

$$\sigma_A = -221,74 + (26,374)\ell n(59.840) = 68,36\,\text{Å} \tag{10}$$

$$r_G = (0,7525)(68,36) = 51,44\,\text{Å} \tag{11}$$

$$L = (51,44)\left[\frac{(6)(176+1)}{(176)(176+2)}\right]^{1/2} = 9,47\,\text{Å} \tag{12}$$

Tendo em mãos as informações relativas a N = 168 e L = 9,52 Å para o miR319-TCP e N = 176 e L = 9,47 Å para miR164-CUC, utiliza-se o algoritmo apresentado na Figura 5.4, estendido para as duas cadeias, de modo a representá-las conforme ilustra a Figura 1.

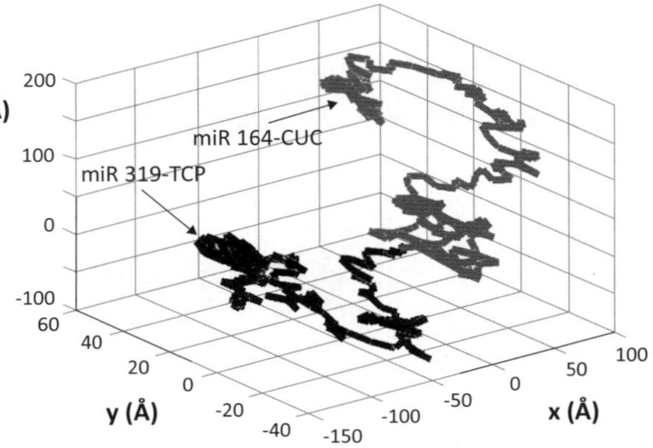

Figura 1 – Representação das cadeias do miR319-TCP e do miR164-CUC.

b) Deseja-se conhecer os valores dos coeficientes de difusão dos miRNAs no citosol foliar a 25 °C de cada uma das espécies de vegetais abordadas neste capítulo. Para tanto, utiliza-se a Equação (5.5), retomada de modo que a unidade do D_{AB} resulte em Å²/ns

$$D_{AB} = 1,465\frac{T}{\eta_B \sigma_A} \tag{13}$$

Considerando-se o citosol foliar do crisântemo, η_B = 45 cP, e conhecendo-se a temperatura T = 25 °C = 25 + 273,15 = 298,15 K, assim como foram obtidos os valores do diâmetro de Stokes-Einstein tanto do miR319-TCP, σ_A = 67,13 Å, quanto do miR164-CUC, σ_A = 68,37 Å, tem-se da Equação (13).

Coeficiente de difusão do miR319-TCP diluído no citosol do crisântemo:

$$D_{AB} = (1,465)\frac{(298,15)}{(45)(67,13)} = 0,145\,\text{Å}^2/\text{ns} \tag{14}$$

Coeficiente de difusão do miR164-CUC diluído no citosol do crisântemo:

$$D_{AB} = (1,465)\frac{(298,15)}{(45)(68,37)} = 0,142\,\text{Å}^2/\text{ns} \tag{15}$$

Supondo o meio difusivo, agora, sendo o citosol foliar do carrapicho $\eta_B = 56{,}3$ cP, a T = 298,15K, tem-se,

Coeficiente de difusão do miR319-TCP diluído no citosol do carrapicho:

$$D_{AB} = (1{,}465)\frac{(298{,}15)}{(56{,}3)(67{,}13)} = 0{,}116\,\text{Å}^2/\text{ns} \tag{16}$$

Coeficiente de difusão do miR164-CUC diluído no citosol do carrapicho:

$$D_{AB} = (1{,}465)\frac{(298{,}15)}{(56{,}13)(68{,}37)} = 0{,}113\,\text{Å}^2/\text{ns} \tag{17}$$

c) Para a construção dos cartogramas 3D representativos do deslocamento browniano dos miRNA em distintos meios difusivos, tem-se o número de passos igual a 10^5, bem como se dispõe da Equação (5.4),

$$\beta_A = \sqrt{2D_{AB}\Delta t} \tag{18}$$

Visto $\Delta t = 1$ ns e sabendo que $D_{AB} = 0{,}145$ Å²/ns, tem-se para o miR319-TCP diluído no citosol do crisântemo

$$\beta_A = \sqrt{(2)(0{,}145)(1{,}0)} = 0{,}539\ \text{Å} \tag{19}$$

Para o miR319-TCP diluído no citosol do carrapicho, substitui-se $\Delta t = 1$ ns e, sabendo que $D_{AB} = 0{,}116$ Å²/ns na Equação (18),

$$\beta_A = \sqrt{(2)(0{,}116)(1{,}0)} = 0{,}482\ \text{Å} \tag{20}$$

Considerando-se 10^5 passos para cada meio difusivo (citosol foliar de crisântemo e de carrapicho) e os resultados 19 e 20, bem como empregando o algoritmo sugerido na Figura 4.4, tem-se o cartograma 3D apresentado na Figura 2.

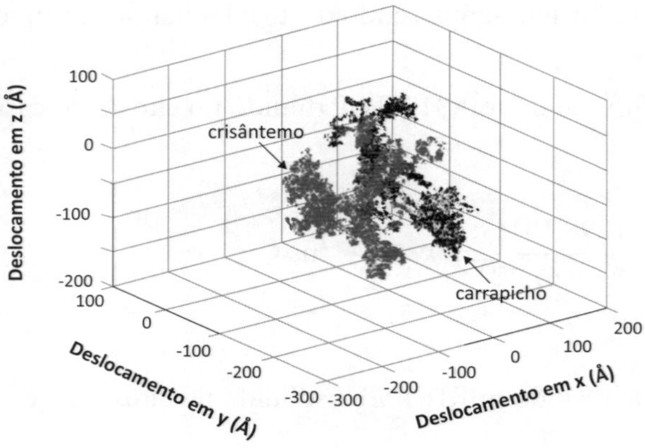

Figura 2 – Cartograma 3D ilustrativo do deslocamento aleatório do miR319-TCP no citosol foliar das folhas de crisântemo e de carrapicho a 25 °C.

Procede-se de igual modo para o miR164-CUC. Uma vez que $\Delta t = 1$ ns e sabendo que $D_{AB} = 0{,}142$ Å²/ns, tem-se para este miRNA diluído no citosol do crisântemo

$$\beta_A = \sqrt{(2)(0{,}142)(1{,}0)} = 0{,}533 \text{ Å} \tag{21}$$

No citosol do carrapicho: $D_{AB} = 0{,}113$ Å²/ns na Equação (18)

$$\beta_A = \sqrt{(2)(0{,}113)(1{,}0)} = 0{,}475 \text{ Å} \tag{22}$$

Sabendo que o número de passos é igual a 10^5 e de posse do algoritmo apresentado na Figura 4.4, obtém-se o cartograma fornecido na Figura 3.

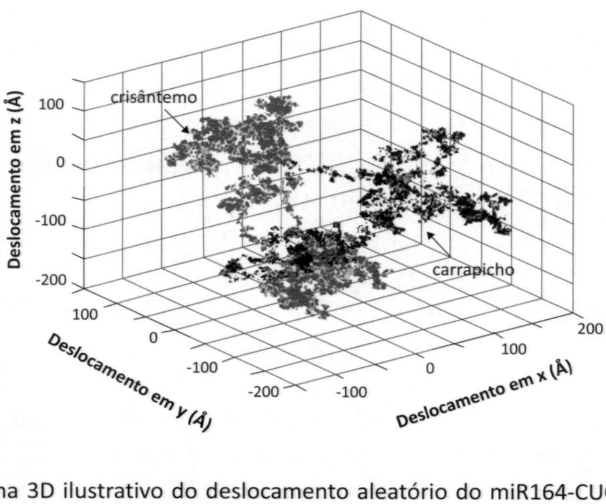

Figura 3 – Cartograma 3D ilustrativo do deslocamento aleatório do miR164-CUC no citosol foliar das folhas de crisântemo e de carrapicho a 25 °C.

Observa-se, pelos resultados 19 a 22, e por análise, tanto na Figura 2 quanto na Figura 3, que os miRNAs dispersam-se com praticamente a mesma facilidade no citosol foliar do carrapicho e do crisântemo, tendo em vista a semelhança que os meios oferecem à difusão de tais solutos, traduzida em suas viscosidades dinâmicas aparentes.

REFERÊNCIAS

BAILEY, R. The role of cytoplasm in a cell. *Science, Technology, and Math*. Aug. 2019. Disponível em: <https://www.thoughtco.com/cytoplasm-defined-373301>. Acesso em: 6 set. 2021.

CHEN, C.; ZENG, Z.; LIU, Z.; XIA, R. Small RNAs, emerging regulators critical for the development of horticultural traits. *Horticulture Research*, v. 5, n. 63, p.1-14, 2018.

CREMASCO, M. A. *Santo Reis da Luz Divina*. Rio de Janeiro: Record, 2004. 318 p.

EQUIPE +SOJA. Carrapicho pode condenar cargas de soja. 2019. Disponível em: <https://maissoja.com.br/carrapicho-pode-condenar-cargas-de-soja/>. Acesso em: 7 set. 2021.

ERICKSON, H. P. Size and shape of protein molecules at the nanometer level determined by sedimentation, gel filtration, and electron microscopy. *Biological Procedures Online*, v. 11, n. 1, p. 1-5, 2009.

FIGUEIREDO, J. E. F.; VASCONCELOS, M. J. V. D. *Função dos miRNAs na regulação gênica pós transcricional e perspectivas para o melhoramento de plantas*. Sete Lagoas: Embrapa milho e sorgo. 2020. 41 p. Disponível em: <https://ainfo.cnptia.embrapa.br/digital/bitstream/item/212805/1/Doc-249.pdf>. Acesso em: 6 set. 2021.

HEILBRUNN, L. V. *Protoplasmatologia: the viscosity of protoplasm*. Philadelphia: Springer-Verlag, 1958. 113 p.

HU, Z.; LIU, T.; CAO, J. Functional similarity and difference among Bra-MIR319 family in plant development. *Genes*, v. 10, n. 952, p. 1-10, 2019.

LI, PSU, T., ZHANG, D., WANG, W., XIN, X., YU, Y., ZHAO, X., YU, S., ZHANG, F. Genome-wide analysis of changes in miRNA and target gene expression reveals key roles in heterosis for Chinese cabbage biomass. *Horticulture Research*, v. 8, n. 39, p. 1-15, 2021.

LIANG, C.; HAO, J.; LI, J.; BAKER, B. Artificial microRNAmediated resistance to cucumber green mottle mosaic virus in *Nicotiana benthamiana*. *Planta*, v. 250, p.1591-1601, 2019.

NUNES, J. C. M. *Purificação de DNA plasmídico usando tecnologias de membrana: modelação e aplicação*. 2013. 132 f. Tese (Doutorado em Química) – Universidade da Beira Anterior, Covilhã, 2013.

REVISTA GLOBO RURAL. Como plantar crisântemo. 2013. Disponível em: <https://revistagloborural.globo.com/vida-na-fazenda/como-plantar/noticia/2013/12/como-plantar-crisantemo.html>. Acesso em: 7 set. 2021.

SHEVELA, D.; BJORN, L. O.; GOVINDJEE. *Photosynthesis: solar energy for life*. Singapura: World Scientific, 2019. 300 p.

SIROHI, G., KUSUMANJALI, K., KUMAR, R., JAIN, A., SRIVASTAVA, P. S. DAS, S. Synthesis analysis and functional characterization of *miR165a* from *Brassica* species. *Acta Physiologiae Plantarum*, v. 40, n. 16, p. 1-17, 2018.

WANG, J.; MEI, J.; REN, G. Plant microRNAs: biogenesis, homeostasis, and degradation. *Frontiers in Plant Science*, v. 27, n. 10, p.1-12, 2019.

CAPÍTULO 6
O que se passa por sua cabeça?

Quando alguém boceja, sorri ou gargalha, corre-se a ventura de mimetizá-lo. Por quê? É o cérebro posto em funcionamento enquanto simulador de ação. Essa capacidade deve-se aos neurônios-espelho, distribuídos por suas partes essenciais, feito os centros para linguagem. Quando observamos alguém realizar uma ação, esses neurônios estimulam reações (por isso o nome "espelho") e, por decorrência, são centrais para o aprendizado de, por exemplo, conversar e caminhar, possibilitando-nos executar essas atividades acessando o banco de memória, sem a necessidade de refletirmos sobre elas.

A comunicação entre os neurônios dá-se por meio de sinapses, propagando-se por impulsos nervosos. Os neurônios, por sua vez, constituem-se por corpo celular, dendrito e axônio (Figura 6.1). A comunicação ocorre no sentido do dendrito para o axônio, por meio da liberação de neurotransmissores que, por sua vez, estão armazenados nas vesículas sinápticas (VS), as quais se referem a minúsculas bolsas localizadas nas extremidades dos axônios (Varella, 2021).

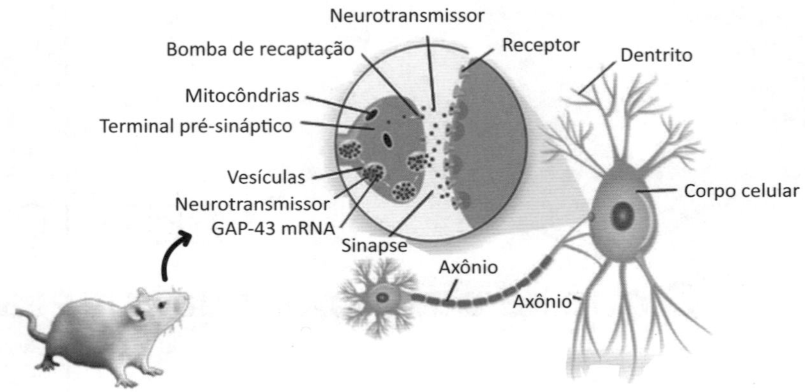

Figura 6.1 – Ilustração da extremidade dos axônios nos neurônios do sistema nervoso.

Fonte: adaptada de Terra Zoo (2019); Santos (2021).

Ressalte-se que o glutamato é o neurotransmissor dominante na comunicação do circuito neural, a qual ocorre por difusão no interior das vesículas sinápticas e estas, por seu turno, difundem-se no terminal pré-sináptico, destinado à liberação do neurotransmissor na fenda sináptica. É importante destacar que o mensageiro GAP-43 mRNA é o responsável pela expressão da proteína 43 (GAP-43) ou neuromodulina, que regula o ciclo da vesícula pré-sináptica nos terminais dos axônios, facilitando o crescimento axonal, a regeneração e a plasticidade dos axônios e, desse modo, interfere substancialmente no fluxo de neurotransmissores (Chung; Shum; Caraveo, 2020). Tendo em vista que as emoções e uma vida saudável dependem de níveis flutuantes de neurotransmissores e fenômenos de transferência de massa ocorrem na extremidade dos axônios dos neurônios do sistema nervoso, pede-se:

a) Represente a cadeia linear do mensageiro GAP-43 mRNA (de ratos Wistar, número total de nucleótidos, ntn = 112; Chung; Shum; Caraveo, 2020).

b) Considerando a descrição de Stokes-Einstein para a difusão de biomoléculas e íons contidos nos neurônios, obtenha os valores dos coeficientes de difusão, a 37 °C, do íon glutamato (diâmetro de Stokes-Einstein, $\sigma_A = 0{,}72$ nm, Ribeiro *et al.*, 2014) e do GAP-43 mRNA (em baixa concentração volumétrica) na vesícula sináptica (viscosidade dinâmica, $\eta_B = 11{,}4$ cP, Zeigler; Allen; Chiu, 2011).

c) Obtenha o valor do coeficiente de difusão do íon glutamato na fenda sináptica a 37 °C, admitindo-se que este valor venha igual a 1/3 daquele encontrado na difusão em água (Holmes, 1995; Cory; Glavinovic, 2006; Savtchenko; Rusakov, 2007).

d) Obtenha o valor do coeficiente de difusão da VS (de ratos Wistar, $\sigma_A = 40$ nm; Oliveira, 2007), a 37 °C no interior terminal pré-sináptico ($\eta_B = 5{,}0$ cP, Krebs *et al.*, 1997).

e) Os cartogramas 3D representativos do movimento browniano da difusão do íon glutamato e do GAP-43 mRNA na vesícula sináptica, assim como da difusão do íon glutamato na vesícula sináptica e na fenda sináptica, considerando o número de passos igual a 10^5 e $\Delta t = 1ns$.

COMENTÁRIOS

Há vários tipos de ácido ribonucleicos (RNA), conforme apresenta o Quadro 6.1, que desempenham papéis essenciais nos processos celulares que envolvem a expressão de genes (Marques, 2014).

Quadro 6.1 – Tipos e funções de RNA

Tipo	Função
RNA transportador (tRNA)	Transporta aminoácidos para o local da síntese de proteína.
RNA ribossomal (rRNA)	Combina-se com proteínas para formar os ribossomos (local da síntese de proteínas).
RNA mensageiro (mRNA)	Direciona a ordem dos aminoácidos na cadeia polipeptídica.
RNA nuclear pequeno (snRNA)	Processamento do mRNA para a sua forma madura em eucariotos.
microRNA (miRNA)	Afeta a expressão de genes (importante no desenvolvimento genético).
RNA de interferência (siRNA)	Afeta a expressão de genes (empregado em pesquisas para silenciar genes).

Fonte: adaptada de Marques (2014)

Dentre as funções do mRNA, está aquela relatada ao GAP-43 mRNA quanto à expressão da proteína 43, localizada na vesícula sináptica (VS), pois, uma vez que ocorrem mudanças nos níveis de tal expressão, pode-se desencadear doenças neurodegenerativas (Chung; Shum; Caraveo, 2020). Nesse caso, a informação trafega, em boa parte das sinapses, por meio de impulsos elétricos, convertendo-se, na terminação axonal, em sinal químico, o qual percorre a fenda sináptica. Já na membrana pós-sináptica, o referido sinal converte-se outra vez em sinal elétrico. Ressalte-se que o sinal químico é denominado neurotransmissor, que fica estocado nas vesículas sinápticas, sendo liberado na fenda sináptica.

Dentre os neurotransmissores, está o aminoácido glutamato, que, além de ser o mais abundante no sistema nervoso central, age como neurotransmissor excitatório e é fundamental no mecanismo de certas doenças neurodegenerativas, como Alzheimer, Parkinson, Huntington e esclerose lateral amiotrófica (Valli; Sobrinho, 2014).

FORMULÁRIO

A abordagem deste capítulo é semelhante àquela apresentada no Capítulo 5, em que os mRNAs serão considerados enquanto polímeros de cadeias abertas, cujo modelo reporta às Equações (5.6) a (5.18), aqui resumidas como se segue.

Distância mínima entre os segmentos do mRNA:

$$L = r_G \left[\frac{6(N+1)}{N(N+2)} \right]^{1/2} \tag{6.1}$$

Raio de giro:

$$r_G = 0{,}7525\sigma_A \tag{6.2}$$

Diâmetro do mRNA:

$$\sigma_A = -221{,}74 + 26{,}374\ell n(M_A) \tag{6.3}$$

Massa molar do miRNA a partir do número total de nucleotídeos (ntn):

$$M_A = 340(ntn) \tag{6.4}$$

Utiliza-se o algoritmo proposto na Figura 5.4 para a construção das cadeias poliméricas abertas. Para a descrição do deslocamento browniano dos miRNAs, lança-se mão do modelo representado pelas Equações (5.1) a (5.5), ou

$$x(t) = x(t-\Delta t) + \beta_A R_i \tag{6.5}$$

$$y(t) = y(t-\Delta t) + \beta_A R_i \tag{6.6}$$

$$z(t) = z(t-\Delta t) + \beta_A R_i \tag{6.7}$$

com

$$\beta_A = \sqrt{2D_{AB}\Delta t} \tag{6.8}$$

e

$$D_{AB} = 1,465\frac{T}{\eta_B \sigma_A} \tag{6.9}$$

com $\sigma_{A,}$ r_G, β_A em Å, M_A em Da; T, em Kelvin, η_B em cP; D_{AB} em Å^2/ns. Nota-se que todas as informações estão disponibilizadas para a solução do problema apresentado, exceto o item c), para o qual não foi fornecido o valor da viscosidade dinâmica da água a 37 °C. Nesse caso, pode-se utilizar a seguinte expressão para a estimativa do valor da viscosidade dinâmica da água em função da temperatura (Reid; Prausnitz; Sherwood, 1977)

$$\eta^{-0,2661} = \eta_0^{-0,2661} + \frac{T - T_0}{233} \tag{6.10}$$

o subscrito "0" é relativo à temperatura de referência, em °C, e os valores da viscosidade dinâmica em cP. Para T = 25 °C, η_0 = 0,8911 cP, emprega-se o algoritmo oferecido na Figura 4.4 para a construção dos cartogramas 3D, associados ao movimento browniano.

Informações adicionais

1 kDa = 10^3 Da; 1nm = 10 Å;

1 cm^2/s = 1,0 x 10^7 Å^2/ns.

SOLUÇÃO

a) A construção da cadeia linear do GAP-43 mRNA resulta do conhecimento de que o número de nucleotídeos é igual a N = ntn = 112. Resta, portanto, obter o comprimento de cada segmento, L, advindo da Equação (6.1), retomada como

$$L = r_G\left[\frac{6(N+1)}{N(N+2)}\right]^{1/2} \tag{1}$$

com o valor do raio de giro oriundo da Equação (6.2)

$$r_G = 0,7525\sigma_A \tag{2}$$

o diâmetro de Stokes-Einstein da Equação (6.3)

$$\sigma_A = -221,74 + 26,374\ell n\left(M_A\right) \tag{3}$$

e o valor da massa molar do mRNA, da Equação (6.4), considerando-se nesta N = ntn, ou

$$M_A = 340N \tag{4}$$

Visto N = 112, tem-se na Equação (4)

$$M_A = (340)(112) = 38.080\,\text{Da} \tag{5}$$

Substituindo-se o resultado 5 na Equação (3),

$$\sigma_A = -221,74 + (26,374)\ell n(38.080) = 56,44\,\text{Å} \tag{6}$$

O valor do raio de giro é obtido levando o resultado 6 na Equação (2)

$$r_G = (0,7525)(56,44) = 42,47\,\text{Å} \tag{7}$$

Desse modo, substitui-se N = 112 e r_G = 42,47 Å na Equação (1)

$$L = (42,47)\left[\frac{(6)(112+1)}{(112)(112+2)}\right]^{1/2} = 9,79\,\text{Å} \tag{8}$$

Com os valores de N = 112 e L = 9,79 Å para o GAP-43 mRNA e de posse do algoritmo apresentado na Figura 5.4, é possível representar a cadeia linear do GAP-43 mRNA na VS localizada na extremidade dos axônios de neurônios, conforme ilustra a Figura 1.

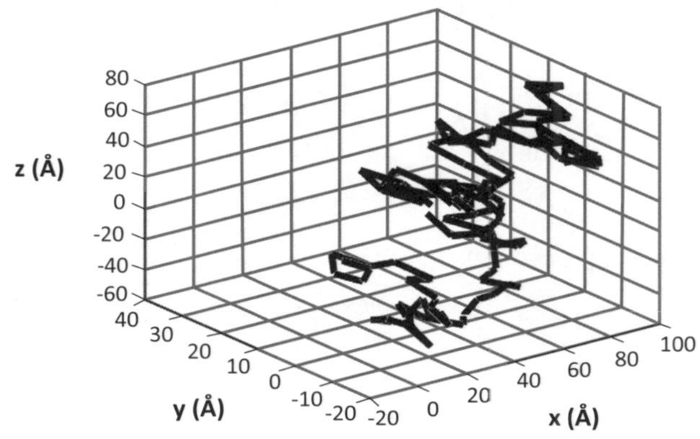

Figura 1 – Representação da cadeia linear do GAP-43 mRNA.

b) Deseja-se conhecer o valor do coeficiente de difusão tanto do íon glutamato quanto do GAP-43 mRNA na vesícula sináptica a 37 °C. Para tanto, aplica-se a Equação (6.1), reescrita como GAP-43 mRNA na vesícula sináptica, assumindo diluição de ambos os solutos e a descrição de Stokes-Einstein, a partir da Equação (6.9), retomada para se considerar o resultado do D_{AB} em cm^2/s,

$$D_{AB} = 1,465 \times 10^{-7} \frac{T}{\eta_B \sigma_A} \tag{9}$$

Tendo em vista que ambos os solutos estão no mesmo meio difusivo,

T = 37 °C = 37 + 273,15 = 310,15 K, e η_B = 11,4 cP, tem-se na Equação (9)

$$D_{AB} = \left(1,465 \times 10^{-7}\right) \frac{(310,15)}{(11,4)\sigma_A} = \frac{3,986 \times 10^{-6}}{\sigma_A} \tag{10}$$

Para o íon glutamato, σ_A = 0,72 nm = 7,2 Å, resultando da Equação (10)

$$D_{AB} = \frac{\left(3,986 \times 10^{-6}\right)}{(7,2)} = 5,54 \times 10^{-7}\ cm^2/s \tag{11}$$

No caso do GAP-43 mRNA, σ_A = 56,44 Å (resultado 6), levando a

$$D_{AB} = \frac{\left(3,986 \times 10^{-6}\right)}{(56,44)} = 7,06 \times 10^{-8}\ cm^2/s \tag{12}$$

c) Intenta-se o valor do coeficiente de difusão do íon glutamato na fenda sináptica a 37 °C. Para tanto,

$$D_{AB} = \frac{1}{3} D_{A-H_2O} \tag{13}$$

ou, considerando-se a Equação (9),

$$D_{AB} = \frac{1,465\times10^{-7}}{3} \frac{T}{\eta_{H_2O}\sigma_A} \tag{14}$$

Tendo em vista que T = 310,15 K e σ_A = 7,2 Å, tem-se da Equação (14)

$$D_{AB} = \left(\frac{1,465\times10^{-7}}{3}\right)\frac{(310,15)}{(7,2)\eta_{H_2O}} = \frac{2,104\times10^{-6}}{\eta_{H_2O}} \tag{15}$$

O valor da viscosidade dinâmica da água a 37 °C advém da Equação (6.10), para T_0 = 25 °C e η_0 = 0,8911 cP, ou

$$\eta_{H_2O}^{-0,2661} = \eta_0^{-0,2661} + \frac{T-T_0}{233} = (0,8911)^{-0,2661} + \frac{(37-25)}{(233)} = 1,082$$

ou

$$\eta_{H_2O} = 0,744\,\text{cP} \tag{16}$$

Levando o resultado 16 na Equação (15),

$$D_{AB} = \frac{(2,104\times10^{-6})}{(0,744)} = 2,83\times10^{-6}\ \text{cm}^2/\text{s} \tag{17}$$

d) Neste item, assume-se o deslocamento da vesícula sináptica (VS) no interior terminal pré-sináptico. Uma vez que o diâmetro de Stokes-Einstein da VS é σ_A = 40 nm = 400 Å, cujo meio difusivo está a 37 °C (310,15 K) e apresenta viscosidade dinâmica, η_B = 5,0 cP, tem-se na Equação (9),

$$D_{AB} = 1,465\times10^{-7}\frac{T}{\eta_B\sigma_A} = (1,465\times10^{-7})\frac{(310,15)}{(5)(400)} = 2,27\times10^{-8}\ \text{cm}^2/\text{s} \tag{18}$$

e) Para a confecção do cartograma 3D representativo do deslocamento aleatório, além de se ter o número de passos igual a 10^5, lança-se mão da Equação (6.8)

$$\beta_A = \sqrt{2D_{AB}\Delta t} \tag{19}$$

Conhece-se $\Delta t = 1$ ns, restando a definição do D_{AB}. A primeira parte deste item refere-se à difusão de diferentes solutos (A), íon glutamato e mRNA, no meio, ou seja, na vesícula sináptica (meio B). São conhecidos $D_{Glutamato,B} = 5{,}54$ Å²/ns e $D_{GAP\text{-}43\ mRNA,B} = 0{,}706$ Å²/ns (considerando-se a conversão de unidades de 1 cm²/s = 10^7 Å²/ns), resultando da Equação (19).

Íon glutamato (soluto A):

$$\beta_A = \sqrt{(2)(5{,}54)(1{,}0)} = 3{,}329 \text{ Å} \tag{20}$$

GAP-43 mRNA (soluto A):

$$\beta_A = \sqrt{(2)(0{,}706)(1{,}0)} = 1{,}188 \text{ Å} \tag{21}$$

De posse dos valores de β_A e considerando-se número de passos = 10^5 passos para cada soluto A, utiliza-se o algoritmo ilustrado na Figura 4.4 e obtém-se os respectivos deslocamentos aleatórios conforme ilustra a Figura 2, observando-se a maior dispersão para o íon glutamato.

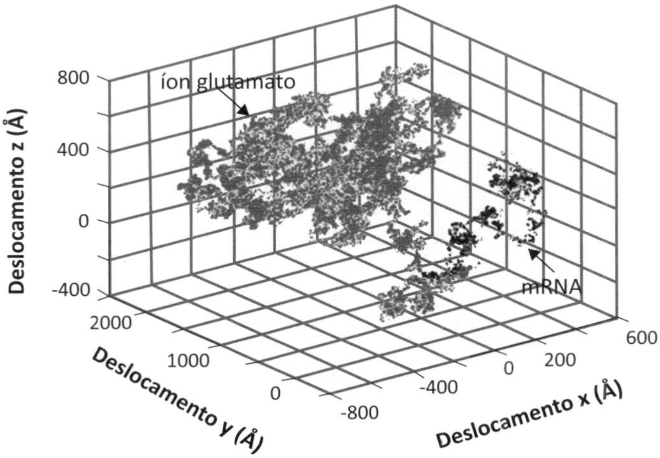

Figura 2 – Cartograma 3D ilustrativo do deslocamento aleatório do íon glutamato e do GAP-43 mRNA na vesícula sináptica a 37 °C.

Enquanto a Figura 2 representa a influência do tamanho do soluto na dispersão de matéria, a etapa seguinte deste item avalia a influência do meio difusivo em tal dispersão. Nesse caso, mantém-se o mesmo soluto, no caso o íon glutamato, para o qual se conhece o seu comportamento na VS, Equação (20). Aqui, a comparação é em relação entre a VS e a fenda sináptica, para a qual se conhece o valor do coeficiente de difusão, resultado 17, ou $D_{AB} = 28{,}3$ Å^2/ns. Como $\Delta t = 1$ ns, tem-se da Equação (19)

$$\beta_A = \sqrt{(2)(28{,}3)(1{,}0)} = 7{,}523 \text{ Å} \tag{22}$$

Considerando-se, portanto, 10^5 passos, $\Delta t = 1$ ns, e os resultados 20 e 22, emprega-se o algoritmo apresentado na Figura 4.4 e obtém-se o cartograma 3D apresentado na Figura 3, constando-se a menor resistência oferecida pela fenda sináptica à difusão do íon glutamato quando comparada à da vesícula sináptica.

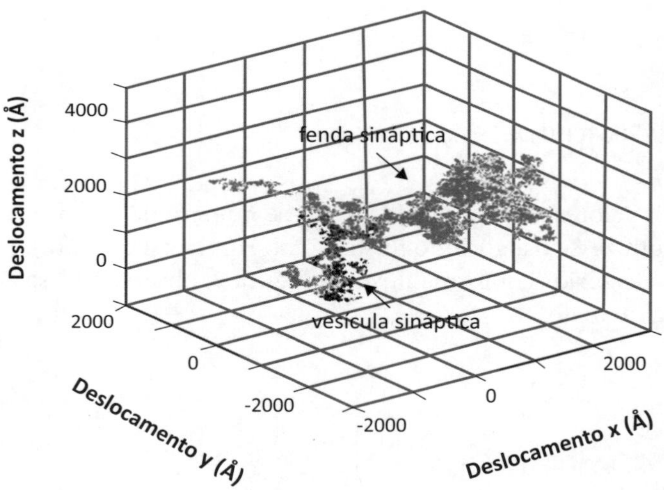

Figura 3 – Cartograma 3D ilustrativo do deslocamento aleatório do íon glutamato na vesícula sináptica e na fenda sináptica (FS) a 37 °C.

REFERÊNCIAS

CHUNG, D.; SHUM, A.; CARAVEO, G. GAP-43 and BASP1 in axon regeneration: implications for the treatment of neurodegenerative diseases. *Frontiers in Cell and Developmental Biology*, v. 8, n. 567537, p. 1-17, 2020.

CORY, S. M; GLAVINOVIC, M. I. Molecular dynamics simulations of glutamate diffusion in synaptic cleft. *Critical Reviews*, v. 18, n. 1, p. 61-69, 2006.

HOLMES, W. R. Modeling the effect of glutamate diffusion and uptake on NMDA and non-NMDA receptor saturation. *Biophysical Journal*, v. 69, p. 1734-1747, 1995.

KREBS, K. E.; ZAGON, I. S.; SIHAG. R.; GOODMAN, S. R. Brain protein 4.1 subtypes: a working hypothesis. *Bioessays*, v. 6, n. 6, p. 274-279, 1997.

MARQUES, M. R. F. *Bioquímica*. Florianópolis: Biologia/EAD/UFSC, 2014, 182 p.

OLIVEIRA, D. L. D. C. Ciclo de vesículas sinápticas com conteúdo reduzido em junção neuromuscular. 2007. 76 f. Dissertação (Mestrado em Ciências Biológicas) – Universidade Federal de Minas Gerais, Belo Horizonte, 2007.

REID, R. C.; PRAUSNITZ, J. M.; SHERWOOD, T. K. *The properties of gases and liquids*, 3 ed. Edition. New York: McGraw-Hill, 1977. 688 p.

RIBEIRO, A. C. F.; RODRIGO, M. M.; BARROS, M. C. F.; VERISSIMO, L. M. P.; ROMERO, C.; VALENTE, A. J. M.; ESTESO, M. A. Mutual diffusion coefficients of L-glutamic acid and monosodium L-glutamate in aqueous solutions at T = 298.15 K. *Journal of Chemical Thermodynamics*, v. 74, p. 133-137, 2014.

SANTOS, V. D. *O que é sinapse?* Brasil Escola, 2021. Disponível em: <https://brasilescola.uol.com.br/o-que-e/biologia/o-que-e-sinapse.htm>. Acesso em: 06 out. 2021.

SAVTCHENKO, L. P.; RUSAKOV, D. A. The optimal height of the synaptic cleft. *PNAs*, v. 108, n. 6, p. 1823-1828, 2007.

TERRA ZOO. *Rato branco, um pet dócil e sociável*. Disponível em: <https://blog.terrazoo.com.br/rato-branco-um-pet-docil-e-sociavel/>. Acesso em: 12 out. 2021.

VALLI, L. G.; SOBRINHO, J. D. A. Mecanismo de ação do glutamato no sistema nervoso central e a relação com doenças neurodegenerativas. *Revista Brasileira de Neurologia e Psiquiatria*, v. 18, n. 1, p. 58-67, 2014.

VARELLA, M. *Vesículas sinápticas,* UOL. Jul. 2021. Disponível em: <https://drauziovarella.uol.com.br/corpo-humano/vesiculas-sinapticas/>. Acesso em: 06 out. 2021.

ZHEIGLER, M. B; ALLEN, P. B; CHIU, D. T. Probing rotational viscosity in synaptic vesicles. *Frontiers in Cell and Developmental Biology*, v. 100, n. 11, p. 2846-2851, 2011.

CAPÍTULO 7
Hora do leite

Uma criança é levada à zona rural pela primeira vez. Anoitece. Contempla o céu como nunca havia feito. Encanta-se com a visão límpida de uma faixa esbranquiçada, salpicada de estrelas, deixando-a imóvel, a ponto de a mãe explicar:

– É a Via Láctea, filha. Uma galáxia da qual o Sol e mesmo a Terra fazem parte.

Sim, a criança sabia o que era uma galáxia, bem como o Sol, uma estrela.

– A palavra "galáxia" tem origem no grego que significa, mais ou menos, círculo do leite; assim como Via Láctea, é o caminho do leite. – explicou a mãe. – Para os antigos gregos, a Via Láctea originou-se do leite derramado dos seios de Hera, mulher de Zeus.

A filha olhou para a mãe com misto de espanto e curiosidade. A mãe sorriu:

– Zeus tinha um filho recém-nascido que, para que lhe fosse concedida a imortalidade, deveria tomar o leite de uma deusa. Zeus esperou Hera adormecer e levou o pequeno Héracles (isso mesmo, o Hércules) até um dos seios de Hera para amamentá--lo. Ao leve toque dos lábios do menino, Hera despertou e retirou rispidamente a criança, dispersando o leite pelo céu... e é o leite de Hera que você vê.

– Ah, mãe.

No outro dia, já na madrugada, a mãe fez questão de levar a filha para testemunhar a ordenha de uma vaca para, em seguida, experimentar o leite, após fervê-lo. Vendo-a, a mãe sorriu e completou:

– Hera também era conhecida por seus olhos, grandes como daquela rês holandesa.

O fato é que o leite é um dos alimentos mais ricos de que se tem conhecimento, apresentando alto valor biológico, pois contém uma gama de nutrientes como vitaminas, minerais e proteínas (Brasil; Cabral; Silva, 2015). Em termos comerciais, a proteína é um dos nutrientes mais valorizados nos sistemas de pagamento pela qualidade do leite (González; Noro, 2011), pois provê micronutrientes essenciais (cálcio e fósforo) e aminoácidos. As proteínas do leite distribuem-se em 80% de caseína e 20% de proteínas do soro, cujos teores podem apresentar variações dependendo da raça do animal, por exemplo. Entretanto, o teor de caseína, proteínas e gordura é afetado pela saúde do animal, em particular quando acometido de mastite, que se refere à inflamação da glândula mamária, considerada a principal doença que afeta os rebanhos leiteiros, por causar diminuição da produção láctea e mudanças nas características do leite oriundo dos animais doentes, conforme ilustra a Tabela 7.1.

Tabela 7.1 – Comparação dos componentes do leite produzido por vacas sadias e acometidas por mastite subclínica

Componente	Leite normal (%)	Leite com mastite subclínica (%)
Gordura	3,5	3,2
Lactose	4,9	4,4
Caseína total	2,8	2,3
Proteína total	3,61	3,56

Fonte: Zafalon (2003)

O leite chega aos laticínios com qualidade inferior e diminui o rendimento de subprodutos como o queijo, causando forte impacto na comercialização do produto (Zafalon, 2003). Dentre as bactérias que podem ser encontradas no leite, destaca-se a *Staphylococcus aureus*, principal patógeno causador de mastite subclínica em rebanhos leiteiros (Simões *et al.*, 2013), capaz de crescer em ampla faixa de condições ambientais, podendo provocar doenças nos seres humanos e distintas espécies animais, sendo responsáveis por casos de intoxicação alimentar estafilocócica, decorrente de enterotoxinas, cujos principais sintomas são o vômito e a diarreia (Gomes,

1994). O leite oriundo de animais infectados resulta em queijos e outros derivados de pior qualidade. As mudanças na composição do leite reduzem o seu valor nutricional, aumentando os problemas de processamento e, consequentemente, aumentando a quantidade de produtos fora dos padrões de produção. Além disso, a vida de prateleira do leite também é reduzida, em razão do aumento na carga de bactérias residuais (Rossi, 2017).

Desse modo, o processamento do leite, que envolve desde a sua descontaminação até, por exemplo, a obtenção das proteínas do soro lácteo, traz forte apelo comercial e social. Dentre as etapas de tal processamento, pode-se mencionar os processos que envolvem membranas, como a microfiltração para a remoção de bactérias (em adição a técnicas de pasteurização) e a ultrafiltração para a retenção de proteínas, os quais acolhem o conhecimento do fenômeno de difusão mássica. Tendo em vista que *Staphylococcus aureus* apresenta-se no formato globular de diâmetro entre 0,5 e 1,5 μm (Simões *et al.*, 2013) e que as proteínas são biomoléculas formadas por um conjunto de cadeias poliméricas, em que cada monômero é constituído por um resíduo de aminoácido, sendo que a β-lactoglobulina (β-LG, M = 18,3 kDa) consiste em uma sequência de 162 resíduos de aminoácidos (Botaro, 2007) e a albumina sérica bovina (BSA, M = 66,2 kDa), por 584 resíduos (Maciel, 2019), pede-se:

a) Represente as cadeias das proteínas β-LG e BSA em 3D considerando-se cadeias fechadas.

b) Os valores dos coeficientes de difusão mássica da β-LG, da BSA e da *Staphylococcus aureus*, assumindo diâmetro igual a 1 μm, tanto no leite quanto no soro de leite a 25 °C.

c) Os cartogramas 2D relativos ao deslocamento das proteínas β-LG, BSA e da bactéria *S. aureus* no leite e no soro de leite a 25 °C, considerando-se movimento browniano com número de passos igual a 10^5 e $\Delta t = 1$ ns.

COMENTÁRIOS

O leite é um típico meio complexo, composto por mais de cem mil tipos diferentes de moléculas, cada uma com função específica (Gaona, 2011). As caseínas agregam-se em grânulos insolúveis denominados micelas, que possuem formato globular e são as responsáveis pela cor branca, pela estabilidade térmica do leite e pela coagulação pelo coalho, central na produção de queijos (Brasil; Cabral; Silva, 2015). As demais proteínas encontradas no leite apresentam-se em forma solúvel e costumam ser identificadas a soro, proteínas do soro ou nitrogênio não caseinoso (Botaro, 2007), cujas proteínas apresentam alto valor nutricional, funcional e tecnológico (Michel *et al.*, 2015). Vale citar a β-lactoglobulina (β-LG), proteína presente em maior quantidade no soro de leite bovino, destacando-se as suas propriedades anti-hipertensiva, antimicrobiana e imunoestimulante, bem como transportador de vitamina D; em termos industriais, apresenta ação geleificante e estabilizante de espumas (Kilian, 2018). A α-lactoglobulina (α-LA, M = 14,1 kDa) é rica em triptofano, tem ação anticancerígena, auxilia na absorção de metais (Kilian, 2018) e atua na prevenção de úlcera gástrica (Michel *et al.*, 2015). A lactoferrina (LF, M = 80 kDa) apresenta potencial para atuar na cicatrização de feridas (Michel *et al.*, 2015) e também é utilizada como ingrediente bioativo natural em fórmulas infantis, suplementos dietéticos, cuidados com a pele e na saúde bucal (Kilian, 2018). A lactoperoxidase (M = 77 kDa) apresenta ação antimicrobiana, e a imunoglobina (Ig) apresenta-se em três classes principais: IgG (M = 150 kDa), IgA (M = 320 kDa) e IgM (M = 900 kDa), as quais atuam na modulação do sistema imunológico e como agentes antibacterianos. A BSA, fonte de aminoácidos essenciais, atua no transporte de nutrientes e tem função antimutagênica, podendo ser utilizada na prevenção do câncer. Entretanto, a qualidade tanto do leite quanto do soro do leite é comprometida pela contaminação microbiana, impactando decisivamente na qualidade higiênico-sanitária do produto consumido pela população. Essa contaminação pode ocorrer em qualquer etapa da cadeia produtiva, desde a ordenha até etapas de manipulação, transporte, refrigeração, armazenamento e distribuição (Teixeira; Figueiredo, 2019).

Como pode ser observado, existem diversas etapas no processamento do leite que envolvem conhecimentos de transferência de massa. Para que se tenha uma abordagem inicial do mecanismo difusivo, orientado pelo deslocamento browniano em meio líquido, assume-se que a bactéria que *Staphylococcus aureus* e as macromoléculas β-LG e BSA estejam diluídas no meio, cujo modelo para a descrição do deslocamento das proteínas 3D, por meio do movimento browniano no limite, é aquele apresentado no Capítulo 5, que oferece o movimento do soluto nas direções x e y segundo

$$x(t) = x(t - \Delta t) + \beta_A R_i \tag{7.1}$$

$$y(t) = y(t - \Delta t) + \beta_A R_i \tag{7.2}$$

com

$$\beta_A = \sqrt{2D_{AB}\Delta t} \tag{7.3}$$

$$D_{AB} = 1,465\frac{T}{\eta_B \sigma_A} \tag{7.4}$$

sendo $\sigma_A = 1 \times 10^4$ Å para a bactéria e, no caso das proteínas,

$$\sigma_A = -221,74 + 26,374\ell n(M_A) \tag{7.5}$$

com σ_A e β_A em Å, M_A em Da; T, em Kelvin, η_B em cP; D_{AB} em Å^2/ns. Para a simulação da dispersão aleatória da bactéria e das proteínas, emprega-se o algoritmo oferecido na Figura 7.1 para a construção dos cartogramas 2D.

```
Input:   Espécie A, L (número de passos),
         randn (números pseudoaleatórios que segue N(0,1); Box-Müller, p. ex.)
         β_A (desvio padrão), Δt
Output:  cartograma 2D
         enquanto i = 0 faça
         somax = 0
         somay = 0
         para i = 1 → L faça
               randn ← número pseudoaleatório – N(0,1)
               dx← β_A*randn
               x ← x + dx
               randn ← número pseudoaleatório – N(0,1)
               dy ← β_A*randn
               y ← y + β_A*randn
         return (leia novo i)
         return (leia novo A)
         end
```

Figura 7.1 – Algoritmo para a obtenção do cartograma 2D: movimento browniano.

Fonte: adaptada de Cremasco; Bertan (2023).

Quanto à representação das cadeias das proteínas, cabe lembrar que houve, nos Capítulos 5 e 6, a abordagem para a construção das cadeias poliméricas abertas, sintetizada no algoritmo oferecido na Figura 5.4, o qual não se aplica no presente capítulo, tendo em vista a natureza globular das proteínas aqui estudadas. A representação de uma proteína globular ou fechada ou enovelada, por seu turno, pode ser feita por modelos simples, considerando-se a representação de polímeros circulares por meio de cadeias fechadas segmentadas (CSC). Estas, por sua vez, podem ser obtidas pela geração de cadeias de ligação livre (FJC) da molécula linear correspondente com N segmentos de comprimento L cada qual, conforme ilustrada na Figura 5.4. De acordo com Nunes (2013), o algoritmo para a geração da cadeia CSC (Figura 7.2b) tem por início uma FJC (Figura 7.2a).

(a) (b)

Figura 7.2 – Representação da cadeia fechada a partir da cadeia aberta: (a) cadeia aberta; (b) cadeia fechada.

Fonte: adaptada de Nunes (2013).

Conhecida a cadeia FJC, impõe-se que o ponto r_{k+1} coincida com o ponto r_1; em seguida, obtém-se o ponto r_k, considerando-se a diferença entre este ponto e o anterior até ficarem à distância L (distância mínima) requisitada, e assim sucessivamente (Nunes, 2013). Essa distância, por sua vez, pode ser estimada por meio da Equação (6.1), aqui reescrita como

$$L = r_G \left[\frac{6(N+1)}{N(N+2)} \right]^{1/2} \tag{7.6}$$

No presente capítulo, assume-se que N é coincidente ao número de resíduos de aminoácidos que compõem a proteína em análise, e o raio de giro advém da Equação (6.2)

$$r_G = 0{,}7525\sigma_A \tag{7.7}$$

com o diâmetro da proteína, σ_A, igual ao seu diâmetro de Stokes-Einstein, obtido da Equação (7.5). Ao se conhecer os valores de N e de L para cada proteína analisada, utiliza-se o algoritmo apresentado na Figura 7.2 para a representação de suas cadeias fechadas.

```
Input:    Proteína j, N (número de passos),
          rand (números pseudoaleatórios)
          L_j (distância mínima),
Output:   cadeia 3D
Comentário: geração da cadeia FJC
        enquanto i = 0 faça
            0 ← x_j
            0 ← y_j
            0 ← z_j
            rand(N,1) ← u_j
            rand(N,1) ← v_j
        para i = 2 → N +1 faça
            2*pi*u(i-1) ← teta
            acos((2*v(i-1)-1) ← fi
            x ← x + L_j*cos(teta)*sen(fi)
            y ← y + L_j*sen(teta)*sen(fi)
            z ← z + L_j*cos*sen(fi)
        return (leia novo i)
        return (leia novo j)
Comentário: geração da cadeia CSC a partir da FJC
            x_j ← xc_j
            y_j ← yc_j
            z_j ← zc_j
            xc_j(1) ←
            xc_j(N+1)
            yc_j(1) ← yc_j(N+1)
            zc_j(1) ← yc_j(N+1)
        para i = N → -1:1 faça
            drx ← xc(i) - xc(i+1)
            dry ← yc(i) - yc(i+1)
            drz ← zc(i) - zc(i+1)
            teta ← atan2(dry,drx)
            norma ← (drx^2+dry^2+drz^2)^(1/2)
            fi ← acos(drz/norma)
            xc ← xc + L_j*cos(teta)*sen(fi)
            yc ← yc+ L_j*sen(teta)*sen(fi)
            zc ← zc + L_j*cos*sen(fi)
        return (leia novo i)
        return (leia novo j)
        end
```

Figura 7.3 – Algoritmo para a obtenção da cadeia 3D de proteína.

Fonte: adaptada de Nunes (2013).

FORMULÁRIO

VISCOSIDADE DINÂMICA

Para o soro de leite, a 25 °C, tem-se η_B = 1,032 cP (deKruif; Huppertz, 2012). Já para o leite, considerando-se que o teor de gordura do leite da raça holandesa é igual a 3,5%, pode-se utilizar a seguinte correlação (Hlavác; Boziková, 2011)

$$\eta_B = 2{,}2815 \exp\left[-1{,}921\times10^{-2}\left(\frac{t}{t_0}\right)\right] \tag{7.8}$$

com t, temperatura em °C; t_0 = 1 °C; η_B em cP.

Informação adicional:

1 μm = 10^4 Å.

SOLUÇÃO

a) A construção das cadeias das proteínas β-LG e BAS resulta do conhecimento de que o número de resíduos de aminoácidos da β-LG é igual a N = 162 e o da BAS é N = 584. Resta, portanto, obter o comprimento de cada segmento, advindo da Equação (7.6), ou

$$L = r_G\left[\frac{6(N+1)}{N(N+2)}\right]^{1/2} \tag{1}$$

Uma vez que o valor de r_G depende do diâmetro de Stokes-Einstein, segundo a Equação (7.7),

$$r_G = 0{,}7525\sigma_A \tag{2}$$

com Equação (7.5),

$$\sigma_A = -221{,}74 + 26{,}374\ell n(M_A) \tag{3}$$

Lembrando que essa correlação é válida para 14 kDa < M_A < 240 kDa. São conhecidos, para β-lactoglobulina (β-LG) M_A = 18,3 kDa = 18.300 Da, e para a BSA, M_A = 66,2 kDa = 66.200 Da. Assim, tem-se da Equação (3)

$$\sigma_{\beta-LG} = -221{,}74 + (26{,}374)\ell n(18.300) = 37{,}11\,\text{Å} \tag{4}$$

$$\sigma_{BSA} = -221{,}74 + (26{,}374)\ell n(66.200) = 71{,}02\,\text{Å} \tag{5}$$

Isso permite obter o valor do raio de giro de β-LG e BSA, respectivamente, ao substituir os resultados 4 e 5 na Equação (2),

Para a β-LG:

$$r_G = (0{,}7525)(37{,}11) = 27{,}93\,\text{Å} \tag{6}$$

Para a BSA:

$$r_G = (0{,}7525)(71{,}02) = 53{,}44\,\text{Å} \tag{7}$$

Desse modo, levam-se N = 162 e o resultado 6 para β-LG na Equação (1), bem como N = 584 e o resultado 7 para BSA na Equação (1), obtendo-se:

Para a β-LG:

$$L = (27{,}93)\left[\frac{(6)(162+1)}{(162)(162+2)}\right]^{1/2} = 5{,}36\,\text{Å} \tag{8}$$

Para a BSA:

$$L = (53{,}44)\left[\frac{(6)(584+1)}{(584)(584+2)}\right]^{1/2} = 5{,}41\,\text{Å} \tag{9}$$

Com os valores de N e L para ambas as proteínas e de posse do algoritmo apresentado na Figura 7.3, é possível apresentar as cadeias das proteínas β-lactoglobulina (β-LG) e albumina sérica (BSA) em 3D, apresentadas na Figura 1. Observa-se, claramente, que a cadeia da BSA é bem maior do que a da β-LG.

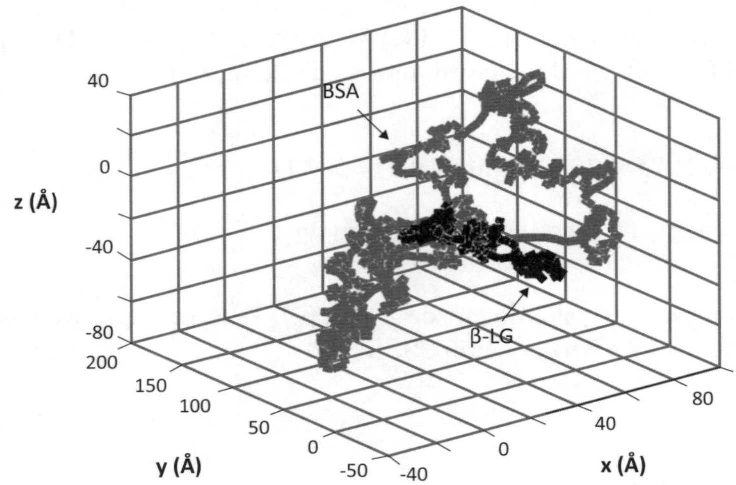

Figura 1 – Representação das cadeias fechadas das proteínas β-LG e BSA.

b) Deseja-se conhecer os valores do coeficiente de difusão das proteínas β-LG e BSA tanto no leite quanto no soro de leite a 25 °C. Utiliza-se, para tanto, a Equação (7.4), ou

$$D_{AB} = 1,465 \frac{T}{\eta_B \sigma_A} \tag{10}$$

sendo η_B = 1,032 cP para o soro do leite.

Considerando-o enquanto meio difusivo a 25 °C (298,15 K) e conhecendo-se o diâmetro da *Staphylococcus aureus*, σ_A = 1 μm = 1 × 10⁴ Å, os valores do diâmetro de Stokes-Einstein tanto da β-lactoglobulina (β-LG), σ_A = 37,11 Å, quanto da albumina sérica bovina (BSA), σ_A = 71,02 Å, tem-se na Equação (10):

Para a *Staphylococcus aureus* no soro de leite:

$$D_{AB} = (1,465)\frac{(298,15)}{(1,032)(1,0 \times 10^4)} = 4,23 \times 10^{-2}\ \text{Å}^2/\text{ns} \tag{11}$$

Para a β-LG no soro de leite:

$$D_{AB} = (1,465)\frac{(298,15)}{(1,032)(37,11)} = 11,11\ \text{Å}^2/\text{ns} \tag{12}$$

Para a BSA no soro de leite:

$$D_{AB} = (1,465)\frac{(298,15)}{(1,032)(71,02)} = 5,96\,\text{Å}^2/\text{ns} \tag{13}$$

Assumindo, agora, o leite enquanto meio difusivo para a dispersão das proteínas, utiliza-se a Equação (7.8) para obter a viscosidade dinâmica do referido meio

$$\eta_B = 2,2815\exp\left[-1,921\times10^{-2}\left(\frac{t}{t_0}\right)\right] \tag{14}$$

Substituindo-se t = 25 °C e t_0 = 1 °C na Equação (14), tem-se

$$\eta_B = (2,2815)\exp\left[-(1,921\times10^{-2})\left(\frac{25}{1}\right)\right] = 1,411\,\text{cP} \tag{15}$$

Uma vez que T = 298,15 K, e conhecendo-se o diâmetro da *S. aureus*, $\sigma_A = 1\times10^4$ Å, diâmetro de Stokes-Einstein tanto da β-LG, σ_A = 37,11 Å, quanto da BSA, σ_A = 71,02 Å, tem-se na Equação (10),

Para *Staphylococcus aureus* no leite:

$$D_{AB} = (1,465)\frac{(298,15)}{(1,032)(1,141\times10^4)} = 3,83\times10^{-2}\,\text{Å}^2/\text{ns} \tag{16}$$

Para a β-LG no leite:

$$D_{AB} = (1,465)\frac{(298,15)}{(1,141)(37,11)} = 10,32\,\text{Å}^2/\text{ns} \tag{17}$$

Para a BSA no leite:

$$D_{AB} = (1,465)\frac{(298,15)}{(1,141)(71,02)} = 5,39\,\text{Å}^2/\text{ns} \tag{18}$$

c) Os cartogramas 2D para cada par proteína/meio lácteo são obtidos a partir do algoritmo apresentado na Figura 7.1. Para tanto, deve-se alimentá-lo com o número de passos que, no presente capítulo, é igual a 10^5, assim como o valor de β_A, obtido da Equação (7.3), aqui retomada para $\Delta t = 1$ ns,

$$\beta_A = \sqrt{2D_{AB}} \tag{19}$$

Conhecidos os valores de D_{AB}, obtidos no item anterior, tem-se, a partir da Equação (19),

Para a *S. aureus* no soro de leite:

$$\beta_A = \sqrt{(2)(4,23\times10^{-2})} = 0,291 \text{ Å} \tag{20}$$

Para a β-LG no soro de leite:

$$\beta_A = \sqrt{(2)(11,11)} = 4,777 \text{ Å} \tag{21}$$

Para a BSA no soro de leite:

$$\beta_A = \sqrt{(2)(5,96)} = 3,453 \text{ Å} \tag{22}$$

Para a *S. aureus* no leite:

$$\beta_A = \sqrt{(2)(3,83\times10^{-2})} = 0,277 \text{ Å} \tag{23}$$

Para a β-LG no leite:

$$\beta_A = \sqrt{(2)(10,32)} = 4,543 \text{ Å} \tag{24}$$

Para a BSA no leite:

$$\beta_A = \sqrt{(2)(5,39)} = 3,283 \text{ Å} \tag{25}$$

Considerando-se 10^5 passos para cada meio (leite e soro de leite), a Figura 2 apresenta os resultados obtidos para o deslocamento difusivo aleatório da *S. aureus* e das proteínas β-LG e BSA, confirmando a maior dispersão da β-LG, por apresentar menor cadeia polimérica e, portanto, menor diâmetro difusional. Nota-se o pequeno deslocamento da bactéria, resultado de seu maior diâmetro. A Figura 3, por sua vez, destaca a influência da viscosidade na dispersão individual das proteínas.

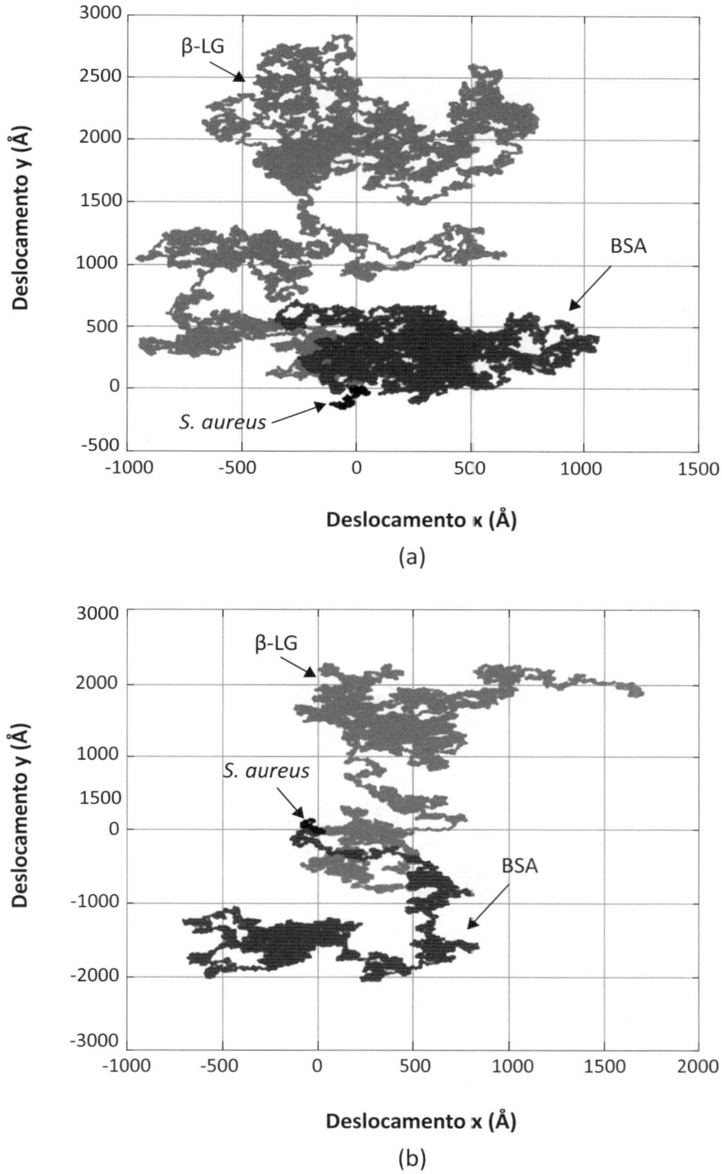

Figura 2 – Cartograma 2D ilustrativo do movimento browniano da bactéria *S. aureus* e das proteínas β-LG e BSA em meios difusivos lácteos a 25 °C. Influência do tamanho do soluto: (a) meio: soro de leite; (b) meio: leite.

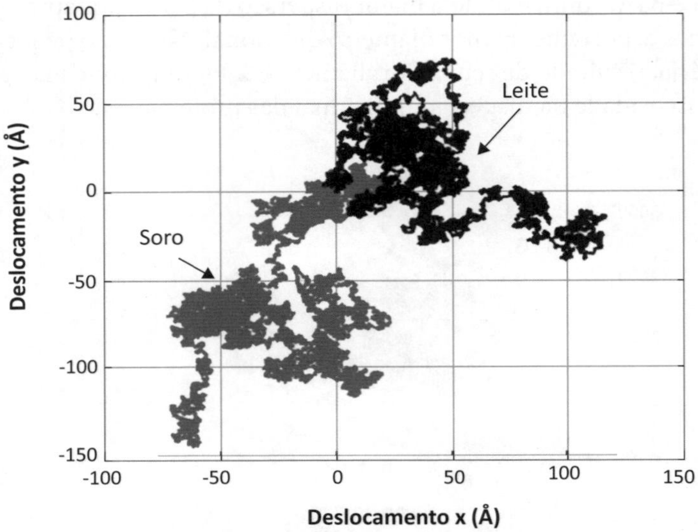
Leite
Soro
Deslocamento y (Å)
Deslocamento x (Å)
100
50
0
-50
-100
-150
-100
-50
0
50
100
150

(a)

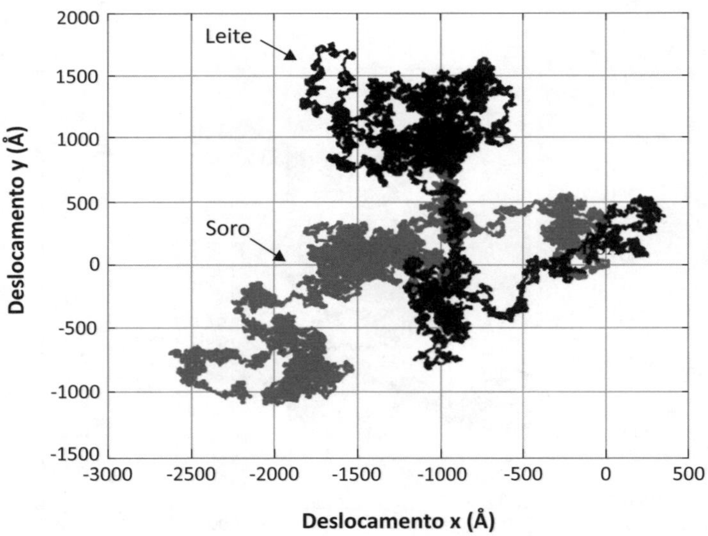
Leite
Soro
Deslocamento y (Å)
Deslocamento x (Å)
2000
1500
1000
500
0
-500
-1000
-1500
-3000
-2500
-2000
-1500
-1000
-500
0
500

(b)

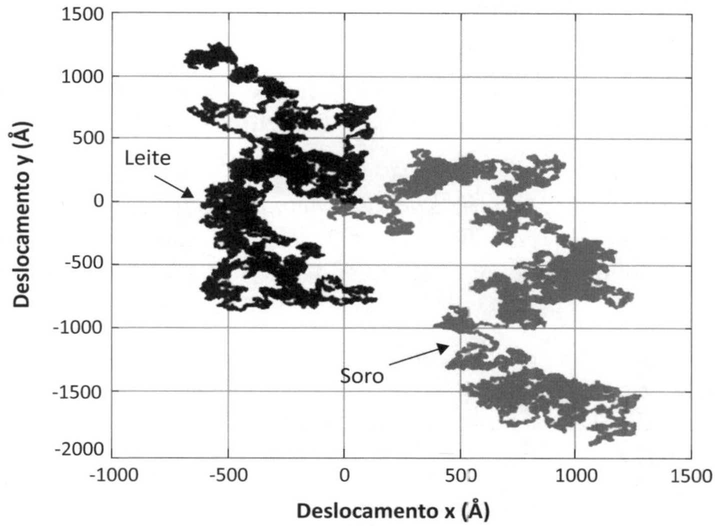

(c)

Figura 3 – Cartograma 2D ilustrativo do movimento browniano da bactéria *S. aureus* e das proteínas β-LG e BSA em meios difusivos lácteos a 25 °C. Influência do meio difusivo: (a) soluto: *S. aureus*; (b) soluto: β-LG; (c) soluto: BSA.

REFERÊNCIAS

BOTARO, B. G. *Variantes genéticas de beta-lactoglobulina em vacas leiteiras e características físico-química e de composição do leite*. 2007; 74 f. Dissertação (Mestrado em Medicina Veterinária) – Universidade de São Paulo, Pirassununga, 2007.

BRASIL, E. S.; CABRAL, J. F.; SILVA, M. A. P. Estrutura e estabilidade das micelas de caseína do leite bovino. *Ciência Animal*, v. 25, n. 2, p. 71-80, 2015.

CREMASCO, M. A.; BERTAN, A. S. *Transferência de massa – difusão em meios convencionais*. São Paulo: Blucher, 2023. 386 p.

DeKRUIF, C. G.; HUPPERTZ, T. Casein micelles: size distribution in milks from individual cows. *Journal of Agriculture and Food Chemistry*, v. 60, p. 4649-4655, 2012.

GAONA, R. C. Relações entre a composição do leite e do sangue. Cap. 4, p. 81-90. In:

Gonzáles, F.D.; NORO, G. Variações na composição da lei no subtrópico brasileiro. Cap. 1, p. 11-27. In: GONZÁLEZ, F. D.; PINTO, A. T.; ZANELA, M. B; FISCHER, V.; BONDAN, C. (Eds.). *Qualidade do leite bovino: variações no trópico e no subtrópico*. Passo Fundo: UPF Passo Fundo, 2011. 190 p.

GOMES, H. A. *Ocorrência de* Staphylococcus aureus *e produção de enterotoxinas por linhagens isoladas a partir de leite cru, leite pasteurizado tipo C e queijo "Minas Frescal", comercializados em Piracicaba – SP*. 1994. 124 f. Dissertação (Mestrado em Ciência e

Tecnologia de Alimentos) – Escola Superior de Agricultura "Luiz de Queiroz", Universidade Estadual de São Paulo, Piracicaba, 1994.

HLAVÁC, P.; BOZIKOVÁ, M. Effect of temperature on milk rheologic and thermophysical properties. *Journal on Processing and Energy in Agriculture*, v. 15, n. 1, p.17-22, 2011.

KILIAN, J. *Recuperação e caracterização de proteínas do soro de leite obtidas por ultrafiltração e aplicação em sorvetes*. 2018. 125 f. Tese (Doutorado em Engenharia de Alimentos) – Universidade Regional Integrada do Alto Uruguai e das Missões, Erechim, 2018.

MACIEL, J. A. S. *Albumina sérica bovina (BSA) como alternativa para nanotecnologia na área de alimentos*. 2019. 23 f. Dissertação (Mestrado em Sistemas Agroindustriais) – Universidade Federal de Campina Grande, Pombal, 2019.

MICHEL, B.; NEVESA, M.; SOUSA, R. C. S.; CHAGAS, M. M.; MARTINS, B. A. COIMBRA, F. S. R. Partição de proteínas de soro de leite em sistemas aquosos bifásicos baseados em líquidos iônicos. *Química Nova*, v. 38, n. 9, p. 1148-1152, 2015.

NUNES, J. C. M. *Purificação de DNA plasmídico usando tecnologias de membrana: modelação e aplicação*. 2013. 132 f. Tese (Doutorado em Química) – Universidade da Beira Anterior, Covilhã, 2013.

ROSSI, R. S. *Novas estratégias para o aumento da eficácia em programas de erradicação de Streptococcus agalactiae em rebanhos bovinos leiteiros*. 2017. 108 f. Disssertação (Mestrado em Medicina Veterinária) – Universidade Estadual Paulista, Botucatu, 2017.

SIMÕES, T. V. M. D.; OLIVEIRA, A. A.; TEIXEIRA, K. M. RODRIGUES JR., A. S.; FREITAS, I. M. Identificação laboratorial de *Staphylococcus aureus* em leite bovino. Aracaju: Embrapa Tabuleiros Costeiros, 2013. 15 p.

TEIXEIRA, C. M. S.; FIGUEIREDO, M. A. Qualidade microbiológica do leite bovino no Brasil associada à *Staphylococcus aureus*. *Revista de Ciência Veterinária e Saúde Pública*, v. 6, n. 1, p. 196-216, 2019.

ZAFALON, L. F. *Mastite subclínica bovina por Staphylococcus aureus: qualidade e quantidade de leite secretado por quartos tratados e não tratados e relação custo/benefício do tratamento durante a lactação*. 2003. 79 f. Tese (Doutorado em Medicina Veterinária) – Universidade Estadual Paulista, Jaboticabal, 2003.

CAPÍTULO 8

A vida por um microrganismo

Em 2015, o Brasil registrou números alarmantes de casos suspeitos de microcefalia, uma malformação do cérebro de recém-nascidos que apresentam circunferência craniana menor do que o normal, podendo ocasionar deficiência mental e limitações que afetam os sentidos e as atividades motoras. A microcefalia pode ser resultado de fatores diversos ocorridos durante a gravidez, como o contato e/ou consumo de substâncias químicas, exposição à radiação e infecções decorrentes de bactérias e vírus.

No início de dezembro de 2015, o governo brasileiro confirmou a relação entre o surto de microcefalia e o Zika vírus (Cremasco, 2023). Até junho de 2019, o vírus havia se espalhado rapidamente para mais de 87 países, territórios ou áreas regionais (Zhou *et al.*, 2021). Em adição à microcefalia nos recém-nascidos, a infecção pelo Zika vírus (ZIKV) pode levar à síndrome de Guillain-Barré em adultos. Convém destacar que o ZIKV pertence à família *Flaviviridae*, gênero *Flavivirus*, que também é composto por vírus patogênicos importantes, como o vírus da dengue, o vírus do Nilo Ocidental, o vírus da febre amarela e o vírus da encefalite japonesa. Esse vírus é transmitido pelo *Aedes aegypti*, mosquito vetor dos vírus das febres chikungunya e da dengue. Além do *Aedes aegypti*, o ZIKV também é transmitido pelo *Aedes albopictus*, e esses dois mosquitos vetores são comuns em áreas tropicais e subtropicais. Até o início da década de 2020, não havia uma droga específica para o tratamento da infecção por ZIKV. Zhou *et al.* (2021) fizeram uma busca de inibidores contra a infecção por ZIKV a partir de uma biblioteca de produtos naturais contendo 1.680 compostos, explorando mecanismos antivirais de compostos candidatos *in vitro* e *in vivo*. A ascomicina ($C_{43}H_{69}NO_{12}$, M = 792,02 Da – Figura 8.1), uma lactona macrocíclica natural, foi identificada com efeito inibidor contra ZIKV em células Vero (IC_{50} = 0,11 μM), célula hepatoma Huh7 (IC_{50} = 0,38 μM) e células glioblastoma SNB-19 (IC_{50} = 0,06 μM), muito abaixo de concentrações citotóxicas. O estudo sobre o mecanismo revelou que a ascomicina suprime a etapa de replicação do RNA do ZIKV durante o ciclo de vida e a regulação da via calcineurina-NFAT, que pode estar envolvida em tal efeito inibidor, independentemente da ativação da imunidade inata. Zhou *et al.* (2021) verificaram que a ascomicina também inibiu a infecção de outros membros da *Flaviviridae*, como o vírus da hepatite C e o vírus da dengue.

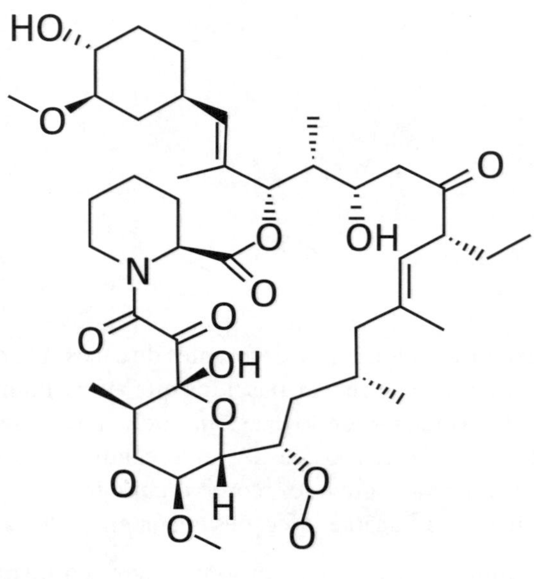

Figura 8.1 – Representação da ascomicina (FK520).

A ascomicina pode ser biossintetizada a partir de bactérias *Streptomyces hygroscopicus* var. *ascomyceticus* (Arai *et al.*, 1962), e de suas variações *Streptomyces hygroscopicus* var. *ascomyceticus* ATCC 14891 e *S. hygroscopicus* subsp. *Yakushimaensis* (Chen *et al.*, 1999), e por *S. hygroscopicus* (Reeves *et al.*, 2002), sendo neste caso, obtida como subproduto do sirolimo (rapamicina) e do tacrolimo (FK506), empregando-se a *S. tsukubaensis* (Okuhara *et al.*, 1990). A ascomicina foi indicada no tratamento de doenças cerebrais inflamatórias e degenerativas, incluindo a prevenção de danos cerebrais isquêmicos e doença de Alzheimer. O invento demonstrou atividade anticonvulsiva quando infundido no hipocampo de ratos. Pela administração sistêmica, evitou a tipagem química PTZ induzida em camundongos. A ação farmacológica da ascomicina no cérebro pode envolver regulação mediada por CAN de receptores GABA e glutamato, citoesqueleto neuronal e morfologia da coluna dendrítica, bem como de respostas inflamatórias em células gliais (Sierra-Paredes; Sierra-Marcuño, 2008).

É necessário ressaltar que, além de apresentar propriedade imunossupressora e menos tóxica do que os análogos do FK506 (Dumont *et al.*, 1992), a ascomicina foi inicialmente descrita como um antibiótico antifúngico (Arai *et al.*, 1962) e também é reconhecida como uma droga multifuncional altamente valiosa (Luthra *et al.*, 2019), exibindo inúmeras atividades biológicas, como antimalárica (Monaghan *et al.*, 2005), antipasmódica (Sierra-Paredes; Sierra-Marcuño, 2008), de regeneração nervosa e recuperação funcional (Revill *et al.*, 2002), bem como no tratamento oftalmológico da blefarite (Saunier *et al.*, 2005). A ascomicina também é um importante precursor do pimecrolimo, eficaz no tratamento de várias doenças inflamatórias da pele (Gyolai; Szabo, 2007), como vitiligo, demartites seborreica (Firooz *et al.*, 2006) e atópica (Yu *et al.*, 2019) e psoríase facial (Jacobi *et al.*, 2008).

Quanto ao aspecto tecnológico da obtenção do fármaco, no caso da ascomicina, além de se identificar o microrganismo endereçado à sua produção, torna-se crucial estabelecer condições específicas de fermentação, como temperatura e pH, além de seleção adequada de nutrientes que possam atuar como precursores das macrolídeas imunossupressoras (Fonseca; Bertan; Cremasco, 2021), em particular quanto às fontes de carbono, nitrogênio e micronutrientes. Ressalte-se que a composição final dos meios de cultivo também se apresenta complexa, pois, além da composição original, normalmente produz biomassa bacteriana e materiais orgânicos, como proteínas, açúcares redutores e metabólitos secundários, como as macrolídeas imunossupressoras (Bertan; Cremasco, 2020). Segundo Wang *et al.* (2021), a fermentação utilizando a bactéria *Streptomyces hygroscopicus* var. *ascomyceticus* ATCC 14891 produz dezenas de enzimas, dentre elas a α-amilase, L-glutaminase e β-glucosidase. A Tabela 8.1 apresenta as características de tais enzimas e suas aplicações.

De acordo com Tortora, Funke e Case (2012), as enzimas são grupos de natureza normalmente proteica e de funções catalisadoras. Portanto, ao se direcionar esforços, investimentos em pesquisa, desenvolvimento de imunossupressores, incluindo inovação em seu processamento, o resultado, além de trazer benefícios financeiros para a indústria, impacta a balança comercial, reduzindo seu déficit e favorecendo principalmente uma importante demanda social (Bertan; Cremasco, 2020).

Tabela 8.1 – Enzimas identificadas na fermentação via *Streptomyces hygroscopicus* var. *ascomyceticus* ATCC 14891

Enzimas	Massa molar (kDa)	Aplicações
α-amilase	58,40	Em bebidas destiladas, decompõe o amido; nas cervejarias, aumenta o teor de açúcar (Senai, 2009).
L-glutaminase	19,86	Aplicada na terapia enzimática para o câncer, especialmente leucemia linfocítica aguda (Nguyen *et al.*, 2018).
β-glucosidase	54	Utilizadas na produção de tensoativos não iônicos biodegradáveis, síntese de diversos oligossacarídios, liberação enzimática de compostos de aroma de precursores glicosídicos presentes em sucos de frutas durante a produção de vinho; realça o aroma dos extratos de chá, entre outros (Costa *et al.*, 2018).

Considerando-se o relevante espectro de uso da ascomicina e a abrangência das aplicações industriais das enzimas, aflora o interesse de se entender o fenômeno difusivo das enzimas/proteínas e da ascomicina no caldo fermentado, no qual se adiciona acetona para interromper o processo fermentativo a 26 °C. Desse modo, pede-se:

a) Os valores dos coeficientes binários de difusão tanto da ascomicina quanto das enzimas no permeado resultante de microfiltração, que apresentou viscosidade dinâmica aparente igual a $21{,}82 \times 10^{-4}$ Pa.s.

b) Considerando-se a disponibilidade de membranas destinadas à separação da ascomicina das enzimas (Tabela 8.2), eleja a(s) membrana(s) adequadas para a retenção das enzimas e, por consequência, tenha a presença de ascomicina (entre outros compostos de massa molar menor do que o de *cut-off*) no permeado obtido na operação de ultrafiltração (UF). Após, obtenha o valor do coeficiente efetivo de difusão da ascomicina no permeado da UF a 26 °C empregando UF perpendicular, cuja alimentação é o permeado da MF à pressão de 3 bar e à pressão no permeado da UF igual a 0,95 bar.

Tabela 8.2 – Membranas empregadas na ultrafiltração

Cut-off (kDa)	10	30	50	100
*ε_p	0,68	0,59	0,55	0,55

* valor estimado a partir da equação de Hagen-Poiseulle.

Fonte: Millipore (2021)

COMENTÁRIOS

A ascomicina, como mencionado, é obtida a partir da fermentação do microrganismo do gênero *Streptomyces*, ilustrado na Figura 8.2, em particular da espécie *Streptomyces hygroscopicus* var. *ascomyceticus* ATCC 14891. Cumpre destacar que, segundo a classificação filogenética, tanto essa espécie quanto esse gênero pertencem ao reino Bacteria, Filo Actinobacteria, Classe Actinobactéria, Ordem *Actinomycetales*, Família *Streptomycetaceae*. A espécie *Streptomyces hygroscopicus* foi originalmente isolada em 1975 do solo na Ilha de Páscoa (Ventura, 2021), podendo ser encontrada em solo brasileiro.

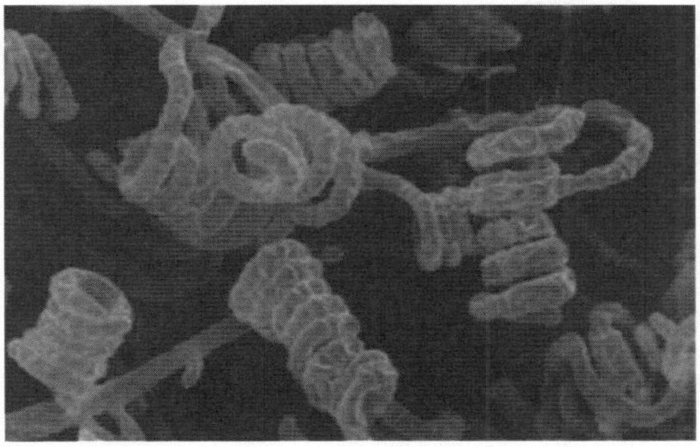

Figure 8.2 – *Streptomyces* sp.

Fonte: Tortora; Funke; Case (2012).

A *Streptomyces hygroscopicus* encontra-se no bioma brasileiro da Caatinga, abrangendo cerca de 11% do território brasileiro, constituindo ecossistema restrito ao Brasil, de modo que nenhuma outra região do mundo possui tal patrimônio biológico (Oliveira *et al.*, 2020). A bactéria *Streptomyces hygroscopicus* também foi encontrada no bioma amazônico e posteriormente isolada e, onde foram comprovadas suas atividades antibacteriana, antifúngica e anticâncer (Lima *et al.*, 2017). Além de se identificar o microrganismo endereçado à produção das macrolídeas imunossupressoras, em particular, da ascomicina, é fundamental estabelecer condições específicas de fermentação, como temperatura e pH, e selecionar adequadamente os nutrientes que podem atuar como precursores das macrolídeas imunossupressoras (Fonseca; Bertan; Cremasco, 2021). Tais macromoléculas costumam estar diluídas nos caldos de fermentação, aos quais são adicionados solventes orgânicos no final da fermentação objetivando tanto a finalização do processo quanto a lise celular.

Observa-se, no presente capítulo que, além da ascomicina, existem outras macromoléculas de interesse, notadamente as enzimas/proteínas, para as quais são direcionados métodos de separação apropriados para a sua posterior purificação. Quando se trata de purificação de proteínas, é necessário conhecer suas propriedades características, como volume molecular, carga superficial, hidrofobicidade e afinidade por ligantes. Dentre os vários métodos, podem-se citar centrifugação, diálise, cromatografia (Moraes *et al.*, 2013) e eletroforese (ver Capítulo 4).

Quanto à sequência do processamento para a purificação da ascomicina, é fundamental separá-la das enzimas/proteínas. Nesse caso, podem ser empregados os processos de separação por membranas (PSM), que são baseados na diferença de tamanho das partículas ou de moléculas dissolvidas que se busca separar, associados à pressão operacional do sistema de filtração para tal, conforme ilustrado na Figura 8.3.

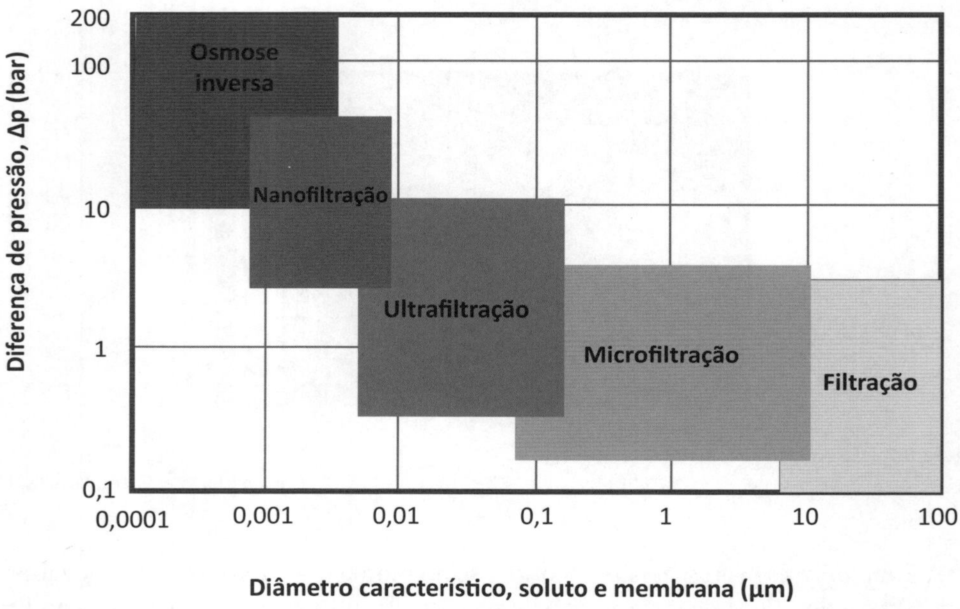

Figura 8.3 – Processos por separação por membranas.

Fonte: adaptada de Fritzmann *et al.* (2007).

Enquanto a microfiltração (MF) é destinada à remoção de partículas de diâmetro entre 0,1 μm e 20 μm, como células animais, bactérias (ver Figura 8.2) e biomassa oriunda de processo fermentativo, a ultrafiltração (UF) é direcionada para separar macromoléculas, como DNA e proteínas, de outras menores, como açúcares, aminoácidos e antibióticos (Chisti, 2007). Ressalte-se que na técnica de MF ou de UF perpendicular (Figura 8.4), a amostra é alimentada no sistema e flui perpendicularmente a partir da superfície da membrana, retendo o material particulado maior do que o diâmetro do poro durante o percurso do permeado através do meio filtrante (membrana).

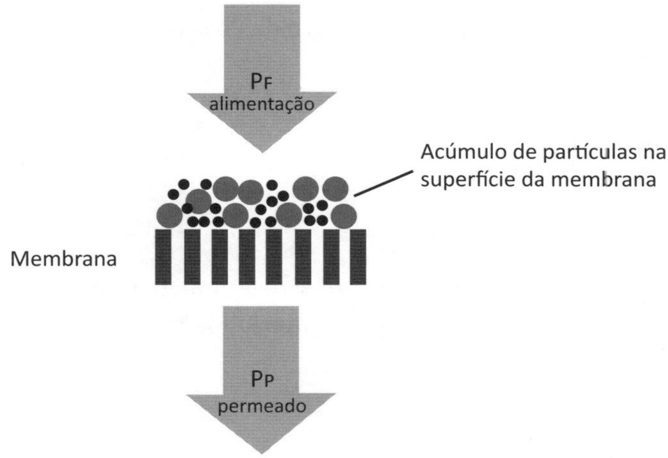

Figura 8.4 – Contato perpendicular.

Fonte: adaptada de Cremasco; Bertan (2023).

As membranas empregadas na UF são caracterizadas em termos do *cut-off* de suas massas molares. Membranas que retêm 90% de proteínas globulares de massa molar de 10 kDa, por exemplo, apresentam *cut-off* de 10.000 Da. As membranas empregadas na UF apresentam-se na faixa de *cut-off* de 1 a 500 kDa, que se refere à faixa de diâmetro de poros entre 0,001 e 0,1 μm (Chisti, 2007). No presente capítulo, o objetivo é avaliar o coeficiente efetivo de difusão, D_{ef}, de macromoléculas sujeitas à operação de ultrafiltração. A abordagem, para tanto, é análoga àquela encontrada para difusão em partículas porosas sujeitas à constrição dos poros, cujo coeficiente efetivo de difusão nos poros é (Cremasco; Bertan, 2023)

$$D_{p,ef} = \varepsilon_p D_p \varphi \tag{8.1}$$

sendo ε_p a porosidade da membrana; D_p, coeficiente de difusão nos poros, oriundo de (a partir de Mackie; Meares, 1955).

$$D_p = D_{AB} \frac{\varepsilon_p}{\left(2-\varepsilon_p\right)^2} \tag{8.2}$$

com o fator de constrição dos poros obtido de (Baker, 2000)

$$\varphi = 2\left(1-\frac{\sigma_A}{\sigma_p}\right)^2 - \left(1-\frac{\sigma_A}{\sigma_p}\right)^4 \tag{8.3}$$

Tendo em vista que a operação de UF está sujeita à pressurização, existe a possibilidade de se encontrar a importância do mecanismo difusivo de Poiseulle, considerando-se a constrição nos poros por meio de

$$D_{V,ef} = \frac{k}{\eta_B}\left(\frac{p_F + p_p}{2}\right)\varphi \tag{8.4}$$

sendo η_B, viscosidade dinâmica do meio complexo; p_F, pressão de alimentação do meio complexo; p_p, pressão na saída do permeado e com a permeabilidade, k, advinda de (Pinela *et al.*, 2005),

$$k = \frac{\sigma_p^2}{36\beta}\frac{\varepsilon_p^3}{\left(1-\varepsilon_p\right)^2} \tag{8.5}$$

e a constante de Kozeny na forma (Pacella *et al.*, 2011),

$$36\beta = 542\varepsilon_p - 128 \tag{8.6}$$

Desse modo, a difusividade efetiva, D_{ef}, a ser considerada inclui as contribuições dos mecanismos de difusão com constrição nos poros e a de Poiseulle, segundo

$$\frac{1}{D_{ef}} = \frac{1}{D_{p,ef}} + \frac{1}{D_{V,ef}} \tag{8.7}$$

FORMULÁRIO

Para a obtenção do valor do coeficiente de difusão do soluto A (ascomicina ou enzimas) no meio complexo, utiliza-se a Equação (4.3)

$$D_{AB} = 1,465\times10^{-7}\frac{T}{\eta_B\sigma_A} \tag{8.8}$$

resultando o valor do coeficiente de difusão em cm^2/s; η_B é a viscosidade dinâmica do meio difusivo em cP, T, temperatura do meio em Kelvin; o diâmetro de Stokes-Einstein do soluto, σ_A, em Å. Para as enzimas, tendo em vista que as suas massas molares situam-se entre 14 kDa e 240 kDa, pode-se utilizar a Equação (6.3),

$$\sigma_A = -221,74 + 26,374\ell n\left(M_A\right) \tag{8.9}$$

No caso da ascomicina, $M_A = 792{,}02$ Da, pode-se lançar mão da correlação proposta por Cremasco e Bertan (2023), a partir de informações encontradas em Schultz e Solomon (1961), que obtiveram valores dos diâmetros moleculares para espécies que apresentam massas molares entre 60 Da e 1.130 Da,

$$\sigma_A = 0{,}496 M_A^{1/2} \tag{8.10}$$

com o resultado, para σ_A, em Å. Ao substituir a Equação (8.10) na Equação (8.8), obtém-se uma expressão para a obtenção do valor do coeficiente de difusão segundo

$$D_{AB} = 2{,}954 \times 10^{-7} \frac{T}{\eta_B M_A^{1/2}} \tag{8.11}$$

Informações adicionais

1 cm = 10^8 Å; 1 kDa = 10^3 Da;

1 cP = 1×10^{-3} Pa.s; 1 bar = 10^5 Pa.

SOLUÇÃO

a) Deseja-se conhecer os valores dos coeficientes binários de difusão da ascomicina e das enzimas no permeado resultante de MF a 26 °C = 26 + 273,15 = 299,15 K, de viscosidade dinâmica $\eta_B = 21{,}82 \times 10^{-4}$ Pa.s = 2,182 cP. Seja qual for o soluto, emprega-se a Equação (8.8), ou

$$D_{AB} = 1{,}465 \times 10^{-7} \frac{T}{\eta_B \sigma_A} \tag{1}$$

No caso das enzimas, utiliza-se a Equação (8.9) para estimar o valor do diâmetro de Stokes-Einstein,

$$\sigma_A = -221{,}74 + 26{,}374 \ell n\left(M_A\right) \tag{2}$$

Em observância do enunciando, tem-se:

Soluto A = α-amilase (M = 58,40 kDa = 58.400 Da); B = permeado. Da Equação (2),

$$\sigma_A = -221{,}74 + \left(26{,}374\right) \ell n\left(58.400\right) = 67{,}73\,\text{Å} \tag{3}$$

Substituindo o resultado 3 em conjunto com T = 299,15 K e η_B = 2,182 cP na Equação (1),

$$D_{AB} = \left(1,465\times10^{-7}\right)\frac{\left(299,15\right)}{\left(2,182\right)\left(67,73\right)} = 2,97\times10^{-7}\ \text{cm}^2/\text{s} \tag{4}$$

Soluto A = L-glutaminase (M = 19,86 kDa = 19.860 Da); B = permeado. Da Equação (2),

$$\sigma_A = -221,74 + \left(26,374\right)\ell n\left(19.860\right) = 39,27\ \text{Å} \tag{5}$$

Levando o resultado 3, T = 299,15 K e η_B = 2,182 cP na Equação (1),

$$D_{AB} = \left(1,465\times10^{-7}\right)\frac{\left(299,15\right)}{\left(2,182\right)\left(39,27\right)} = 5,12\times10^{-7}\ \text{cm}^2/\text{s} \tag{6}$$

Soluto A = β-glucosidase (M_A = 54,0 kDa = 54.000 Da); B = permeado. Adotando procedimento análogo ao realizado para as enzimas anteriores enquanto solutos,

$$\sigma_A = -221,74 + \left(26,374\right)\ell n\left(54.000\right) = 65,65\ \text{Å} \tag{7}$$

$$D_{AB} = \left(1,465\times10^{-7}\right)\frac{\left(299,15\right)}{\left(2,182\right)\left(65,65\right)} = 3,06\times10^{-7}\ \text{cm}^2/\text{s} \tag{8}$$

Para ascomicina (M_A = 792,02 Da), utiliza-se a Equação (8.10) para determinar o valor do diâmetro de Stokes-Einstein

$$\sigma_A = 0,496 M_A^{1/2} \tag{9}$$

da qual resulta

$$\sigma_A = 0,496 M_A^{1/2} = \left(0,496\right)\left(792,02\right)^{1/2} = 13,96\ \text{Å} \tag{10}$$

Substituindo σ_A = 13,96 Å na Equação (1), tem-se

$$D_{AB} = \left(1,465\times10^{-7}\right)\frac{\left(299,15\right)}{\left(2,182\right)\left(13,96\right)} = 1,44\times10^{-6}\ \text{cm}^2/\text{s} \tag{11}$$

b) A primeira etapa de solução do presente item refere-se à identificação das membranas direcionadas para a separação da ascomicina. Para tanto, lança-se mão do critério do *cut-off* ou diâmetro de corte, ou seja, a eleição da membrana capaz de reter a menor enzima de modo a propiciar a difusão da ascomicina através do meio filtrante. Por inspeção da Tabela 8.1, nota-se que a menor enzima é a L-glutaminase, que apresenta massa molar igual a 19,86 kDa. Assim, observa-se que a membrana selecionada é aquela que apresenta diâmetros de corte igual a 10 kDa. Desse modo, qualquer que seja a membrana, o valor do coeficiente efetivo de difusão da ascomicina advém da Equação (8.7)

$$\frac{1}{D_{ef}} = \frac{1}{D_{p,ef}} + \frac{1}{D_{V,ef}} \tag{12}$$

em que o valor do coeficiente efetivo de difusão nos poros é dado pela Equação (8.1),

$$D_{p,ef} = \varepsilon_p D_p \varphi \tag{13}$$

e o valor do coeficiente de difusão nos poros, D_p, oriundo da Equação (8.2)

$$D_p = D_{AB} \frac{\varepsilon_p}{\left(2-\varepsilon_p\right)^2} \tag{14}$$

Visto que a porosidade da membrana é $\varepsilon_p = 0{,}68$, bem como se conhece o valor do coeficiente livre de difusão da ascomicina, resultado 11, tem-se na Equação (14)

$$D_p = \left(1{,}44 \times 10^{-6}\right) \frac{(0{,}68)}{(2-0{,}68)^2} = 5{,}62 \times 10^{-7} \text{ cm}^2/\text{s} \tag{15}$$

O valor do fator de constrição dos poros, por sua vez, é obtido da Equação (8.3),

$$\varphi = 2\left(1-\frac{\sigma_A}{\sigma_p}\right)^2 - \left(1-\frac{\sigma_A}{\sigma_p}\right)^4 \tag{16}$$

Observa-se na Equação (16) a necessidade de se conhecer o valor do diâmetro dos mesoporos das membranas. Para tanto, considera-se a Equação (2) para a estimativa do diâmetro dos poros da membrana, ou

$$\sigma_p = -221{,}74 + 26{,}374\ell n\left(M_p\right) \tag{17}$$

Visto M_p = 10 kDa = 10.000 Da e tendo em vista a intenção de se reter as enzimas, tem-se

$$\sigma_p = -221{,}74 + \left(26{,}374\right)\ell n\left(10.000\right) = 21{,}17\,\text{Å} \tag{18}$$

Uma vez que o diâmetro de Stokes-Einstein da ascomicina é σ_A = 13,96 Å, substitui-se esse valor em conjunto com o resultado 18 na Equação (16),

$$\varphi = \left(2\right)\left(1 - \frac{13{,}96}{21{,}17}\right)^2 - \left(1 - \frac{13{,}96}{21{,}17}\right)^4 = 0{,}22 \tag{19}$$

Obtém-se o valor do coeficiente efetivo de difusão nos poros ao substituir ε_p = 0,68 e os resultados 15 e 19 na Equação (13),

$$D_{p,ef} = \varepsilon_p D_p \varphi = \left(0{,}68\right)\left(5{,}62\times10^{-7}\right)\left(0{,}22\right) = 8{,}41\times10^{-8}\ \text{cm}^2/\text{s} \tag{20}$$

O valor da difusividade efetiva viscosa da ascomicia, $D_{V,ef}$, resulta da Equação (8.4), lembrando que se trata de ultrafiltração perpendicular,

$$D_{V,ef} = \frac{k}{\eta_B}\left(\frac{p_F + p_p}{2}\right)\varphi \tag{21}$$

O valor da permeabilidade, k, advém da Equação (8.5), na qual substitui-se a constante de Kozeny, Equação (8.6), resultando em

$$k = \frac{\sigma_p^2}{\left(542\varepsilon_p - 128\right)}\frac{\varepsilon_p^3}{\left(1-\varepsilon_p\right)^2} \tag{22}$$

Dessa maneira, o valor da permeabilidade é obtido após substituir $\varepsilon_p = 0{,}68$ e o resultado 18, considerando-se a unidade apropriada, ou seja, $\sigma_p = 21{,}17\ \text{Å} = 21{,}17 \times 10^{-8}$ cm na Equação (22),

$$k = \frac{\left(21{,}17\times10^{-8}\right)^2}{\left[(542)(0{,}68)-128\right]}\frac{(0{,}68)^3}{(1-0{,}68)^2} = 5{,}72\times10^{-16}\ \text{cm}^2 \tag{23}$$

Portanto, o valor da difusividade efetiva viscosa, considerando-se a constrição nos poros, resulta da substituição de $p_F = 3$ bar $= 3 \times 10^5$ Pa e $p_p = 0{,}95$ bar $= 0{,}95 \times 10^5$ Pa, $\eta_B = 21{,}82 \times 10^{-4}$ Pa.s e os resultado 19 e 23 na Equação (21)

$$D_{V,ef} = \frac{\left(5{,}72\times10^{-16}\right)}{\left(21{,}82\times10^{-4}\right)}\left(\frac{3{,}0\times10^5+0{,}95\times10^5}{2}\right)(0{,}22) = 1{,}14\times10^{-8}\ \text{cm}^2/\text{s} \tag{24}$$

A obtenção do valor do coeficiente efetivo de difusão da ascomicina na membrana 10 kDa advém da substituição dos resultados 20 e 24 na Equação (12),

$$\frac{1}{D_{ef}} = \frac{1}{D_{p,ef}} + \frac{1}{D_{V,ef}} = \frac{1}{8{,}41\times10^{-8}} + \frac{1}{1{,}14\times10^{-8}}$$

ou

$$D_{ef} = 1{,}00\times10^{-8}\ \text{cm}^2/\text{s} \tag{25}$$

Portanto, para as condições estudadas neste capítulo, é importante considerar mais de um mecanismo difusivo para determinar o valor da difusividade efetiva.

REFERÊNCIAS

ARAI, Y.; KOUAMA, Y.; SUENAGA, T.; HONDA, H. Ascomycin, an antifungal antibiotic. *Journal of Antibiotics*, v. 15, p. 231-232, 1962.

BAKER, R. W. *Membrane technology and applications*. 2. ed. Chichester: John Wiley & Sons, 2000. 545 p.

BERTAN, A. S.; CREMASCO, M. A. The hope as social commitment in the processing of tacrolimus. *The Journal of Engineering and Exact Sciences*, v. 6, n. 4, p. 540-546, 2020.

CHEN, T. S.; LI. X.; PETUCH, B.; SHAFIEE, A.; SO, L. Structural modification of the immunosuppressants FK-506 and ascomycin using a biological approach. *CHIMIA*, v. 53, n. 12, p. 596-600, 1999.

CHISTI, Y. Principles of membrane separation process. Chapter 10, p. 289-322. In: SUBRAMANIAN, G. (Ed.). *Bioseparation and Bioprocessing*. New York: Wiley-VHC, 2007. 1052 p.

COSTA, S. G. D.; PEREIRA, O. L.; TEIXEIRA-FERREIRA, A.; VALENTE, R. H.; REZENDE, S. T. D.; GUIMARÃES, V. M.; GENTA, F. A. *Penicillium citrinum* UFV1 β-glucosidases: purification, characterization, and application for biomass saccharification. *Biotechnology for Biofuels*, v. 11, n. 226, p. 1-19, 2018.

CREMASCO, M. A. *Viagens necessárias*. São Paulo: Tao Editora, 2023. 196 p.

CREMASCO, M. A.; BERTAN, A. S. *Transferência de massa – difusão em meios convencionais*. São Paulo: Blucher, 2023. 386 p.

DUMONT, F. J. *et al.* The immunosuppressive and toxic effects of FK-506 are mechanistically related: pharmacology of a novel antagonist of FK-506 and rapamycin. *Journal of Experimental Medicine*, v. 176, p. 751-760, 1992.

FIROOZ, A. *et al.* Pimecrolimus cream, 1%, vs hydrocortisone acetate cream, 1%, in the treatment of facial seborrheic dermatitis: a randomized, investigator-blind, clinical trial. *Archives of Dermatological Research*, v.142, p. 1066-1067, 2006.

FONSECA, L. A. A. P.; BERTAN, A. S.; CREMASCO, M. A. Group contribution as selection criteria for nutrients fermentation media in the production of tacrolimus. *Chemical Engineering Transactions*, v. 87, p. 577-582, 2021.

FRITZMANN, C.; LÖWENBERG, J.; WINTGENS, T.; MELIN, T. State-of-the-art of reverse osmosis desalination. *Desalination*, v. 216, p. 1-76, 2007.

GYOLAI, V.; SZABO, C. *Methods of preparing pimecrolimus*. United States Patent. Patent n. US 7.279.571 B2. Date of Patent Oct. 9, 2007.

JACOBI, A.; BRAEUTIGAM, M.; MAHLER, V.; SCHULTZ, E.; HERTL, M. Pimecrolimus 1% cream in the treatment of facial psoriasis: a 16-week open-label study. *Dermatology*, v. 216, p. 133-136, 2008.

LIMA, S. M. A. *et al.* Characterization of the biochemical, physiological, and medicinal properties of *Streptomyces hygroscopicus* ACTMS-9H isolated from the Amazon (Brazil). *Applied Microbiology and Biotechnology*, v. 101, p. 711-723, 2017.

LUTHRA, U.; KUMAR, H.; TRIPATHI, A.; TALELE, S.; GUPTE, V. Study on growth and ascomycin production by *Streptomyces hygroscopicus subsp. ascomyceticus*. *Biocatalysis and Agricultural Biotechnology*, n. 19:101159, 2019.

MACKIE, J.; MEARES, P. The diffusion of electrolytes in a cation exchange resin membrane. *Proceedings of the Royal Society of London*, v. A323, p. 498-509, 1955.

MILLIPORE. Ultrafiltration membranes. *Catálogo*. Disponível em: <https://www.lenntech.com/Data-sheets/Millipore-Ultrafiltration-Membranes-L.pdf>. Acesso em: 21 jul. 2021.

MONAGHAN, P.; FARDIS, M.; REVILL, W. P.; BELL, A. Antimalarial effects of macrolactones related to FK520 (ascomycin) are independent of the immunosuppressive properties of the compounds. *Journal of the Infectious Diseases*, v. 191, n. 8, p.1342-1349, 2005.

MORAES, C. S. *et al. Métodos experimentais no estudo de proteínas*. Rio de Janeiro: Instituto Osvaldo Cruz, 2013. 84 p.

NGUYEN, H. A. *et al.* A novel L-asparaginase with low L-glutaminase coactivity is highly efficacious against both T- and B-cell acute lymphoblastic leukemias *in vivo*. *Cancer Research*, v. 78, n. 6, p. 1549-1560, 2018.

OKUHARA, M.; HIROKAZU, T.; GOTO, T.; KINO, T.; HATANAKA, I. *Tricyclo compounds, a process for their production and a pharmaceutical composition containing the same*. United States Patent. Patent Number: 4.956.353. Date of Patent: Sep. 11, 1990.

OLIVEIRA, J. F. D.; SILVA, M. L. D. S.; TEIXEIRA, L. M. C.; SILVA, L. A. D. O. Atividade antioxidante e antimicrobiana de *Streptomyces hygroscopicus*. *Brazilian Journal of Development*, v. 6, n. 8, p. 55097-55106, 2020.

PACELLA, H. E.; EASH, H.J.; FRANKOWSKI, B. J.; FEDERSPIEL, W. J. Darcy permeability of hollow fiber bundles used in blood oxygenation devices. *Journal of Membrane Science*, v. 382, p. 238-242, 2011.

PINELA, J.; KRUZ, S.; MIGUEL, A. F.; REIS, A. H; AYDIN, M. Permeability-porosity relationship assessment by 2-D numerical simulation. In: 16th International Symposium on Transport Phenomena, 2005. Disponível em <https://www.researchgate.net/publication/260382827_Permeability-Porosity_Relationship_Assessment_by_2D_Numerical_Simulations/link/555ef08008ae8c0cab2c878c/download>. Acesso em: 20 jan. 2022.

REEVES, C. D.; CHUNG, L. M.; LIU, Y.; XUE, Q.; CANEY, W.; REVILL, P.; KATZ, L. A new substrate specificity for acyl transferase domains of the ascomycin polyketide synthase in *Streptomyces hygroscopicus*. *The Journal of Biological Chemistry*, v. 277, n. 11, p. 9155-9159, 2002.

REVILL, W. P. *et al.* Genetically engineered analogs of ascomycin for nerve regeneration. *Journal of Pharmacology and Experimental Therapeutics*, v. 302, p. 1278-1285, 2002.

SAUNIER, M. B.; BIZEC, J.-C.; WONG, M. P.-H.; YEN, S.-F. *Ophthalmic composition comprising ascomycin*. United States Patent Application Publication. Pub. N.: US 2005/0220823 A1. Oct. 6, 2005.

SCHULTZ, S. G.; SOLOMON, A. K. Determination of the effective hydrodynamic radii of small molecules by viscometry. *The Journal of General Physiology*, v. 44, p. 1189-1199, 1961.

SENAI. Aplicações industriais da biotecnologia enzimática. *Revista Processos Químicos*, v. 3, n. 5, p. 1-140, 2009.

SIERRA-PAREDES. G.; SIERRA-MARCUÑO, G. Ascomycin and FK506: pharmacology and therapeutic potential as anticonvulsants and neuroprotectants. *CNS Neuroscience & Therapeutics*, v. 14, n. 1, p. 36-46, 2008.

TORTORA, G. J.; FUNKE, B. R.; CASE, C. L. *Microbiologia*. 10. ed. Porto Alegre: Artmed, 2012. 967 p.

VENTURA, D. *O inesperado remédio desenterrado na Ilha de Páscoa que cada vez salva mais vidas pelo mundo*. [S.1], 2021. Disponível em: <https://www.bbc.com/portuguese/geral-57490170>. Acesso em: 30 jul. 2021.

WANG, P.; YIN, Y.; WANG, X.; WEN, J. Enhanced ascomycin production in *Streptomyces hygroscopicus* var. *ascomyceticus* by employing polyhydroxybutyrate as an intracellular carbon reservoir and optimizing carbon addition. *Microbial Cell Factories*, v. 20, n. 70, p. 1-16, 2021.

YU, Z.; SHEN, X.; WU, Y.; YANG, S.; JU, D.; CHEN, S. Enhancement of ascomycin production via a combination of atmospheric and room temperature plasma mutagenesis in *Streptomyces hygroscopicus* and medium optimization. *AMB Express*, v. 9, n. 1, p. 1-25, 2019.

ZHOU, L. *et al.* Identification of ascomycin against zika virus infection through screening of natural product library. *Antiviral Research*, v. 196, n. 105210, 2021.

CAPÍTULO 9
Que soja

Sushi, *sashimi*, *shimeji*, *shari* e finalizar com tofu imerso em *missoshiro*. A culinária japonesa está incorporada à brasileira, enriquecendo-a. Um ingrediente indispensável para tais preciosidades é o *shoyu*, um molho empregado para substituir o sal e elaborar o sabor, baseado, sobretudo, em soja, *Glycine max* (L.) Merrill, inclusive o próprio tofu é conhecido como queijo de soja.

A cultura da soja, de origem asiática, é realizada há mais de cinco mil anos. Seu grão, visto como sagrado, aportou no Brasil em 1882, via Estados Unidos, trazido por Gustavo Dutra, da Escola de Agronomia da Bahia, para avaliar novos cultivares. A soja foi testada pela Estação Agropecuária de Campinas (SP) quanto à sua adaptabilidade para as condições da região, apresentando resultados positivos. Em 1900, o Instituto Agronômico de Campinas distribuiu sementes para produtores paulistas, e também foram realizados testes no Rio Grande do Sul. A partir da década de 1960, a cultura de soja se expandiu em território nacional e principalmente no sul do país, tendo em vista o interesse crescente da indústria de óleo vegetal e a demanda internacional (Cunha *et al.*, 2015). Dada sua riqueza em proteínas, micronutrientes e óleo vegetal, seu processamento permite obter uma gama de constituintes, cujo consumo afeta diretamente a saúde humana, por exemplo, na redução do risco de certas categorias de câncer e de doenças cardíacas; na prevenção da osteoporose e da tensão pré-menstrual e na menopausa, contra o risco do diabetes e no combate à desnutrição (Cunha *et al.*, 2015). Além de utilizada diretamente na alimentação, os constituintes da soja podem ser empregados na indústria alimentícia, como espessantes, estabilizantes, absorventes de água e gordura, controlador de cor e texturizador; também têm seu emprego na indústria de cosméticos e de tintas (Ruivo, 2018); na indústria farmacêutica, tanto o óleo quanto o farelo são fontes de carbono, nitrogênio e micronutrientes em fermentação para a obtenção de imunossupressores (Mishra; Verma, 2012; Patel *et al.*, 2020; Cremasco; Bertan, 2022). A ciência e a tecnologia associadas à soja vêm desde o desenvolvimento de cultivares mais específicos, passando pela adequação do solo, técnicas de colheita e de armazenagem, com especial atenção para a secagem dos grãos, tendo em vista a necessidade de se remover a umidade contida na leguminosa para evitar a sua degradação ao armazená-la.

Em linhas gerais, o processamento dos grãos de soja dá-se por várias etapas: quebra, descortinação, cozimento, moagem e extrusão (Navarro, 2002). Depois disso, é possível obter o farelo de soja, cujo processamento possibilita a obtenção de insumos riquíssimos em proteínas solúveis e aminoácidos, como os apresentados na Tabela 9.1. Após a remoção da fase particulada (farelo), adiciona-se solvente orgânico, usualmente hexano, no extrato oriundo da extrusão, obtendo-se o óleo vegetal bruto, de composição típica apresentada na Tabela 9.2. A etapa seguinte é destinada ao refino, no qual o óleo bruto é degomado, ou seja, passa pela remoção dos fosfolipídios, conhecidos como goma ou lecitina (Figura 9.1), fazendo do óleo de soja a mais importante fonte de lecitina comercial (Soares, 2004). Assim, a remoção de lecitina durante o processo de refino também permite obter produtos relevantes, como os ácidos graxos, por exemplo, o linoleico (Figura 9.2).

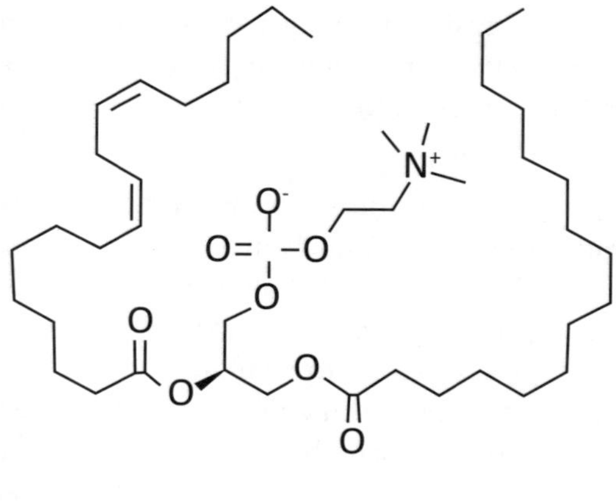

Figura 9.1 – Estrutura da lecitina.

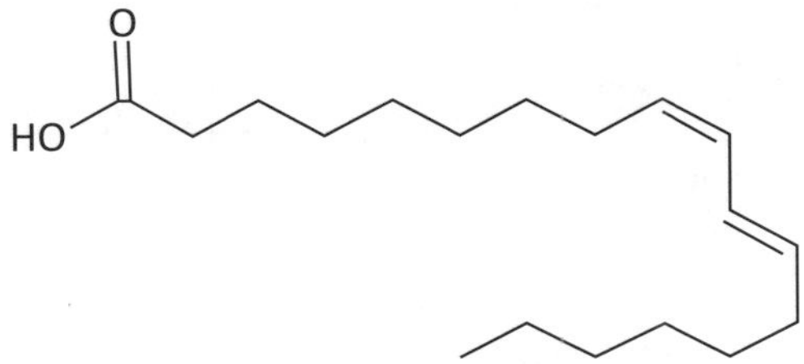

Figura 9.2 – Estrutura do ácido linoleico.

Tabela 9.1 – Teores de proteínas solúveis e aminoácidos encontrados em farinha de soja hidrolisada

Nutrientes	Teores (%)
Proteína solúvel	26,92
Aminoácidos essenciais	
Fenilalanina	0,0630
Histidina	0,0499
Isoleucina	0,0489
Leucina	0,0864
Lisina	0,0966
Metionina	0,0433
Tireonina	0,2887
Triptofano	0,0879
Aminoácidos não essenciais	
Ácido aspártico	0,4759
Ácido glutâmico	0,2072
Alanina	0,0958
Arginina	0,5526
Cistina	0,0636
Glicina	0,0640
Prolina	0,3344
Serina	0,1257
Tirosina	0,0878

Fonte: adaptada de Santos; Groff; Assad (2010)

Tabela 9.2 – Composição típica do óleo de soja bruto

Constituintes	Valores
Triglicerídios (%)	95 – 97
Fosfolipídios (%)	1,5 – 2,5
Matéria insaponificável (%)	1,6
Fitosteróis (%)	0,33
Tocoferóis (%)	0,15 – 0,21
Hidrocarbonetos (esqualeno) (%)	0,014
Ácidos graxos livres (%)	0,3 – 0,7
Traços de ferro (mg/kg)	1,3
Cobre (mg/kg)	0,03 – 0,05

Fonte: adaptada de Soares (2004)

O fenômeno de transferência de massa se faz presente em quase todas as etapas de processamento do grão de soja até determinado produto, seja ele proteína, lecitina ou ácido graxo, a começar da secagem dos grãos de soja, na degomação do óleo bruto e na recuperação de ácidos graxos livres. Desse modo, pedem-se os valores de:

a) Coeficiente efetivo da umidade contida no grão de soja submetida à secagem, cujo ar (seco) está a 50 °C.

b) Coeficiente livre de difusão do óleo bruto em hexano a 25 °C (η_{hexano} = 0,71 cP; $\eta_{óleo}$ = 60,60 cP, Navarro, 2002).

c) Visto que a lecitina é um fosfolipídio que tende a formar micelas em meio não polar de hexano e que a micela é uma associação de moléculas afóteras que se agregam, o seu tamanho acaba por ser definido segundo a sua massa molar e com o número de monômeros utilizados para formá-la (Soares, 2004). No caso da lecitina e em se empregando hexano, o número de monômeros é cerca de 80. Sabendo que o diâmetro do monômero é igual a 770 Da, represente a cadeia aberta da micela de lecitina em 3D.

d) Uma vez que a solução hexano e óleo bruto é submetida à degomação e apresenta viscosidade dinâmica igual a 24,17 cP a 25 °C, obtenha o cartograma 2D relativo ao deslocamento tanto do ácido linoleico (M_A = 280,45 Da) quanto da micela de lecitina no meio difusivo aqui considerado, admitindo-se movimento browniano com número de passos igual a 10^5 e Δt = 1 ns.

e) Considere a Tabela 8.2 para a eleição adequada da membrana de UF de modo a reter as micelas de lecitina e obter o ácido linoleico. Nesse caso, obtenha o valor do coeficiente efetivo de difusão do ácido linoleico a 25 °C no óleo submetido à degomação, pressuposto no item d), empregando a ultrafiltração tangencial, utilizando-se, para tanto, pressão transmembrana igual a 3 bar e com o permeado sujeito à pressão atmosférica de 0,97 bar.

COMENTÁRIOS

A soja apresenta característica única entre as sementes oleaginosas: baixo conteúdo de óleo (18 a 24%) e alto conteúdo de proteína (38 a 42%), permitindo uma vasta possibilidade de seu aproveitamento (Navarro, 2002). Entretanto, pelo alto teor de umidade da semente (entre 20 e 25% em base úmida), quando colhida, torna-se impraticável armazená-la, pelo risco de desenvolvimento de fungos e microrganismos que produzem enzimas hidrolíticas, como as lipases, que afetam a qualidade dos grãos (Coradi; Fernandes; Helmich, 2016). A umidade contida no grão tende a ocupar os espaços intercelulares, cuja descrição de sua remoção pode ser aproximada pela 2ª lei de Fick, desde que se assuma que a difusividade da umidade permaneça independente de sua concentração. Considerando-se partícula esférica, a descrição da remoção da umidade deve-se a

$$\frac{\partial \rho_A}{\partial t} = D_{ef} \frac{1}{r^2} \frac{\partial}{\partial r}\left(r^2 \frac{\partial \rho_A}{\partial r} \right) \tag{9.1}$$

Ao se admitir que o mecanismo difusivo decorre de saltos energéticos, a difusividade efetiva segue a equação de Dushman-Langmuir na forma

$$D_{ef} = D_0 \exp\left(-\frac{E_A}{RT} \right) \tag{9.2}$$

em que D_0 se refere à constante pré-exponencial e que depende da configuração espacial em que a umidade está alocada, da frequência e distância de saltos; E_A, refere-se à energia de ativação, associada à energia a ser vencida para ocupar uma nova posição de equilíbrio; R, constante universal dos gases; T, temperatura absoluta, em geral associada à temperatura do ar de secagem. Tanto D_0 quanto E_A dependem sobremaneira do cultivar da semente e das faixas de umidade e de temperatura empregadas na operação de secagem.

Nota-se que a sequência do processamento da soja pressuposto neste capítulo está associada à obtenção do óleo bruto por meio da adição de solvente orgânico. Não é difícil observar que a solução líquida obtida se refere a um meio complexo, como pode ser visto na Tabela 9.2. Nesse caso, uma alternativa é o emprego da seguinte expressão (Boucher; Brier; Osburn, 1942)

$$D_{AB} = \frac{12,96\times 10^{-6}}{\left(\eta_A \eta_B\right)^{0,46}} \tag{9.3}$$

com A e B alusivos ao óleo (ou solvente) e solvente (ou óleo) em cP, e o resultado do coeficiente livre de difusão em cm²/s.

A descrição da degomação do óleo bruto por meio da ultrafiltração pode ser descrita por meio da 2ª lei de Fick, considerando-se a membrana enquanto placa paralela

$$\frac{\partial \rho_A}{\partial t} = D_{ef}\frac{\partial^2 \rho_A}{\partial z^2} \tag{9.4}$$

com o coeficiente efetivo de difusão do soluto considerado (ou micela de lecitina ou ácido linoleico), por meio da Equação (8.7), aqui retomada

$$\frac{1}{D_{ef}} = \frac{1}{D_{p,ef}} + \frac{1}{D_{V,ef}} \tag{9.5}$$

Com as equações constitutivas apresentadas nas Equações (8.1) a (8.6) do modo como se segue:

Coeficiente difusivo nos poros considerando-se o efeito de constrição, Equação (8.1)

$$D_{p,ef} = \varepsilon_p D_p \varphi \tag{9.6}$$

em que ε_p é a porosidade da membrana.

Coeficiente de difusão nos poros, Equação (8.2)

$$D_p = D_{AB}\frac{\varepsilon_p}{\left(2-\varepsilon_p\right)^2} \tag{9.7}$$

Fator de constrição dos poros, Equação (8.3)

$$\varphi = 2\left(1-\frac{\sigma_A}{\sigma_p}\right)^2 - \left(1-\frac{\sigma_A}{\sigma_p}\right)^4 \tag{9.8}$$

em que σ_A e σ_p são os diâmetros do soluto e dos poros da membrana, respectivamente.

Difusividade capilar ou de *Poiseulle* considerando-se a constrição nos poros, Equação (8.4), reescrita para UF tangencial segundo (Cremasco; Bertan, 2023)

$$D_{V,ef} = \frac{k}{\eta_B}\left(\frac{\langle p\rangle + p_p}{2}\right)\varphi \tag{9.9}$$

sendo η_B, viscosidade dinâmica do meio complexo.

Permeabilidade, Equação (8.5), já considerando a constante de Kozeny na forma da Equação (8.6),

$$k = \frac{\sigma_p^2}{\left(542\varepsilon_p - 128\right)} \frac{\varepsilon_p^3}{\left(1-\varepsilon_p\right)^2} \tag{9.10}$$

Na Equação (9.9), a pressão média, <p>, é definida como (Cremasco; Bertan, 2023)

$$\langle p\rangle = \frac{p_F + p_R}{2} \tag{9.11}$$

sendo p_F, pressão de alimentação; p_R, pressão na saída do retentado; p_p, pressão na saída do permeado (Figura 9.3). Convém ressaltar que, no caso da UF com alimentação tangencial, o diferencial de pressão é substituído pela pressão transmembrana, PTM, definida segundo

$$PTM = \langle p\rangle - p_P \tag{9.12}$$

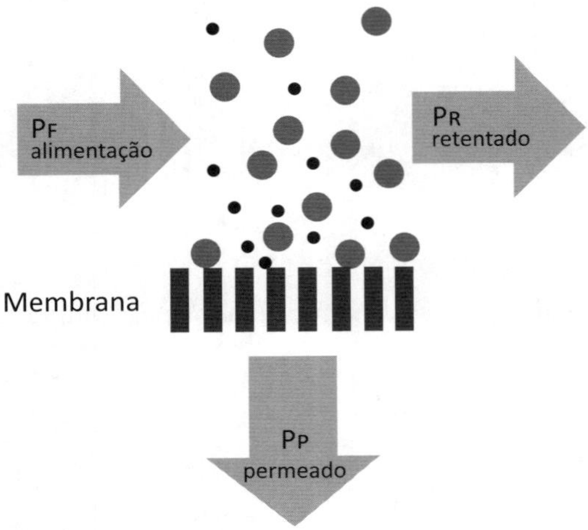

Figura 9.3 – Contato tangencial.

Fonte: adaptada de Cremasco; Bertan (2023).

FORMULÁRIO

Para obter o valor do coeficiente efetivo de difusão da umidade nos grãos de soja, descrito pela Equação (9.2), deve-se conhecer D_0 e E_A. Assim, considerando-se a secagem de soja, cultivar Valiosa, para o intervalo de temperatura do ar secagem de 40 °C a 100 °C (Oliveira *et al.*, 2014),

$$D_{ef} = 5,23 \times 10^{-4} \exp\left(-\frac{22,77}{RT}\right) \tag{9.13}$$

com R = 8,3145 x 10^{-3} kJ/(mol.K) e o resultado do D_{ef} em cm^2/s.

Tendo em vista a complexidade do óleo a ser degomado para a obtenção do ácido linoleico, considera-se a validade da equação de Stokes-Einstein, Equação (8.8), aqui reescrita já se considerando as constantes calculadas de modo a se empregar a viscosidade dinâmica do meio em cP e o resultado do D_{AB} em $Å^2/ns$,

$$D_{AB} = 1,465 \frac{T}{\eta_B \sigma_A} \tag{9.14}$$

No caso da lecitina e em se empregando hexano, o número de monômeros é cerca de 80. Uma vez que o diâmetro do monômero da lectina é igual a 770 Da, o diâmetro respectivo da micela será igual a 61.600 Da ou 61,6 kDa. Assumindo que a micela mantenha a natureza do monômero, ou seja, linear, esta será considerada uma macromolécula linear de 61,6 kDa (ver Figura 9.1) e utiliza-se a Equação (5.6),

$$\sigma_A = -221,74 + 26,374\ell n(M_A) \tag{9.15}$$

com σ_A em Å e M_A em Da. Para o ácido linoleico, M_A = 280,45 Da, lança-se mão da Equação (8.10),

$$\sigma_A = 0,496 M_A^{1/2} \tag{9.16}$$

e, portanto, tem-se a Equação (8.11), retomada para D_{AB} em Å²/ns, ou

$$D_{AB} = 2,954 \frac{T}{\eta_B M_A^{1/2}} \tag{9.17}$$

Distância mínima entre os monômeros de lecitina, Equação (6.1), ou

$$L = r_G \left[\frac{6(N+1)}{N(N+2)} \right]^{1/2} \tag{9.18}$$

Raio de giro, Equação (5.18),

$$r_G = 0,7525\sigma_A \tag{9.19}$$

considerando-se N = 80, que é relativo ao número de monômeros de lecitina; e σ_A obtido da Equação (9.15), considerando-se a Equação (3.16), bem como se utilizando o algoritmo sugerido na Figura 5.4 para representar sua cadeia linear. Já a descrição do deslocamento browniano 2D, tanto do ácido linoleico quanto da micela de lecitina na solução de óleo de soja a ser degomado, é vista conforme o modelo apresentado nas Equações (7.1) a (7.3), aqui retomadas

$$x(t) = x(t - \Delta t) + \beta_A R_i \tag{9.20}$$

$$y(t) = y(t - \Delta t) + \beta_A R_i \tag{9.21}$$

com

$$\beta_A = \sqrt{2D_{AB}\Delta t} \tag{9.22}$$

com σ_A e β_A em Å, M_A em Da; T, em Kelvin, η_B em cP; D_{AB} em Å^2/ns. Para a simulação da dispersão aleatória 2D tanto do ácido linoleico quanto da micela de lecitina, utiliza-se o algoritmo oferecido na Figura 7.1.

Informações adicionais:

R = 8,3145 x 10^{-3} kJ/(mol.K);

1 kDa = 10^3 Da; 1 cm = 10^8 Å;

1 bar = 10^5 Pa;

1 cP = 1 x 10^{-3} Pa.s;

1 cm^2/s = 1,0 x 10^7 Å^2/ns.

SOLUÇÃO

a) A obtenção do valor da difusividade da umidade no grão de soja a 50 °C, T = 50 + 273,15 = 323,15 K é imediata: basta substituir essa temperatura na Equação (9.13). Sabendo que R = 8,3145 × 10^{-3} kJ/(mol.K), tem-se

$$D_{ef} = \left(5{,}23\times10^{-4}\right)\exp\left[-\frac{(22{,}77)}{\left(8{,}3145\times10^{-3}\right)(323{,}15)}\right] = 1{,}09\times10^{-7}\ \text{cm}^2/\text{s} = 1{,}09\ \text{Å}^2/\text{ns} \tag{1}$$

b) Analogamente ao apresentado no item anterior, a obtenção do valor do coeficiente binário de difusão para o par óleo bruto-hexano é imediata. Para tanto, substitui-se os valores conhecidos $\eta_A = \eta_{hexano}$ = 0,71 cP e $\eta_B = \eta_{óleo}$ = 60,60 cP, na Equação (9.3), resultando em

$$D_{AB} = \frac{12{,}96\times10^{-6}}{\left(\eta_A\eta_B\right)^{0{,}46}} = \frac{\left(2{,}96\times10^{-6}\right)}{\left[(0{,}71)(60{,}6)\right]^{0{,}46}} = 2{,}30\times10^{-6}\ \text{cm}^2/\text{s} = 23\,\text{Å}^2/\text{ns} \tag{2}$$

c) A representação da cadeia linear da micela de lecitina resulta do emprego do modelo apresentado nas Equações (9.18) e (9.19), ou

$$L = r_G \left[\frac{6(N+1)}{N(N+2)} \right]^{1/2} \tag{3}$$

$$r_G = 0{,}7525\sigma_A \tag{4}$$

em que o valor o diâmetro de Stokes-Einstein, σ_A, advém da Equação (9.15)

$$\sigma_A = -221{,}74 + 26{,}374\ell n(M_A) \tag{5}$$

Visto que o valor estimado para a massa molar da micela é 61.600 Da, tem-se na Equação (5)

$$\sigma_A = -221{,}74 + (26{,}374)\ell n(61.600) = 69{,}12\,\text{Å} \tag{6}$$

permitindo conhecer o valor do raio de giro ao substituir o resultado 6 na Equação (4)

$$r_G = (0{,}7525)(69{,}12) = 52{,}01\,\text{Å} \tag{7}$$

Assim, substitui-se N = 80 e r_G = 52,01 Å na Equação (3),

$$L = (52{,}01)\left[\frac{(6)(80+1)}{(80)(80+2)} \right]^{1/2} = 14{,}16\,\text{Å} \tag{8}$$

De posse de N = 80 e L = 14,16 Å, utiliza-se o algoritmo apresentado na Figura 5.4, estendido para representar a cadeia linear da micela de lecitina na Figura 1.

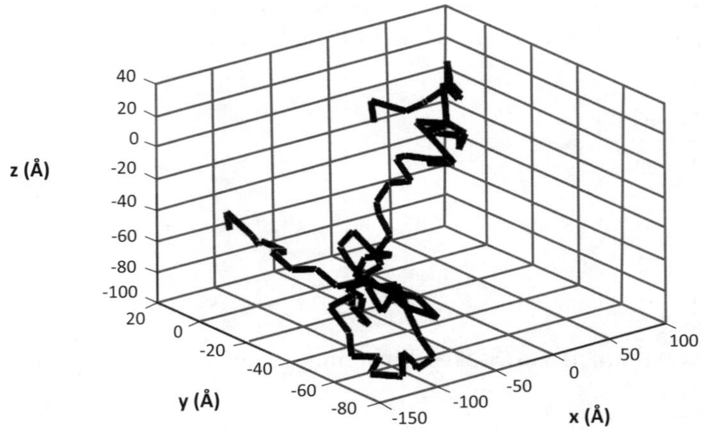

Figura 1 – Representação da cadeia da micela de lecitina.

d) O cartograma 2D que simula a dispersão aleatória tanto do ácido linoleico quanto da micela de lecitina advém do algoritmo sugerido na Figura 7.1. Sabe-se, para tanto, que o número de passos é igual a 10^5 e $\Delta t = 1$ ns, fazendo a Equação (9.22) ser posta como

$$\beta_A = \sqrt{2D_{AB}} \tag{9}$$

Para o ácido linoleico, tem-se a Equação (9.17),

$$D_{AB} = 2{,}954\frac{T}{\eta_B M_A^{1/2}} \tag{10}$$

Visto que:

$T = 25$ °C $= 273{,}15 + 25 = 298{,}15$ K, $\eta_B = 24{,}17$ cP e $M_A = 280{,}45$ Da $= 280{,}45$ g/mol, tem-se na Equação (10)

$$D_{AB} = (2{,}954)\frac{(298{,}15)}{(24{,}17)(280{,}45)^{1/2}} = 2{,}176 \text{ Å}^2/\text{ns} \tag{11}$$

de modo a substituir o resultado 11 na Equação (9),

$$\beta_A = \sqrt{(2)(2{,}176)} = 2{,}086 \text{ Å} \tag{12}$$

Para a micela de lecitina, pode-se utilizar a Equação (9.14),

$$D_{AB} = 1,465 \frac{T}{\eta_B \sigma_A} \tag{13}$$

Assim, substitui-se T = 298,15 K, η_B = 24,17 cP e o resultado 6 na Equação (13)

$$D_{AB} = (1,465) \frac{(298,15)}{(24,17)(69,12)} = 0,261 \text{ Å}^2/\text{ns} \tag{14}$$

no que resulta

$$\beta_A = \sqrt{(2)(0,261)} = 0,722 \text{ Å} \tag{15}$$

A Figura 2 apresenta a dispersão molecular, em Δt = 1 ns, para o ácido linoleico e a micela de lecitina, verificando-se a menor dispersão para a micela.

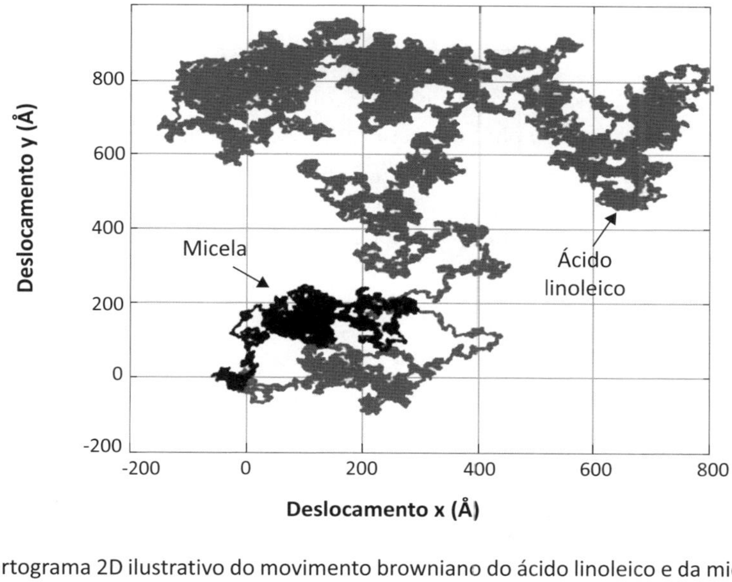

Figura 2 – Cartograma 2D ilustrativo do movimento browniano do ácido linoleico e da micela de lecitina em óleo de soja a serem degomados a 25 °C.

e) A obtenção do valor da difusividade do ácido linoleico na membrana, destinada à ultrafiltração, advém da Equação (9.5), ou

$$\frac{1}{D_{ef}}=\frac{1}{D_{p,ef}}+\frac{1}{D_{V,ef}} \tag{16}$$

O fator de constrição, φ, é calculado por intermédio da Equação (9.8),

$$\varphi=2\left(1-\frac{\sigma_A}{\sigma_p}\right)^2-\left(1-\frac{\sigma_A}{\sigma_p}\right)^4 \tag{17}$$

Note que o objetivo é reter as micelas de leticina. Assim, reproduz-se a Tabela 8.2, na Tabela 1.

Tabela 1 – Membranas empregadas na ultrafiltração da micela de leticina

Cut-off (kDa)	10	30	50	100
ε_p	0,68	0,59	0,55	0,55

Visto que o valor estimado para a massa molar da micela é 61.600 Da = 61,6 kDa e, em observação à Tabela 1, elege-se o *cut-off* = 50 kDa, de modo a reter a micela. Logo, a estimativa do diâmetro de abertura dos poros da membrana decorre da utilização da Equação (5), utilizando-se nesta M_A = 50.000, ou

$$\sigma_p=-221{,}74+(26{,}374)\ell n(50.000)=63{,}62\,\text{Å} \tag{18}$$

que é menor do que o diâmetro da micela reportado no resultado 6 (σ_A= 69,12 Å). Assim, calcula-se o valor do coeficiente efetivo de difusão apenas para o ácido linoleico. Nesse caso, é necessário estimar o valor do seu diâmetro de Stokes-Einstein, o qual advém da Equação (9.16),

$$\sigma_A=0{,}496M_A^{1/2} \tag{19}$$

Visto que M_A = 280,45 Da, tem-se na Equação (19)

$$\sigma_A = (0,496)(280,45)^{1/2} = 8,31\,\text{Å} \tag{20}$$

Levando os resultados 18 e 20 na Equação (17),

$$\varphi = (2)\left[1-\left(\frac{8,31}{63,62}\right)\right]^2 - \left[1-\left(\frac{8,31}{63,62}\right)\right]^4 = 0,940 \tag{21}$$

O cálculo do coeficiente de difusão nos poros da membrana advém da Equação (9.7), ou

$$D_p = D_{AB}\frac{\varepsilon_p}{\left(2-\varepsilon_p\right)^2} \tag{22}$$

Da Tabela 1, para cut-off = 50 kDa, tem-se, ε_p = 0,55. Conhece-se o resultado 11 que, em cm^2/s, é igual a $2,176\times10^{-7}$ cm^2/s. Assim, tem-se na Equação (22)

$$D_p = \left(2,176\times10^{-7}\right)\frac{(0,55)}{(2-0,55)^2} = 5,692\times10^{-8}\ cm^2/s \tag{23}$$

O valor do coeficiente difusivo nos poros considerando-se o efeito de constrição é obtido da Equação (9.6), ou

$$D_{p,ef} = \varepsilon_p D_p \varphi \tag{24}$$

Assim, substitui-se ε_p = 0,55, os resultados (21) e (23) na Equação (24)

$$D_{p,ef} = (0,55)\left(5,692\times10^{-8}\right)(0,94) = 2,943\times10^{-8}\ cm^2/s \tag{25}$$

Para o cálculo do valor da difusividade efetiva viscosa desses solutos, $D_{V,ef}$, considerando-se a constrição nos poros e a ultrafiltração tangencial, emprega-se a Equação (9.9),

$$D_{V,ef} = \frac{k}{\eta_B}\left(\frac{\langle p \rangle + p_p}{2}\right)\varphi \tag{26}$$

da qual se verifica a necessidade de se obter o valor da permeabilidade, dada pela Equação (9.10),

$$k = \frac{\sigma_p^2}{\left(542\varepsilon_p - 128\right)} \frac{\varepsilon_p^3}{\left(1-\varepsilon_p\right)^2} \tag{27}$$

Substituindo-se $\varepsilon_p = 0{,}55$ e $\sigma_p = 63{,}62$ Å $= 63{,}62 \times 10^{-8}$ cm na Equação 27,

$$k = \frac{\left(63{,}62 \times 10^{-8}\right)^2 \left(0{,}55\right)^3}{\left[(542)(0{,}55) - 128\right]\left(1 - 0{,}55\right)^2} = 1{,}955 \times 10^{-15}\ \text{cm}^2 \tag{28}$$

O valor da pressão média, $\langle p \rangle$, presente na Equação (26) resulta da utilização da Equação (9.11),

$$\langle p \rangle = \frac{p_F + p_R}{2} \tag{29}$$

sendo que foi fornecida a expressão da pressão transmembrana, Equação (9.12), retomada como

$$\langle p \rangle = PTM + p_p \tag{30}$$

Substituindo PTM = 3 bar = 3×10^5 Pa e $p_p = 0{,}97$ bar $= 0{,}97 \times 10^5$ Pa na Equação (30),

$$\langle p \rangle = 3{,}0 \times 10^5 + 0{,}97 \times 10^5 = 3{,}97 \times 10^5\ \text{Pa} \tag{31}$$

Assim, substitui-se $\eta_B = 24{,}17$ cP $= 24{,}17 \times 10^{-3}$ Pa.s, $p_p = 0{,}97 \times 10^5$ Pa e os resultado 21, 28 e 31 na Equação 26

$$D_{v,ef} = \frac{\left(1{,}955 \times 10^{-15}\right)}{\left(24{,}17 \times 10^{-3}\right)} \left(\frac{3{,}97 \times 10^5 + 0{,}97 \times 10^5}{2} \right) \left(0{,}94\right) = 1{,}878 \times 10^{-8} \text{ cm}^2/\text{s} \qquad (32)$$

Observe que as contribuições dos mecanismos de difusão nos poros e viscosa se equivalem. Pode-se obter o valor da difusividade efetiva do ácido linoleico, substituindo-se os resultados 25 e 32 na Equação (16), acarretando

$$\frac{1}{D_{ef}} = \frac{1}{\left(2{,}943 \times 10^{-8}\right)} + \frac{1}{\left(1{,}878 \times 10^{-8}\right)}$$

ou

$$D_{ef} = 1{,}146 \times 10^{-8} \text{ cm}^2/\text{s} \qquad (33)$$

REFERÊNCIAS

BOUCHER, D. F.; BRIER, J. C.; OSBURN, J. O. Extraction of oil from a porous solid. *Transactions of the American Institute of Chemical Engineers*, v. 38, p. 967-993, 1942.

CORADI, C.; FERNANDES, C. H. P; HELMICH, J. C. Adjustment of mathematical models and quality of soybean grains in the drying with high temperatures. *Revista Brasileira de Engenharia Agrícola e Ambiental*, v. 20, n. 4, p. 385-392, 2016.

CREMASCO, M. A.; BERTAN, A. S. *Meio de cultura e processo de obtenção de tacrolimo e ascomicina*. Instituto Nacional de Propriedade Intelectual - INPI: Patente de Invenção. Proc. nº. BR 10-2022-017850-0. Data de depósito 6 set. 2022. 72 p.

CREMASCO, M. A.; BERTAN, A. S. *Transferência de massa – difusão em meios convencionais*. São Paulo: Blucher, 2023. 386 p.

CUNHA, D. S.; VIANA, J. S.; SILVA, W. M.; da SILVA, J. M. Soja para consumo humano: breve abordagem. *Agrarian Academy*, v.2, n. 3, p. 101-113, 2015.

MISHRA, A.; VERMA, S. Optimization of process parameters for tacrolimus (FK506) production by new isolate of *Streptomyces sp. Using response surface methodology. Journal of Biochemical Technology*, v. 3, n. 4, p. 419-425, 2012.

NAVARRO, M. L. M. *Estudo da transferência de massa no processo de extração com solvente de óleos vegetais em coluna de leito fixo*. 2002. 87 f. Dissertação (Mestrado em Engenharia Química) – Universidade Federal de Santa Catarina, Florianópolis, 2002.

OLIVEIRA, D. E. C.; RESENDE, O.; BESSA, J. V.; KESTER, A. N.; SMANIOTTO, T, A. S. Mathematical modeling and thermodynamic properties for drying soybean grains. *African Journal of Agricultural Research*, v. 10, n. 1, p. 31-38, 2014.

PATEL, G.; KHOBRAGADE, T. P.; AVAGHADE, S. R.; PATIL, M. D.; NILE, S. H.; KAI, G.; BANERJEE, U. C. Optimization of media and culture conditions for the production of tacrolimus by Streptomyces tsukubaensis in shake flask and fermenter level. *Biocatalysis and Agricultural Biotecnology*, v. 29, n. 101803, p. 1-9, 2020.

RUIVO, T. H. *Secagem de soja: determinação da difusividade e da porosidade do grão*. 2018. 75 f. Dissertação (Mestrado em Engenharia Química) – Universidade Estadual de Maringá, Maringá, 2018.

SANTOS, R. E.; GROFF, A. M.; ASSAD, N. F. Teores de proteína solúvel e aminoácidos livres em farinha de soja hidrolisada com enzimas. *Anais do V Encontro de Produção Científica e Tecnológica*, 26 a 29 de outubro de 2010. Faculdade Estadual de Ciências e Letras de Campo Mourão. Campo Mourão: FECILCAM/NUPEM, 2010. Disponível em <http://www.fecilcam.br/nupem/anais_v_epct/PDF/engenharias/01_SANTOS_%20GROFF_ASSAD.pdf>. Acesso em: 21 jul. 2022.

SOARES, M. S. *Processamento de óleo de soja utilizando ultrafiltração em micela na etapa de degomagem e na obtenção de lecitina*. 2004. 180 f. Tese (Doutorado em Engenharia de Alimentos) – Universidade Estadual de Campinas, Campinas, 2004.

CAPÍTULO 10
Aromas

O Brasil abriga vasta biodiversidade em seu território, em particular no bioma amazônico, que fornece uma gama incomensurável de bioprodutos. Nesse contexto, os óleos essenciais constituem um grupo importante para as indústrias química, farmacêutica, alimentícia, cosmética e de perfumes.

Dentre os óleos essenciais (OE), pode-se citar os cítricos, advindos do processamento de laranja, bergamota, lima e limão, que apresentam majoritariamente o D-limoneno, e em menor quantidade, outros monoterpenos, como o α-pineno e o β-pineno. Além dessas fontes, os OE estão presentes nas folhas, como é o caso do capim-limão, rico em citral; dos eucaliptos, como *Eucaliptus staigeriana* (Jacob *et al.*, 2017). Os monoterpenos citados apresentam atividade antiviral contra o vírus do herpes (HSV-1) *in vitro*. O D-limoneno foi testado contra a febre amarela (Astani; Schnitzler, 2014), como também se verificou o seu emprego no tratamento contra o câncer de mama (Miller *et al.*, 2011). O α-pineno e o β-pineno apresentam atividades antimaláricas, sendo o α-pineno mais efetivo do que o β-pineno, e ambos demonstram atividade antibacteriana (*E. coli*, *S. aureus*, *Bacillus cereus*) (Salehi *et al.*, 2019). Existe a indicação de o α–pineno ser empregado como antitumoral no caso de proliferação de células cancerígenas no fígado (Chen *et al.*, 2014), e o β-pineno foi analisado contra a infecção do vírus da bronquite. O citral, encontrado no óleo essencial de capim-limão, apresenta atividade antioxidante e antifúngica (Guimarães *et al.*, 2011). Pereira e Paula (2018) mencionam a eficácia de ações terapêuticas do capim-santo (*Cymbopogon citratus*) no auxílio ao tratamento de hipertensão arterial, como também seu efeito calmante, antiespasmolítica, analgésico e seu bom sinergismo com antibióticos, sobretudo pela presença do citral em sua constituição.

Como observado, para que se obtenha os monoterpenos α-pineno, β-pineno, citral e D-limoneno, deve-se extraí-lo do óleo essencial em que estão contidos por técnicas de operações de transferência de massa. Os óleos essenciais são extraídos usualmente por processos convencionais, como extração por solventes orgânicos e por arraste a vapor d'água. A toxicidade propiciada por solventes orgânicos, baixa seletividade e degradação térmica oriundos da destilação a vapor tornam tais processos alvos de soluções alternativas; entre elas, a extração com fluidos supercríticos (Cremasco, 2019). Para que se inicie o estudo de tal operação unitária, é fundamental conhecer o coeficiente de difusão do soluto considerado no meio supercrítico, em geral o CO_2 supercrítico. Visando a avaliar o coeficiente binário de difusão dos compostos α-pineno, β-pineno, citral e D-limoneno (Figura 10.1) em CO_2 supercrítico, Almeida Filho (2003) obteve tais valores empregando-se a técnica conhecida como dispersão de Taylor, fornecendo os resultados apresentados na Tabela 10.1, associados a diversas condições experimentais de temperatura e de pressão. Isto posto, obtenha os valores do coeficiente de difusão das espécies químicas contidas na Tabela 10.1 e nas respectivas condições operacionais, por meio dos modelos de Stokes-Einstein e das esferas rígidas, e compare com aqueles oferecidos por Almeida Filho (2003).

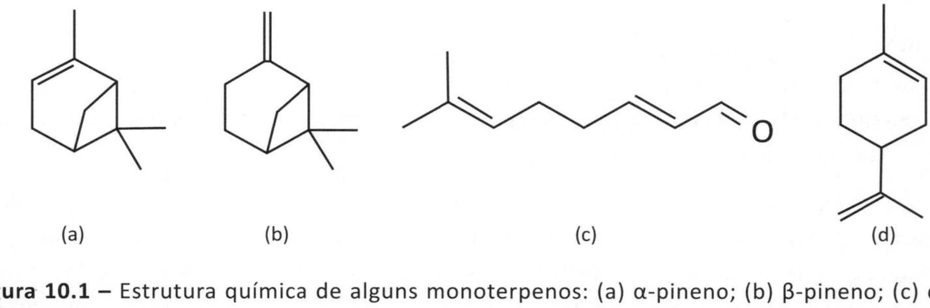

Figura 10.1 – Estrutura química de alguns monoterpenos: (a) α-pineno; (b) β-pineno; (c) citral; (d) D-limoneno.

Tabela 10.1 – Valores experimentais do coeficiente binário de difusão de monoterpenos em CO_2 supercrítico (D_{AB} x ×10^4 cm^2/s)

P (atm)	T (K)	α-pineno	β-pineno	Citral	D-limoneno
120	313,15	1,171	1,207	1,054	1,141
120	323,15	1,626	1,558	1,428	1,436
120	333,15	2,365	2,119	1,990	2,110
140	313,15	0,980	1,145	0,972	1,050
140	323,15	1,260	1,371	1,234	1,280
140	333,15	1,676	1,790	1,619	1,706
160	313,15	0,947	1,056	0,900	1,016
160	323,15	1,204	1,272	1,142	1,191
160	333,15	1,474	1,595	1,368	1,529
180	313,15	0,930	0,894	0,862	0,972
180	323,15	1,133	1,177	1,094	1,146
180	333,15	1,386	1,466	1,290	1,422
200	313,15	0,890	0,944	0,810	0,946
200	323,15	1,080	1,126	0,956	1,047
200	333,15	1,319	1,432	1,122	1,266

Fonte: Almeida Filho (2003)

COMENTÁRIOS

Em relatório elaborado pela Bain & Company (2014), destinado ao Banco Nacional de Desenvolvimento Econômico e Social, surge a nítida importância do segmento Aromas, Sabores e Fragrâncias, no contexto da Indústria Química, o qual compreende os compostos utilizados para caracterizar o aroma e o sabor de um produto. Nesse segmento, incluem-se os subsegmentos: (i) óleos essenciais e extratos naturais; (ii) aromas químicos; (iii) compostos de aromas e sabores; (iv) compostos de fragrâncias. Convém destacar que Aromas Químicos dividem-se, principalmente, em benzenoides, almíscares e terpernos.

Os terpenos, em particular, originam-se da fusão de duas ou mais moléculas de isopreno. Caso haja a fusão de duas moléculas, o composto recebe o nome de monoterpeno; se três, denomina-se sesquiterpenos. O D-limoneno, por exemplo, terpeno contido nas cascas e sementes de frutas cítricas, equivale a 72% dos subprodutos do processamento da laranja (Figura 10.2). O D-limoneno tem importante capacidade de solvência, baixa toxidade, baixa inflamabilidade e é biodegradável. Dentre as suas aplicações industriais, podem ser destacadas a produção de purificadores de ar, doces/balas, sabonetes e produtos de limpeza, bem como segmentos adjacentes, como produção de resinas e plástico, polimento de metal na solubilização de isopor para reciclagem (Bain & Company, 2014).

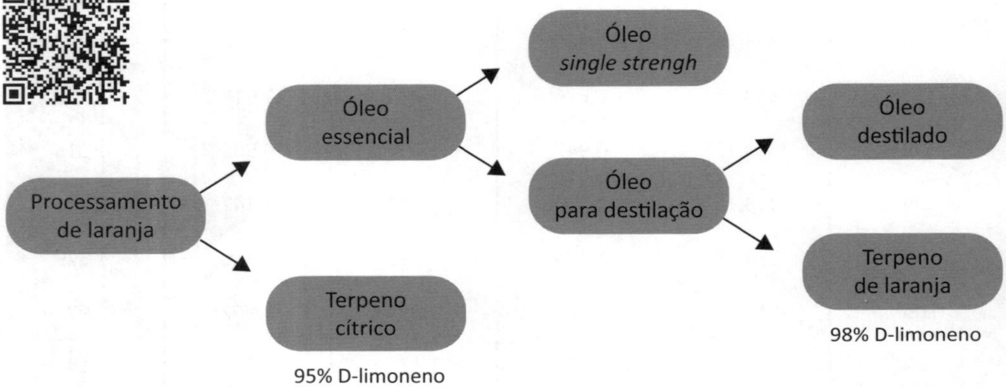

Figura 10.2 – Subprodutos do processamento de laranja.

A obtenção do D-limoneno e dos monoterpenos α-pineno, β-pineno e citral situa-se em uma estratégia de desenvolvimento tecnológico aliado ao fato de estarem contidos em ingredientes naturais, que são ecologicamente sustentáveis e isentos de efeitos colaterais. Porém, seu custo de produção é elevado, tendo em vista que as fontes naturais são limitadas e a quantidade produzida depende de condições climáticas, umidade e solo propícios (Bain & Company, 2014). Assim, é essencial eleger uma técnica de extração que dialogue com princípios de Desenvolvimento Sustentável, em particular quanto a sua toxidade e poluição do meio ambiente. Sob este aspecto, a extração utilizando-se fluido supercrítico é recomendável. Nesse sentido, os fluidos supercríticos encontram-se em um ponto acima de suas condições termodinâmicas críticas (temperatura crítica – T_c e pressão crítica – P_c) (Budisa; Schulze-Makuch, 2014), e essas condições representam as condições máximas em que um composto pode existir no seu equilíbrio líquido-vapor. Tendo em vista que o emprego de fluidos supercríticos se insere em condições de alto grau de não idealidade, geralmente os mecanismos de difusão mássica seguem duas abordagens principais: o modelo de esferas rígidas, que utiliza a teoria cinética dos gases adaptada para sistemas densos, e o modelo de Stokes-Einstein para a difusão em líquidos, que segue o movimento browniano, conforme ilustrados na Figura 10.3 (Cremasco, 2019; Kittidacha, 1999).

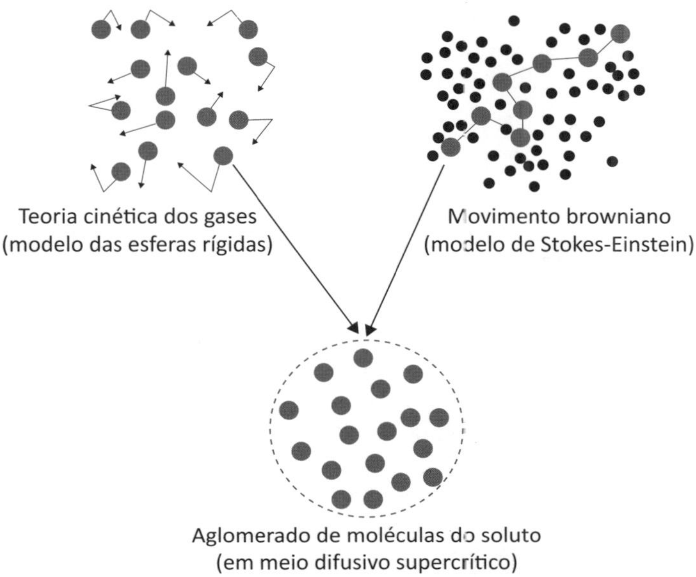

Figura 10.3 – Mecanismos para a descrição da difusão em meio supercrítico: as esferas maiores representam o soluto.

Fonte: Cremasco (2019).

O modelo de Stokes-Einstein (MSE), por sua vez, baseia-se no movimento browniano do soluto A (monoterpeno) no solvente B (CO_2 supercrítico). Desse modo, o coeficiente binário de difusão de A em B pode ser calculado utilizando a correlação de Wilke e Chang (1955)

$$D_{AB} = 7,4 \times 10^{-8} \left(\frac{T}{\eta_B} \right) \frac{\left(\phi M_B \right)^{1/2}}{V_{b_A}^{0,6}} \tag{10.1}$$

na qual T é a temperatura em K; ϕ é o parâmetro de associação do solvente, que para o CO_2 supercrítico é assumido igual à unidade; M_B é massa molar do CO_2 supercrítico igual a 44,010 g/mol; η_B refere-se à viscosidade dinâmica do CO_2 supercrítico em cP; V_{bA} é o volume molar à temperatura normal de ebulição do soluto A, com o resultado do D_{AB} em cm^2/s.

Para o Modelo de Esferas Rígidas (MER), é possível calcular o coeficiente binário de difusão, D_{AB}, por (Catchpole; King, 1984)

$$D_{AB} = 5,152 D_{cB} T_{rB} \left(\frac{Y}{X} \right) \left(\rho_{rB}^{-2/3} - 0,292 \right) \tag{10.2}$$

válida para as seguintes condições: $0{,}4 \leq \rho_{rB} \leq 2{,}5$ e $0{,}9 \leq T_{rB} \leq 1{,}25$, em que ρ_{rB} é a massa específica reduzida do solvente (CO_2 supercrítico), T_{rB} é a sua temperatura reduzida, obtidas a partir de

$$T_{rB} = \frac{T}{T_{cB}} \tag{10.3}$$

$$\rho_{rB} = \frac{\rho_B}{\rho_{cB}} \tag{10.4}$$

nas quais T_{cB} e ρ_{cB} se referem à temperatura crítica e massa específica crítica (ou densidade crítica) do fluido supercrítico, sendo ρ_B a massa específica do CO_2 supercrítico. Nota-se, na Equação (10.2), o termo D_{cB}, que diz respeito ao coeficiente de autodifusão do solvente supercrítico (CO_2) em cm^2/s

$$D_{cB} = 4{,}3\times10^{-6}\frac{M_B^{1/2}T_{cB}^{3/4}}{\rho_{cB}\left(\sum v_B\right)^{2/3}} \tag{10.5}$$

sendo T_{cB} a temperatura crítica do CO_2 supercrítico (K) e Σv_B é o volume difusional de difusão de Fuller, Schetter e Giddings (1966) do CO_2, cujo valor é igual a 26,9. Ainda na Equação (10.2), percebe-se o termo X, que advém de

$$X = \frac{\left[1+\left(V_{cA}/V_{cB}\right)^{1/3}\right]^2}{\left[1+\left(M_B/M_A\right)\right]^{1/2}} \tag{10.6}$$

em que V_{cA} é o volume crítico do monoterpeno considerado (cm^3/mol), V_{cB} é o volume crítico do CO_2 supercrítico (cm^3/mol), M_B é a massa molar do CO_2 supercrítico (g/mol) e M_A é a massa molar do monoterpeno (g/mol). Na Equação (10.2), tem-se

$$Y = 1\ (\text{para } X > 2) \tag{10.7}$$

na situação em que o solvente não apresenta ligação de hidrogênio e os monoterpenos são alifáticos (Catchpole; King, 1984), ou

$$Y = 0{,}664X^{0{,}17}\ (\text{para } 2 < X < 10) \tag{10.8}$$

quando os solventes supercríticos não apresentam ligações de hidrogênio e na presença de solutos aromáticos, cetonas e tetracloreto de carbono.

FORMULÁRIO

Tabela 10.2 – Propriedades termodinâmicas dos compostos analisados neste capítulo

	CO_2	α-pineno	β-pineno	Citral	D-limoneno
M (g/mol)	44,010	136,327	136,327	152,238	136,327
T_c (K)	304,21	644,000	643,00	692,70	653,00
V_c (cm³/mol)	94	454	494	591	470
V_b (cm³/mol)	33,32	178,63	186,66	221,70	186,09

Fonte: adaptada de Almeida Filho (2003)

Para a obtenção da massa específica do CO_2 supercrítico, ρ_B, utiliza-se a correlação de Ouyang (2011), cujo resultado está em kg/m³

$$\rho_B = \sum_{i=0}^{4} A_i P^i \tag{10.9}$$

no qual P deve ser utilizado em psia (1 atm = 14,696 psia) e os coeficientes A_i obtidos a partir de

$$A_i = \sum_{j=0}^{4} b_{ij} T^j \tag{10.10}$$

em que T em °C e os coeficientes b_{ij} são fornecidos na Tabela 10.3.

Tabela 10.3 – Valores dos coeficientes a serem utilizados na Equação (10.10)

	b_{i0}	b_{i1}	b_{i2}	b_{i3}	b_{i4}
i = 0	$-2{,}148322085348\text{x}10^{5}$	$1{,}168116599408\text{x}10^{4}$	$-2{,}302236659392\text{x}10^{2}$	$1{,}967428940167$	$-6{,}184842764145\ \text{x}10^{-3}$
i = 1	$4{,}757146002428\text{x}10^{2}$	$-2{,}619250287624\text{x}10^{1}$	$5{,}215134206837\text{x}10^{-1}$	$-4{,}494511089838\text{x}10^{-}$	$1{,}423058795982\ \text{x}10^{-5}$
i = 2	$-3{,}713900186613\text{x}10^{-1}$	$2{,}072488876536\text{x}10^{-2}$	$-4{,}169082831078\text{x}10^{-4}$	$3{,}622975674137\text{x}10^{-6}$	$-1{,}155050860329\ \text{x}10^{-8}$
i = 3	$1{,}228907393482\text{x}10^{-4}$	$-6{,}930063746226\text{x}10^{-6}$	$1{,}406317206628\text{x}10^{-7}$	$-1{,}230995287169\text{x}10^{-}$	$3{,}948417428040\ \text{x}10^{-12}$
i = 4	$-1{,}466408011784\text{x}10^{-8}$	$8{,}338008651366\text{x}10^{-0}$	$-1{,}704242447194\text{x}10^{-11}$	$1{,}500878861807\text{x}10^{-3}$	$-4{,}838826574173\ \text{x}10^{-16}$

Fonte: adaptada de Ouyang (2011)

O valor da massa específica crítica advém de

$$\rho_{cB} = \frac{M_B}{V_{cB}} \tag{10.11}$$

Para a obtenção do valor da viscosidade dinâmica do CO_2 supercrítico, η_B, emprega-se (Ouyang, 2011)

$$\eta_B = \sum_{i=0}^{4} C_i P^i \tag{10.12}$$

em que o resultado da viscosidade dinâmica é em cP; utiliza-se a pressão P em psia e os coeficientes C_i são obtidos de

$$C_i = \sum_{j=0}^{4} d_{ij} T^j \text{ (10.13)}$$

utilizando-se T em °C e os coeficientes d_{ij} (i = 0 a 4, j = 1 a 4) da Tabela 10.4.

Tabela 10.4 – Valores dos coeficientes a serem utilizados na Equação (10.13)

	d_{i0}	d_{i1}	d_{i2}	d_{i3}	d_{i4}
i = 0	$-1{,}958098980443 \times 10^{1}$	$1{,}123243298270$	$-2{,}320378874100 \times 10^{-2}$	$2{,}067060943050 \times 10^{-4}$	$-6{,}740205984528 \times 10^{-7}$
i = 1	$4{,}187280585109 \times 10^{-2}$	$-2{,}425666731623 \times 10^{-3}$	$5{,}051177210444 \times 10^{-5}$	$-4{,}527585394282 \times 10^{-7}$	$1{,}483580144144 \times 10^{-9}$
i = 2	$-3{,}164424775231 \times 10^{-5}$	$1{,}853493293079 \times 10^{-6}$	$-3{,}892243662924 \times 10^{-8}$	$3{,}511599795831 \times 10^{-10}$	$-1{,}156613338683 \times 10^{-12}$
i = 3	$1{,}018084854204 \times 10^{-8}$	$-6{,}013995738056 \times 10^{-10}$	$1{,}271924622771 \times 10^{-11}$	$-1{,}154170663233 \times 10^{-13}$	$3{,}819260251596 \times 10^{-16}$
i = 4	$-1{,}185834697489 \times 10^{-12}$	$7{,}052301533772 \times 10^{-14}$	$-1{,}500321307714 \times 10^{-15}$	$1{,}368104294236 \times 10^{-17}$	$-4{,}545472651918 \times 10^{-20}$

Fonte: adaptada de Ouyang (2011)

O desempenho dos modelos propostos pode ser acompanhado mediante o emprego da análise do desvio relativo médio entre os valores calculados do coeficiente de difusão (subscrito cal) em relação aos experimentais (subscrito exp), encontrados na Tabela 10.1,

$$\text{DRM}(\%) = \frac{1}{n} \sum_{i=1}^{n} \text{Desvio}_i \tag{10.14}$$

com o desvio relativo ao valor experimental para cada terpeno calculado por

$$\text{Desvio}(\%) = \frac{\left(D_{AB_{cal}} - D_{AB_{exp}}\right)}{D_{AB_{exp}}} \times 100 \tag{10.15}$$

Informação adicional

1 atm = 14,6959 psia.

SOLUÇÃO

A descrição do mecanismo de difusão mássica na situação em que o meio difusivo se apresenta em condição supercrítica situa-se entre a empregada para a difusão em meio gasoso e aquela usada em meio líquido. O modelo de Stokes-Einstein (MES), utilizado para líquido, enquanto o meio difusivo, é baseado no movimento browniano do soluto A (monoterpeno), e representado pela Equação (10.1), considerando-se nesta $\phi = 1$ e $M_B = 44{,}010$ g/mol,

$$D_{AB} = 4{,}909 \times 10^{-7} \frac{T}{\eta_B V_{b_A}^{0,6}} \tag{1}$$

O modelo das esferas rígidas (MER), tendo como base o mecanismo de colisões moleculares em gases, é representado pela correlação de Catchpole e King (1984), segundo a Equação (10.2),

$$D_{AB} = 5{,}152 D_{cB} T_{rB} \left(\frac{Y}{X}\right)\left(\rho_{rB}^{-2/3} - 0{,}292\right) \tag{2}$$

Desse modo, o exercício representativo deste capítulo direciona-se à avaliação de desempenho das Equações (1) e (2), tendo como referência as informações experimentais oferecidas na Tabela 10.1.

MODELO DE STOKES-EINSTEIN (MSE)

Há de se notar na Equação (1) que todos os parâmetros nela presentes são conhecidos, como os apresentados na Tabela 10.2, exceto a viscosidade dinâmica do CO_2 supercrítico. Essa propriedade advém do emprego da Equação (10.12), ou

$$\eta_B = \sum_{i=0}^{4} C_i P^i \tag{3}$$

em que os coeficientes C_i advêm da Equação (10.13),

$$C_i = \sum_{j=0}^{4} d_{ij} T^j \tag{4}$$

com T em °C e os coeficientes d_{ij} (i = 0 a 4; j = 0 a 4) listados na Tabela 10.3. Uma vez que as condições operacionais de temperatura são 313,15 K (40 °C), 323,15 K (50 °C) e 333,15 K (60 °C), toma-se a primeira para efeito de exemplificação, T = 40 °C, e os coeficientes oriundos da Tabela 10.3 substituídos na Equação (4), obtendo-se

$$C_0 = 0{,}2736;\ C_1 = 4{,}864 \times 10^{-4};\ C_2 = 2{,}671 \times 10^{-7};\ C_3 = 6{,}670 \times 10^{-10};\ C_4 = 6{,}206 \times 10^{-14} \tag{5}$$

Considerando-se P = 120 atm = 1.762,52 psia, substitui-se esse valor em conjunto com as informações 5 na Equação (3), resultando

$$\eta_B = 0{,}0593\,\text{cP} \tag{6}$$

Tomando o D-limoneno como soluto-teste, V_{bA} =186,09 cm³/mol. Visto T = 313,15 K e de posse do resultado 6, tem-se na Equação (1)

$$D_{AB} = \left(4{,}909 \times 10^{-7}\right) \frac{(313{,}15)}{\left(5{,}93 \times 10^{-2}\right)(186{,}09)^{0{,}66}} = 1{,}128 \times 10^{-4}\ \text{cm}^2/\text{s} \tag{7}$$

O desempenho do MES para o caso exemplificado pode ser avaliado mediante o emprego do desvio relativo, em relação ao valor experimental $D_{AB} = 1{,}141 \times 10^{-4}$ cm²/s, Equação (10.15),

$$\text{Desvio}(\%) = \frac{\left(1{,}128 \times 10^{-4} - 1{,}141 \times 10^{-4}\right)}{1{,}141 \times 10^{-4}} \times 100 = -1{,}11\% \tag{8}$$

MODELO DAS ESFERAS RÍGIDAS (MER)

Nesse caso, utiliza-se a Equação (2), da qual se verifica a necessidade de se conhecer o valor do coeficiente de autodifusão do solvente supercrítico (espécie B), advindo da Equação (10.5)

$$D_{cB} = 4,3\times10^{-6}\frac{M_B^{1/2}T_{cB}^{3/4}}{\rho_{cB}\left(\sum v_B\right)^{2/3}} \tag{9}$$

O volume de difusão de Fuller, Schetter e Giddings (1966),) é Σv_B =26,9. Da Tabela 10.2, M_B = 44,01 g/mol e T_c = 304,21 K, restando conhecer o valor da massa específica crítica, Equação (10.11), dado por

$$\rho_{cB} = \frac{M_B}{V_{cB}} \tag{10}$$

Tendo em vista que V_c = 94 cm³/mol (Tabela 10.2), tem-se

$$\rho_{cB} = \frac{(44,01)}{(94,0)} = 0,4682\,\text{g}/\text{cm}^3 \tag{11}$$

Dessa maneira, o valor do coeficiente de autodifusão do CO_2 supercrítico será

$$D_{cB} = \left(4,3\times10^{-6}\right)\frac{(44,01)^{1/2}(304,21)^{3/4}}{(0,4682)(26,9)^{2/3}} = 4,938\times10^{-4}\,\text{cm}^2/\text{s} \tag{12}$$

O valor da temperatura reduzida, presente na Equação (2), advém da Equação (10.3), ou

$$T_{rB} = \frac{T}{T_{cB}} \tag{13}$$

Para efeito de exemplificar e ser coerente com a avaliação do MES, T = 313,15 K e T_c = 304,21 K,

$$T_{rB} = \frac{(313,15)}{(304,21)} = 1,029 \tag{14}$$

O valor para X encontrado na Equação (2) é resultado do emprego da Equação (10.6),

$$X = \frac{\left[1+\left(V_{cA}/V_{cB}\right)^{1/3}\right]^2}{\left[1+\left(M_B/M_A\right)\right]^{1/2}} \tag{15}$$

Recordando que, os cálculos são para A = D-limoneno ($V_c = 470\ cm^3/mol$) e B = CO_2 supercrítico, tem-se na Equação (15), a partir das informações contidas na Tabela 10.2,

$$X = \frac{\left[1+\left(470/94\right)^{1/3}\right]^2}{\left[1+\left(44{,}01/136{,}327\right)\right]^{1/2}} = 6{,}385 \tag{16}$$

Como X > 2, o solvente (CO_2 supercrítico) não apresenta ligações de hidrogênio e o α-pineno não é alifático, Y = 1. Para a obtenção do valor do coeficiente binário de difusão pela Equação (2), resta saber o valor da massa específica reduzida (ou densidade reduzida) do solvente supercrítico na forma da Equação (10.4), ou

$$\rho_{rB} = \frac{\rho_B}{\rho_{cB}} \tag{17}$$

em que o valor da massa específica crítica é conhecido do resultado 11, enquanto o valor da massa específica do fluido supercrítico é obtido da Equação (10.9)

$$\rho_B = \sum_{i=0}^{4} A_i P^i \tag{18}$$

com

$$A_i = \sum_{j=0}^{4} b_{ij} T^j \tag{19}$$

e os coeficientes b_{ij} apontados na Tabela 10.3. Para efeito de coerência em relação ao modelo anterior, apresentam-se aqui os resultados considerando-se T = 40 °C e P = 1 atm = 1.762,52 psia. Desse modo, tem-se da Equação (19) para T = 40 °C

$$A_0 = 5{,}861 \times 10^3;\ A_1 = 11{,}220;\ A_2 = 7{,}147 \times 10^{-3};\ A_3 = 2{,}023 \times 10^{-6};\ A_4 = 2{,}130 \times 10^{-10} \tag{20}$$

Visto que P = 1.762,52 psia, substitui-se esse valor em conjunto com aqueles presentes nos resultados 20 na Equação (18), obtendo-se

$$\rho_B = 733,38\,\text{kg/m}^3 = 0,7334\,\text{g/cm}^3 \tag{21}$$

Desse modo, tem-se na Equação (17)

$$\rho_{rB} = \frac{(0,7334)}{(0,4687)} = 1,5633 \tag{22}$$

O valor do coeficiente binário de difusão do α-pineno em CO_2 supercrítico, a 40 °C e 1 atm, utilizando-se o MER, resulta da substituição de Y = 1, (12), (14), (16) e (22) na Equação (2),

$$D_{AB} = (5,152)(4,938\times10^{-4})(1,029)\left(\frac{1}{6,385}\right)\left[(1,5633)^{-2/3} - 0,451\right] = 1,197\times10^{-4}\,\text{cm}^2/\text{s} \tag{23}$$

Possibilitando obter desvio relativo, em relação ao valor experimental, de

$$\text{Desvio}(\%) = \frac{(1,197\times10^{-4} - 1,141\times10^{-4})}{1,141\times10^{-4}} \times 100 = 4,95\% \tag{24}$$

Procedimento de cálculos, análogo ao então apresentado, é aplicado para o α-pineno em outras condições de temperatura e pressão, bem como ser estendido aos demais monoterpenos contidos na Tabela 10.1. Os resultados obtidos para os coeficientes binários de difusão para o modelo de Stokes-Einstein (MSE) e o modelo das esferas rígidas (MER) estão apresentados na Tabela 1, enquanto os respectivos desvios relativos, estão contidos na Tabela 2.

Tabela 1 – Valores calculados do coeficiente binário de difusão de monoterpenos em CO_2 supercrítico – $D_{AB}\times10^4$ cm^2/s

P	T	η	ρ	α-pineno		β-pineno		Citral		D-limoneno	
(atm)	(K)	(cP)	(kg/m³)	MSE	MER	MSE	MER	MSE	MER	MSE	MER
120	313,15	0,0593	733,38	1,156	1,212	1,127	1,177	1,107	1,076	1,128	1,197
120	323,15	0,0433	573,52	1,635	1,820	1,593	1,756	1,436	1,606	1,596	1,794
120	333,15	0,0333	446,92	2,189	2,577	2,132	2,487	1,923	2,273	2,136	2,540
140	313,15	0,0661	769,48	1,037	1,116	1,010	1,077	0,911	0,984	1,012	1,100
140	323,15	0,0539	683,99	1,311	1,403	1,277	1,354	1,152	1,238	1,279	1,383
140	333,15	0,0428	569,16	1,704	1,896	1,659	1,830	1,497	1,673	1,662	1,869
160	313,15	0,0707	792,67	0,970	1,057	0,945	1,020	0,852	0,933	0,947	1,042
160	323,15	0,0608	736,55	1,164	1,243	1,134	1,199	1,023	1,096	1,136	1,225
160	333,15	0,0504	647,76	1,446	1,574	1,408	1,519	1,270	1,389	1,411	1,551
180	313,15	0,0747	822,69	0,918	0,985	0,894	0,951	0,806	0,869	0,896	0,971
180	323,15	0,0646	754,20	1,095	1,193	1,066	1,151	0,962	1,052	1,068	1,176
180	333,15	0,0559	688,89	1,306	1,430	1,272	1,381	1,147	1,262	1,274	1,410
200	313,15	0,0789	843,42	0,689	0,938	0,846	0,905	0,763	0,828	0,848	0,925
200	323,15	0,0692	788,03	1,022	1,102	0,996	1,064	0,891	0,973	0,998	1,087
200	333,15	0,0605	727,25	1,205	1,309	1,173	1,263	1,058	1,155	1,175	1,290

Tabela 2 – Valores para o desvio relativo entre os valores calculados e aqueles experimentais do coeficiente binário de difusão de monoterpenos em CO_2 supercrítico (%)

P	T	α-pineno		β-pineno		Citral		D-limoneno	
(atm)	(K)	MSE	MER	MSE	MER	MSE	MER	MSE	MER
120	313,15	-1,28	3,50	-6,63	-2,49	5,03	2,09	-1,11	4,95
120	323,15	0,55	11,93	2,25	12,71	0,56	12,46	11,14	24,93
120	333,15	-7,44	8,96	0,61	17,37	-3,37	14,22	1,23	20,38
140	313,15	5,82	13,88	-11,79	-5,94	-6,28	1,23	-3,62	4,76
140	323,15	4,05	11,35	-6,86	-1,24	-6,65	0,32	-0,08	8,05
140	333,15	1,67	13,13	-7,32	2,23	-7,54	3,34	-2,58	9,55
160	313,15	2,43	11,62	-10,51	-3,41	-5,33	3,67	-6,79	2,56
160	323,15	3,32	3,21	-10,85	-5,74	-10,42	-4,03	-4,62	2,85
160	333,15	-1,90	6,78	-11,72	-4,76	-7,16	1,54	-7,72	1,44
180	313,15	-1,29	5,91	0,00	6,38	-6,50	0,81	-7,82	-0,10
180	323,15	-3,35	5,30	-9,43	-2,21	-12,07	-3,84	-6,81	2,62
180	333,15	-5,77	3,17	-13,23	-5,80	-11,09	-2,17	-10,41	-0,84
200	313,15	-22,58	5,39	-10,38	-4,13	-5,80	2,22	-10,36	-2,22
200	323,15	-5,37	2,04	-11,55	-5,51	-6,80	1,78	-4,68	3,82
200	333,15	-8,64	-0,76	-18,09	-11,80	-5,70	2,94	-7,19	1,90

De posse dos resultados do desvio relativo para cada terpeno em cada condição experimental, pode-se obter o desvio relativo médio, DRM, considerando-se a Equação (10.15), cujos resultados estão apresentados na Tabela 3.

Tabela 3 – Valores para o desvio relativo médio entre os valores calculados e aqueles experimentais do coeficiente binário de difusão de monoterpenos em CO_2 supercrítico (%)

α-pineno		β-pineno		Citral		D-limoneno	
MSE	MER	MSE	MER	MSE	MER	MSE	MER
-1,74	7,07	-8,36	-0,96	-6,67	2,43	-4,10	5,63

Por meio da análise da Tabela 3, verifica-se que o MSE descreve melhor a predição para o α-pineno e o D-limoneno, enquanto o MER tem melhor desempenho para β-pineno e citral. Em linhas gerais, os modelos praticamente se equivalem, mas com o MER apresentando-se um pouco melhor no contexto geral. Isto se deve, em muito, à avaliação do diâmetro difusional considerado no cálculo do modelo de Stokes-Einstein, uma vez que este está atrelado ao volume molar e à temperatura normal de ebulição, presente na Equação (1). Por outro lado, há de se ressaltar que o MSE foi avaliado utilizando-se apenas a correlação de Wilke e Chang (1955).

REFERÊNCIAS

ALMEIDA FILHO, C. *Estudo experimental e teórico de coeficientes de difusão binários envolvendo componentes de óleos essenciais em dióxido de carbono supercrítico*. 2003. 108 f. Tese (Doutorado em Engenharia Química) – Universidade Federal de Santa Catarina, Florianópolis, 2003.

ASTANI, A.; SCHNITZLER, P. Antiviral activity of monoterpenes beta-pinene and limonene against herpes simplex virus *in vitro*. *Iranian Journal of Microbiology*, v. 6, n.3, p. 149-155, 2014.

BAIN & COMPANY. *Potencial de diversificação da indústria química brasileira: Relatório 4 – Aromas, sabores e fragrâncias*. Rio de Janeiro: Bain & Company, 2014. 38 p.

BUDISA, N.; SCHULZE-MAKUCH, D. Supercritical carbon dioxide and its potential as a life-sustaining solvent in a planetary environment. *Life*, v. 4, p. 331-340, 2014.

CATCHPOLE, O. J.; KING, M. B. Measurement and correlation of binary diffusion coefficients in near critical fluids. *Industrial & Engineering Chemistry Research*, v. 33, n. 7, p. 1828-1837, 1984.

CHEN, W.-Q.; XU, B.; MAO, J.-W.; WEI, F.-X.; LI, M.; LIU, T.; JIN, X.-B.; ZHANG, L-R. Inhibitory effects of α-pinene on hepatoma carcinoma cell proliferation. *Asian Pacific Journal of Cancer Prevention*, v. 15, p. 3293-3297, 2014.

CREMASCO, M. A. *Difusão mássica*. São Paulo: Blucher, 2019. 284 p.

FULLER, E. N.; SCHETTER, P. D.; GIDDINGS, J. C. A new method for prediction of binary gas-diffusion coefficients. *Industrial & Engineering Chemistry*, v. 58, n. 5, p. 19-27, 1966.

GUIMARÃES, L. G. L.; CARDOSO, M. G.; SOUSA, P. E.; ANDRADE, J.; VIEIRA, S. S. Atividades antioxidante e fungitoxica do óleo essencial de capim-limão e do citral. *Revista Ciência Agronômica*, v. 42, n. 2, p. 464-472, 2011.

JACOB, R. G.; OLIVEIRA, D. H.; DIAS, I. F. C.; SCHUMACHER, R. F. SAVEGNAGO, L. Óleos essenciais como matéria-prima sustentável para o preparo de produtos com maior valor agregado. *Revista Virtual de Química*, v. 9, n. 1, p. 294-316, 2017.

KITTIDACHA, W. *Diffusion coefficients of biocides in supercritical carbon dioxide*. M. Sc. 1999. 72 f. Thesis (Master in Chemical Engineering) – Oregon State University, Corvallis, 1999.

MILLER, J. A; THOMPSON, P. A.; HAKIM, I. A.; CHOW, H.-H. S.; THOMSON, C. A. D-Limonene: a bioactive food component from citrus and evidence for a potential role in breast cancer prevention and treatment. *Oncology Reviews*, v. 5, p. 31-42, 2011.

OUYANG, L.-B. New correlations for predicting the density and viscosity of supercritical carbon dioxide under conditions expected in carbon capture and sequestration operations. *The Open Petroleum Engineering Journal*, v. 4, p. 13-21, 2011.

PEREIRA, P. S.; PAULA, L. L. R. J. Ações terapêuticas do capim-santo: Uma revisão de Literatura. *Revista Saúde em Foco*, n. 10, p. 259-263, 2018.

SALEHI, B. *et al.* Therapeutic potential of α- and β-pinene: a miracle gift of nature. *Biomolecules*, v. 9, n. 738, p. 2-37, 2019.

WILKE, C. R.; CHANG, P. Correlation of diffusion coefficients in dilute solutions. *AIChE Journal*, v. 1, n. 2, p. 264-270, 1955.

CAPÍTULO 11
O perfume

Essência de flor de laranjeira. Tem hortelã demais e óleo de rosa de menos. Atenção com o almíscar! Uma gota a mais acarreta catástrofes. Durante milênios, o ser humano utilizou incenso e mirra, alguns bálsamos, óleos e ervas ressequidas para perfumar-se. Aprendeu a extrair de ervas, flores e madeiras, por meio de vapor d'água, o princípio aromático em forma de óleo etéreo. Seria necessário ir além da destilação, pois era preciso ser alquimista e artesão, humanista e hortelão, assim como conhecer a época da colheita do heliotrópio, o tempo de o gerânio florescer e entender que a flor do jasmim deixa de perfumar ao alvorecer (Süskind, 1985).

O perfume existe como produto desde tempos remotos, quando o ser humano invocava os deuses por meio da fumaça da queima de ervas, estabelecendo relação com a fragrância que liberavam ao serem queimadas. Nesse contexto, nasce o perfume, enquanto termo, remetendo a *per fumum*, do latim, que significa "por meio da fumaça". Essa fumaça identifica-se ao que o perfume exala, e quando um odor muito bom é percebido, apega-se àquele momento num movimento de quem sabe, instintivamente, procurar retê-lo, conservá-lo, guardá-lo. Parece-se, assim, com a vida, intensa, forte, atraente, repulsiva, às vezes, e, sobretudo, rápida demais para o tanto que se gostaria de viver. Assim, como nos ensina o poeta Carlos Vogt (2007), pode-se dizer que o olfato é o mais direto dos nossos sentidos, tem efeito imediato, provocando alguma sensação capturada pela mente, transformando-se em registro ou resgatando memórias olfativas e afetivas. Não existe falta de memória para o olfato (Vogt, 2007), assim como para a própria indústria química, tendo em vista os altos lucros oriundos da produção de perfumes e cosméticos.

Por outro lado, os custos são elevados, não só pelo processamento químico, mas também pela própria biodiversidade. Nesse sentido, pode-se citar a madeira do pau-rosa, laurácea amazônica, cujas árvores estavam em risco de extinção, nas primeiras décadas do século XXI, em razão da exploração desmedida. O pau-rosa fornece um óleo essencial que é matéria-prima para o mais famoso perfume da história: Chanel nº 5, cujo componente majoritário é o linalol. Caracterizado por 3,7-dimetil-1,6-octadien-3-ol (Figura 11.1), o linalol ($C_{10}H_{18}O$, M = 154,25 Da) é um monoterpeno encontrado naturalmente como 3R-(-)-linalol e 3S-(+)-linalol. O isômero levo rotatório lincareol traz lavanda e flores frescas como fragrâncias, e o coriandrol, isômero dextro rotatório, guarda odor herbáceo, com tons de folhas envelhecidas, frequentemente descritas com notas cítricas (Monteiro *et al.*, 2005).

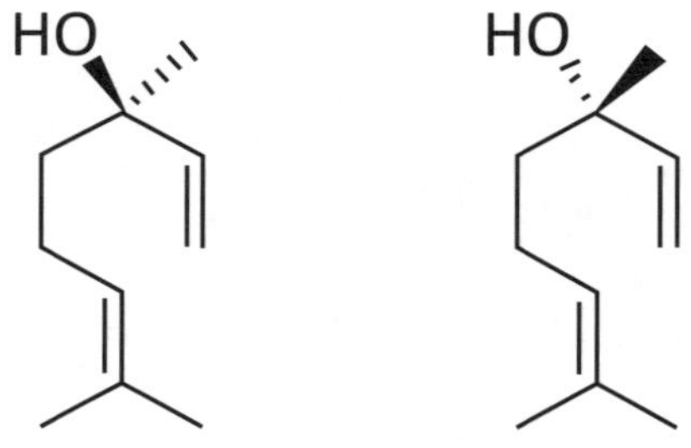

Figura 11.1 – Estruturas químicas do (a) R-linalol; (b) S-linalol.

O linalol está presente em óleos essenciais de inúmeras espécies da flora brasileira, podendo-se citar tangerina (*Citrus reticulata*), bergamota (*Citrus bergamia*), jasmim (*Jasminum auriculatum*), lavanda (*Lavandula dentata*), além de coentro (*Coriandrum sativum*) e manjericão (*Ocimum gratissimum*), especiarias na culinária nacional (Camargo; Amorim de Vasconcelos, 2014). Além de seu emprego na formulação de perfumes e na cozinha, o linalol exibe várias atividades biológicas, como efeitos sedativos, anticonvulsivos, anti-inflamatórios, além de ser veículo para biossíntese da vitamina E (Kamatou; Viljoen, 2008) e apresentar atividades antimicrobianas (Camargo; Amorim de Vasconcelos, 2014). Tais características estimulam a sua produção, mas com a preocupação direcionada a técnicas de extração a partir do óleo essencial em que está presente, assim como sua manipulação e acondicionamento. Seja qual for a técnica, o conhecimento sobre transferência de massa que envolve a difusão do linalol em distintos meios difusivos, por exemplo, em gases, líquidos, fluidos supercríticos e matriz polimérica, é fundamental. Isto posto, obtenha o valor do coeficiente de difusão do linalol:

a) No ar seco (M_B = 18,015 Da) a 25 °C e 1 atm e compare com aquele encontrado na literatura, que é $5{,}18 \times 10^{-2}$ cm²/s (Niinemets; Reichstein, 2002).

b) Diluído em água a 30 °C (M_B = 18,015 Da; η_B = 0,797 cP; Kestin; Sokolov; Wakeham, 1978) e compare com aquele experimental igual a $6{,}79 \times 10^{-6}$ cm²/s (Tavel; Guichard; Moreau, 2008).

c) Em CO_2 supercrítico a 60 °C e 200 atm (M_B = 44,01 Da; $\eta_B = 6{,}082 \times 10^{-2}$ cP) e compare com aquele experimental, igual a $1{,}14 \times 10^{-4}$ cm²/s (Almeida Filho, 2003);

d) Em uma película de polietileno de baixa densidade (PBD), de espessura igual a 47,76 μm e massa específica igual a 0,923 g/cm³, a 23 °C e o compare com aquele experimental $5{,}41 \times 10^{-11}$ cm²/s (Sun; Lu; Zhu, 2019).

e) Reavalie os itens anteriores considerando as correlações que apresentaram melhor desempenho e que os meios difusivos estejam a 40 °C (η_{H2O} = 0,719 cP; $\eta_{CO2sc} = 7{,}89 \times 10^{-2}$ cP a 200 atm). Faça uma análise comparativa entre os resultados obtidos.

COMENTÁRIOS

Na busca para manter um vínculo entre extração, produção, consumo e, principalmente, com a própria história da humanidade em relação aos perfumes –poetas, cientistas, homens de negócio, literatos, psicanalistas, médicos, padres e pecadores, reis, rainhas, todos, de alguma maneira, usam o poderoso sentido do olfato nos jogos da vida, seja nas relações pessoais ou profissionais, ainda que isso passe, muitas vezes, despercebido para os próprios protagonistas (Vogt, 2007) –, é fundamental para os pesquisadores buscarem alternativas científicas e tecnológicas para o desenvolvimento sustentável da indústria de perfumaria. Sob este aspecto, é importante analisar o impacto do perfume no cotidiano das pessoas por meio de abordagem científica, a começar entendendo que o perfume é um líquido complexo que oferece forte identidade olfativa. Os componentes da fragrância pertencem ao grupo de compostos orgânicos, que apresentam massa molar inferior a 300 Da (Silva *et al.*, 2022) e, a pressão atmosférica e a temperatura ambiente, têm pressão de vapor elevada o bastante para estar parcialmente na fase de vapor, para que possam ser percebidas pelo olfato humano (Pereira, 2017). Tais compostos são classificados de acordo com sua volatilidade, em notas de topo (ou superior), intermediária (ou média) e de base (ou inferior). A nota superior de um perfume está associada às espécies mais voláteis, cujo odor é identificado primeiramente e duram alguns minutos para, em seguida, darem lugar à percepção das notas intermediárias, as quais são percebidas algumas horas após a aplicação, configurando-se no corpo do perfume. Decorridas horas de sua aplicação, as notas intermediárias dão lugar às notas de base, caracterizadas pela fixação do perfume, cujos constituintes que a caracterizam são capazes de alterar as taxas de evaporação das notas superior e intermediária. A estrutura básica de um perfume é mostrada na Figura 11.2, observando-se a distribuição como segue: 15 a 25% das notas superiores, 20 a 40% das intermediárias e 45 a 55% das notas de base (Pereira, 2017).

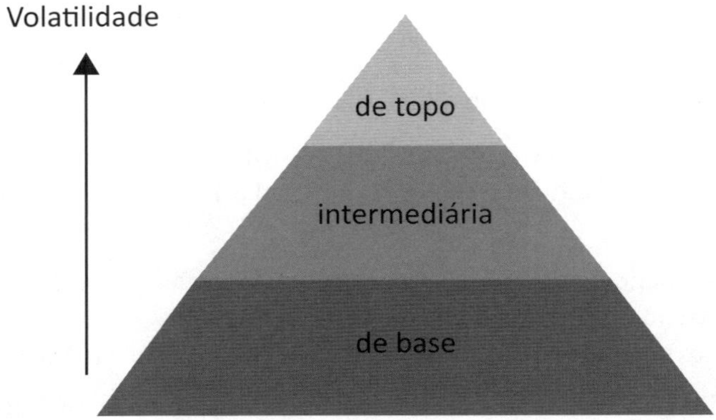

Figura 11.2 – Estrutura básica de um perfume.

Nota-se o aumento da volatilidade dos componentes do perfume a partir da base até o topo. Por definição, a volatilidade de determinado líquido está associada à sua capacidade de mudar da fase líquida para a de vapor sendo regida, portanto, por fundamentos da termodinâmica, conforme ilustra a Figura 11.3. A partir da interface líquido/vapor, ocorre a difusão do perfume que, por sua vez, depende da natureza da interação entre a espécie que evapora e do meio no qual ocorre esse fenômeno. A percepção do odor do perfume por meio de suas características e intensidade, além das propriedades físico-químicas das fragrâncias que o compõem, está diretamente associada à capacidade olfatória, a qual, por sua vez, remete à história pessoal de quem o sorve.

Figura 11.3 – Estrutura básica de um perfume.

Como pode ser observado neste capítulo, há diversos mecanismos de difusão mássica envolvidos no contexto de transferência de massa. No item a), o mecanismo típico se baseia na teoria cinética dos gases, regida por colisões moleculares, em que as moléculas adquirem movimento aleatório em direção a regiões onde estão menos concentradas. O item b) pode ser descrito pelo movimento browniano, em que o linalol é arrastado pelas moléculas da água em virtude da energia térmica associada às últimas. Diferentemente dos itens anteriores, há, pelo menos, duas abordagens teóricas para o item c), apresentadas no capítulo anterior, mas uma delas é a adoção, também, da abordagem browniana a ser empregada neste capítulo. Já o item d), por sua vez, considera a teoria do volume livre, conforme apresentado no Capítulo 5, na qual se assume que o soluto (ou difundente) se movimenta por saltos energéticos, ocupando espaços vazios deixados pelo solvente. Neste capítulo, tais vazios são resultados do entrelaçamento da cadeia polimérica. Além do difundente, a região amorfa da matriz polimérica se movimenta em decorrência da ação térmica (Cremasco, 2019), cujo coeficiente de difusão é expresso pela equação de Arrhenius. Qualquer que seja o meio difusivo, assume-se que a difusão do linalol segue a 1ª lei de Fick, ou

$$j_{A,z} = -D_{AB}\frac{d\rho_A}{dz} \tag{11.1}$$

em que A é o soluto (linalol) e B, o meio difusivo (ar, água ou CO_2 supercrítico). No caso de filme de PBD, substitui-se D_{AB} por D_{ap}, que é uma difusividade aparente no filme.

FORMULÁRIO

Para o item a), em que A = linalol (M_A = 154,25 g/mol) e B = ar seco (M_B = 28,85 g/mol), utiliza-se a correlação de Fuller, Schettler e Giddings (1966)

$$D_{AB} = \sqrt{2}\times 10^{-3}\frac{T^{1,75}}{PM_{AB}^{1/2}\left[\left(\sum v_A\right)^{1/3}+\left(\sum v_B\right)^{1/3}\right]^2} \tag{11.2}$$

O resultado de D_{AB} é cm^2/s, utilizando-se T em K, P em atm; a massa molar é reduzida na forma

$$M_{AB} = 2\left(\frac{M_A M_B}{M_A + M_B}\right) \tag{11.3}$$

Os volumes moleculares de difusão para moléculas simples encontram-se na Tabela 11.1. Para moléculas complexas, como é o caso do linalol, os volumes são obtidos a partir da técnica de contribuição de grupos, os quais estão apresentados na Tabela 11.2.

Tabela 11.1 – Volumes molares de difusão

Moléculas	∑v	Moléculas	∑v
H_2	7,07	H_2O	12,70
D_2	6,70	CO	18,90
He	2,88	CO_2	26,90
N_2	17,90	N_2O	35,90
O_2	16,60	NH_3	14,90
ar	20,10	$CClF_2$	114,80
Kr	22,80	SF_6	69,70
Ar	16,10	SO_2	41,10
Xe	37,90	Cl_2	37,70
Ne	5,59	Br_2	67,20

Fonte: adaptada de Fuller; Schettler; Giddings (1966)

Tabela 11.2 – Incrementos nos volumes atômicos e estrutural de difusão

Moléculas	v	Moléculas	V
C	16,5	$C\ell$	19,5
H	1,98	S	17
O	5,48	Anel aromático	–20,2
N	5,69	Anel heterocíclico	–20,2

Fonte: adaptada de Fuller; Schettler; Giddings (1966)

No caso da difusão do linalol diluído em líquido, item b), e em CO_2 supercrítico, item c), pode-se avaliar as correlações fornecidas na Tabela 11.3, indicadas para a difusão de solutos diluídos em soluções aquosas.

Tabela 11.3 – Correlações para a obtenção do coeficiente binário de difusão de não eletrólitos diluídos em água e em CO_2 supercrítico

Autores	Correlações	Equação
Wilke; Chang (1955)	$D_{AB} = 7{,}4 \times 10^{-8} \left(\frac{T}{\eta_B} \right) \frac{(\phi M_B)^{1/2}}{V_{b_A}^{0,6}}$, com o parâmetro de associação do solvente: ϕ = 2,5 para água; ϕ = 1,0 $CO2_{sc}$	(11.4)
Hayduk; Minhas (1982)	$D_{AB} = 1{,}25 \times 10^{-8} T^{1,52} \eta_B^{\xi} \left(\frac{1}{V_{b_A}^{0,19}} - 0{,}292 \right)$; com $\xi = \frac{9{,}58}{V_{b_A}} - 1{,}12$	(11.5)
Siddiq; Lucas (1986)	$D_{AB} = 2{,}98 \times 10^{-7} \frac{T}{\eta_B^{1,026} V_{b_A}^{0,5473}}$	(11.6)

Os volumes molares à temperatura normal de ebulição, V_b, para moléculas simples estão na Tabela 11.4. Para moléculas complexas, como é o caso do linalol, os volumes são obtidos a partir da técnica de contribuição de grupos, via método de Le Bas, os quais estão apresentados na Tabela 11.5.

Tabela 11.4 – Volumes molares à temperatura normal de ebulição para moléculas simples

Moléculas	H_2	O_2	N_2	ar	CO	CO_2	SO_2	NO	D_2O
V_b (cm^3/mol)	14,3	25,6	31,2	29,9	30,7	34,0	44,8	23,6	20,0

Moléculas	N_2O	NH_3	H_2O	H_2S	COS	Cl_2	Br_2
V_b (cm^3/mol)	36,4	25,8	18,9	32,9	51,5	48,4	53,2

Fonte: adaptada de Wilke; Chang (1955)

Tabela 11.5 – Contribuição de grupos para volumes moleculares complexos

Átomos	$+V_b$	Átomos em contribuições específicas	$+V_b$	Estruturas cíclicas presentes na molécula	$+V_b$
Bromo	27,0	Oxigênio em ésteres metílicos	9,1	Anel de 3 membros (p. ex., óxido de etileno)	-0,6
Carbono	14,8	Oxigênio em éteres metílicos	9,9	Anel de 4 membros (p. ex., ciclobutano)	-8,5
Cloro	24,6	Oxigênio em outros éteres e ésteres	11,0	Anel de 5 membros (p. ex., ciclopentano)	-11,5
Hidrogênio	3,7	Oxigênio em ácidos	12,0	Piridina	-15
Iodo	37,0	Nitrogênio em dupla ligação	15,6	Anel benzênico	-15
Enxofre	25,6	Nitrogênio em aminas primárias	10,5	Anel de naftaleno	-30
Oxigênio	7,4	Nitrogênio em aminas secundárias	12,0	Anel de antraceno	-47,5

Fonte: adaptada de Wilke; Chang (1955)

Para a difusão do linalol em um filme de polietileno de baixa densidade, PBD, utiliza-se o modelo de Brandsch (Sun; Lu; Zhu, 2019)

$$D_{ap} = 10^4 \exp\left(A_p - 0{,}1351M_A^{2/3} + 0{,}003M_A - \frac{10.454}{T}\right) \tag{11.7}$$

O parâmetro A_p está associado à facilidade que a matriz polimérica oferece à mobilidade do soluto, oriunda de

$$A_p = A_p^* - \frac{\tau}{T} \tag{11.8}$$

A_p* refere-se à característica do polímero que, para o PBD, é igual a 11,5; e τ, refere-se ao desvio da energia de ativação difusional em relação à energia de ativação no polímero. Neste livro, assume-se τ = 1.670.

O desvio relativo entre o valor calculado (subscrito cal) e aquele experimental (subscrito exp) é obtido por

$$\text{Desvio}(\%) = \frac{\left(D_{AB_{cal}} - D_{AB_{exp}}\right)}{D_{AB_{exp}}} \times 100 \tag{11.9}$$

Informação adicional:

1 Da = 1 g/mol.

SOLUÇÃO

a) Este item se refere à difusão do linalol (A) em meio gasoso, no caso ar seco (B). Para determinar o valor do coeficiente binário de difusão, utiliza-se a Equação (11.2)

$$D_{AB} = \sqrt{2} \times 10^{-3} \frac{T^{1,75}}{PM_{AB}^{1/2}\left[\left(\sum v_A\right)^{1/3} + \left(\sum v_B\right)^{1/3}\right]^2} \tag{1}$$

com

$$M_{AB} = 2\left(\frac{M_A M_B}{M_A + M_B}\right) \tag{2}$$

Uma vez que M_A = 154,25 Da e M_B = 18,015 Da, tem-se o valor da massa reduzida

$$M_{AB} = (2)\left[\frac{(154,25)(18,015)}{154,25 + 18,015}\right] = 48,61\,\text{Da} \tag{3}$$

Verifica-se, da Tabela 11.1, que, para o ar $\Sigma v_B = 20,10$. No caso do linalol, $C_{10}H_{18}O$, as contribuições dos átomos presentes na fórmula molecular segundo

$$\sum v_A = 10v_C + 18v_H + v_O \tag{4}$$

Utilizando-se as informações presentes na Tabela 11.2,

$$\sum v_A = (10)(16,5) + (18)(1,98) + 5,48 = 206,12 \tag{5}$$

Tendo em vista que T = 25 °C = 273,15 + 25 = 298,15 K; P = 1 atm, substituem-se esses valores em conjunto com os resultados 3 e 5 na Equação (1),

$$D_{AB} = \left(\sqrt{2}\times 10^{-3}\right)\frac{(298,15)^{1,75}}{(1)(48,61)^{1/2}\left[(206,12)^{1/3}+(20,10)^{1/3}\right]^2} = 5,83\times 10^{-2}\ \text{cm}^2/\text{s} \tag{6}$$

Uma vez que o valor encontrado na literatura foi 5,18 × 10^{-2} cm^2/s, obtém o valor do desvio relativo ao substituir essa informação em conjunto com o resultado 6 na Equação (11.9), obtendo

$$\text{Desvio}(\%) = \frac{\left(5,83\times 10^{-2} - 5,10\times 10^{-2}\right)}{5,10\times 10^{-2}}\times 100 = 12,58\% \tag{7}$$

b) Para a predição do valor do coeficiente de difusão do linalol diluído em água, serão utilizadas as correlações fornecidas na Tabela 11.3. Verifica-se que são conhecidos: T = 30 °C (303,15 K), M_B = 18,015 Da; ϕ = 2,5; η_B = 0,797 cP e, da Tabela 11.4, V_{bB} = 18,9 g/mol, restando, portanto, obter o valor do volume molar à temperatura de ebulição do linalol, V_{bA}, a ser obtido via método de Le Bas, considerando-se a sua fórmula molecular, $C_{10}H_{18}O$

$$V_{b_A} = 10V_C + 18V_H + V_O \tag{8}$$

Utilizando-se as informações presentes na Tabela 11.5,

$$V_{b_A} = (10)(14,8) + (18)(3,7) + 7,4 = 222\ \text{cm}^3/\text{mol} \tag{9}$$

Dessa maneira, tem-se:

Wilke e Chang (1955), Equação (11.4):

$$D_{AB} = \left(7,4\times10^{-8}\right)\left(\frac{303,15}{0,797}\right)\frac{\left[(2,5)(18,015)\right]^{1/2}}{(222)^{0,6}} = 7,41\times10^{-6}\ \text{cm}^2/\text{s} \tag{10}$$

O valor experimental é $6,79 \times 10^{-6}$ cm²/s, no que resulta da Equação (11.9)

$$\text{Desvio}(\%) = \frac{\left(7,41\times10^{-6} - 6,79\times10^{-6}\right)}{6,79\times10^{-6}}\times100 = 9,18\% \tag{11}$$

Hayduk e Minhas (1982), Equação (11.5):

$$D_{AB} = 1,25\times10^{-8}\,T^{1,52}\eta_B^{\xi}\left(\frac{1}{V_{b_A}^{0,19}} - 0,292\right) \tag{12}$$

com

$$\xi = \frac{9,58}{V_{b_A}} - 1,12 \tag{13}$$

Substituindo $V_{bA} = 222$ cm³/mol na Equação (13),

$$\xi = \left(\frac{9,58}{222}\right) - 1,12 = -1,077 \tag{14}$$

tem-se na Equação (12),

$$D_{AB} = \left(1,25\times10^{-8}\right)\left(303,15\right)^{1,52}\left(0,797\right)^{-1,077}\left(\frac{1}{(222)^{0,19}} - 0,292\right) = 6,26\times10^{-6}\ \text{cm}^2/\text{s} \tag{15}$$

ocasionando desvio relativo igual a

$$\text{Desvio}(\%) = \frac{\left(6{,}26\times10^{-6} - 6{,}79\times10^{-6}\right)}{6{,}79\times10^{-6}}\times100 = -7{,}85\% \tag{16}$$

Siddiq e Lucas (1986), Equação (11.6):

$$D_{AB} = \left(2{,}98\times10^{-7}\right)\frac{(303{,}15)}{(0{,}797)^{1{,}026}(222)^{0{,}5473}} = 5{,}93\times10^{-6}\ \text{cm}^2/\text{s} \tag{17}$$

com

$$\text{Desvio}(\%) = \frac{\left(5{,}93\times10^{-6} - 6{,}79\times10^{-6}\right)}{6{,}79\times10^{-6}}\times100 = -12{,}71\% \tag{18}$$

c) A abordagem deste item é semelhante ao anterior, modificando-se, entretanto, o meio difusivo: CO_2 supercrítico a 60 °C (333,15), ϕ =1; M_B = 44,01 Da; η_B = 6,082 × 10^{-2} cP e, do resultado 9, V_{bA} = 222 cm³/mol. Dessa maneira, têm-se

Wilke e Chang (1955):

$$D_{AB} = \left(7{,}4\times10^{-8}\right)\left(\frac{333{,}15}{6{,}082\times10^{-2}}\right)\frac{\left[(1{,}0)(44{,}01)\right]^{1/2}}{(222)^{0{,}6}} = 1{,}05\times10^{-4}\ \text{cm}^2/\text{s} \tag{19}$$

O valor experimental é 1,14×10^{-4} cm²/s; tem-se, da Equação (11.9)

$$\text{Desvio}(\%) = \frac{\left(1{,}05\times10^{-4} - 1{,}14\times10^{-4}\right)}{1{,}14\times10^{-4}}\times100 = -7{,}77\% \tag{20}$$

Hayduk e Minhas (1982), Equação (11.5):

$$D_{AB} = \left(1{,}25\times10^{-8}\right)(333{,}15)^{1{,}52}\left(6{,}082\times10^{-2}\right)^{-1{,}077}\left(\frac{1}{(222)^{0{,}19}} - 0{,}292\right) = 1{,}15\times10^{-4}\ \text{cm}^2/\text{s} \tag{21}$$

com

$$\text{Desvio}(\%) = \frac{\left(1{,}15\times10^{-4} - 1{,}14\times10^{-4}\right)}{1{,}14\times10^{-4}}\times100 = 1{,}17\% \quad (22)$$

Siddiq e Lucas (1986), Equação (11.6):

$$D_{AB} = \left(2{,}98\times10^{-7}\right)\frac{(333{,}15)}{\left(6{,}082\times10^{-2}\right)^{1{,}026}(222)^{0{,}5473}} = 9{,}13\times10^{-5}\ \text{cm}^2/\text{s} \quad (23)$$

com

$$\text{Desvio}(\%) = \frac{\left(9{,}13\times10^{-5} - 1{,}14\times10^{-4}\right)}{1{,}14\times10^{-4}}\times100 = -19{,}95\% \quad (24)$$

Note que a correlação de Hayduk e Minhas (1982) é apropriada tanto para a predição do coeficiente de difusão do linalol diluído em água quanto em CO_2 supercrítico.

d) Será utilizado o modelo de Brandsch para a predição do valor do coeficiente de difusão do linalol em uma película de polietileno de baixa densidade (PBD), oferecido pela Equação (11.7)

$$D_{ap} = 10^4 \exp\left(A_p - 0{,}1351M_A^{2/3} + 0{,}003M_A - \frac{10.454}{T}\right) \quad (25)$$

com

$$A_p = A_p^* - \frac{\tau}{T} \quad (26)$$

sendo $A_p{}^* = 11{,}5$ para o PBD e o valor para τ, proposto neste livro, é $\tau = 1.670$. Tendo em vista que T = 23 °C = 273,15 + 23 = 296,15 K, resulta da Equação (26)

$$A_p = 11{,}5 - \left(\frac{1.670}{296{,}15}\right) = 5{,}86 \quad (27)$$

Sabendo que $M_A = 154{,}25$ Da, substitui-se esse valor em conjunto com T = 296,15 K e o resultado na Equação (25),

$$D_{ap} = \left(10^4\right)\exp\left[5{,}86 - \left(0{,}1351\right)\left(154{,}25\right)^{2/3} + \left(0{,}003\right)\left(154{,}25\right) - \left(\frac{10.454}{296{,}15}\right)\right] = 5{,}35\times10^{-11}\ \text{cm}^2/\text{s} \quad (28)$$

Uma vez que o valor experimental é $5{,}41\times10^{-11}$ cm²/s, tem-se o desvio relativo

$$\text{Desvio}\left(\%\right) = \frac{\left(5{,}35\times10^{-11} - 5{,}41\times10^{-11}\right)}{5{,}41\times10^{-11}}\times100 = -1{,}12\% \quad (29)$$

e) Busca-se, neste item, verificar a difusão do linalol em distintos meios difusivos, mantendo-os na mesma temperatura de 40 °C = 273,15 + 40 = 313, 15 K. Assim:

Meio difusivo: *ar*. Substitui-se, na Equação (6), o valor 298,15 K por 313,15 K,

$$D_{AB} = \left(\sqrt{2}\times10^{-3}\right)\frac{\left(313{,}15\right)^{1{,}75}}{\left(1\right)\left(48{,}61\right)^{1/2}\left[\left(206{,}12\right)^{1/3} + \left(20{,}10\right)^{1/3}\right]^2} = 6{,}35\times10^{-2}\ \text{cm}^2/\text{s} \quad (30)$$

Meio difusivo: *água*. Substitui-se, na Equação (15), o valor 298,15 K por 313,15 K, bem como o valor de $\eta_B = 0{,}797$ cP por 0,719 cP,

$$D_{AB} = \left(1{,}25\times10^{-8}\right)\left(313{,}15\right)^{1{,}52}\left(0{,}719\right)^{-1{,}077}\left[\frac{1}{\left(222\right)^{0{,}19}} - 0{,}292\right] = 6{,}26\times10^{-6}\ \text{cm}^2/\text{s} \quad (31)$$

Meio difusivo: CO_2 *supercrítico*. Substitui-se, na Equação (21), o valor 333,15 K por 313,15 K, bem como o valor de $\eta_B = 6{,}082\times10^{-2}$ cP por $7{,}89\times10^{-2}$ cP;

$$D_{AB} = \left(1{,}25\times10^{-8}\right)\left(313{,}15\right)^{1{,}52}\left(7{,}89\times10^{-2}\right)^{-1{,}077}\left(\frac{1}{\left(222\right)^{0{,}19}} - 0{,}292\right) = 0{,}79\times10^{-4}\ \text{cm}^2/\text{s} \quad (32)$$

Meio difusivo: *polietileno de baixa densidade.* Substitui-se, na Equação (27), o valor 296,15 K por 313,15 K,

$$A_p = 11,5 - \left(\frac{1.670}{313,15}\right) = 6,17 \tag{33}$$

portanto

$$D_{ap} = (10^4)\exp\left[6,17 - (0,1351)(154,254)^{2/3} + (0,003)(154,254) - \left(\frac{10.454}{313,15}\right)\right] = 4,94 \times 10^{-10}\ cm^2/s \tag{34}$$

Ao se comparar os resultados obtidos neste item, constata-se claramente o efeito do adensamento das moléculas que compõem os meios difusivos por meio dos quais o linalol difunde-se, conforme ilustra a Figura 1. Note, por outro lado, que tanto o fluido supercrítico quanto a cadeia polimérica podem ser manuseados por engenharia de produto e/ou de processo de tal modo a controlar a mobilidade do soluto, visando à posterior separação, tendo em conta as propriedades termodinâmicas e, em alguns casos, como na indústria de perfumes, o fator psíquico-físico.

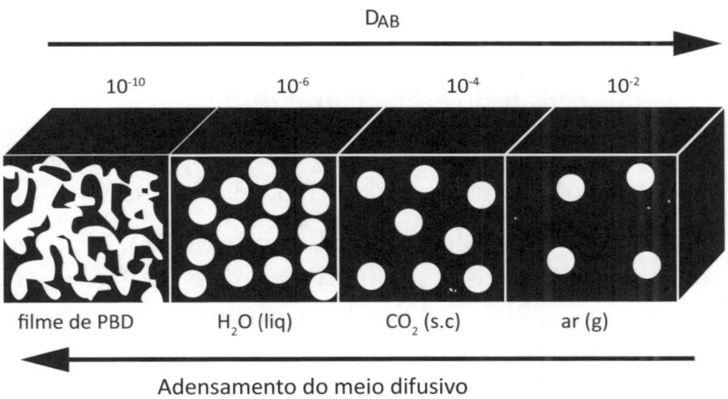

Figura 1 – Efeito da natureza do meio difusivo no coeficiente de difusão do linalol (cm^2/s).

REFERÊNCIAS

ALMEIDA FILHO, C. *Estudo experimental e teórico de coeficientes de difusão binários envolvendo componentes de óleos essenciais em dióxido de carbono supercrítico.* 2003. 108 f. Tese (Doutorado em Engenharia Química) – Universidade Federal de Santa Catarina, Florianópolis, 2003.

CAMARGO, S. B.; AMORIM DE VASCONCELOS, D. F. S. Atividades biológicas de linalol: conceitos atuais e possibilidades futuras deste monoterpeno. *Revista de Ciências Médicas e Biológicas*, v. 13, n. 3, p. 381-387, 2014.

CREMASCO, M. A. *Difusão mássica*. São Paulo: Blucher, 2019. 284 p.

FULLER, E. N.; SCHETTLER, P. D.; GIDDINGS, J. C. New method for prediction of binary gas-phase diffusion coefficients. *Industrial & Engineering Chemistry*, v. 58, n. 5, p. 18-27, 1966.

HAYDUK, W.; MINHAS, B. S. Correlations for prediction of molecular diffusivities in liquids. *The Canadian Journal of Chemical Engineering*, v. 60, p. 297-299, 1982.

KAMATOU, G. P. P.; VILJOEN, A. M. Linalool – A review of a biologically active compound of commercial importance. *Natural Product Communications*, v. 3, n. 7, p. 1185-1192, 2008.

KESTIN, J.; SOKOLOV, M.; WAKEHAM, W. A. Viscosity of liquid water in the range -8 °C to 150 °C. *Journal of Physical and Chemical Reference Data*, v. 7, n.3, p. 941-948, 1978.

MONTEIRO, S. S.; SIANI, A. C.; GARRIDO, I. S.; RAMOS, M. C. K. V.; AQUINO-NETO, F. R. *et al.* Variabilidade química e resolução ótica do linalol no óleo essencial de *Aeollanthus suaveolens* (Lamiaceae). *Revista Fitos*, v. 1, n. 2, p. 58-63, 2005.

NIINEMETS, U.; REICHSTEIN, M. A model analysis of the effects of nonspecific monoterpenoid storage in leaf tissues on emission kinetics and composition in Mediterranean sclerophyllous *Quercus* species. *Global Biogeochemical Cycles*, v. 16, n. 4, p. 57.1-26, 2002.

PEREIRA, J. S. M. *The trail of fragrances*. 2017. 67 f. Dissertação (Mestrado em Engenharia Química) – Universidade do Porto, Porto, 2017.

SIDDIQ, M. A.; LUCAS, K. Correlations for prediction of diffusion in liquids. *The Canadian Journal of Chemical Engineering*, v. 64, p. 839-843, 1986.

SILVA, L. M. C.; da SILVA, J. I. S.; de MELO, A. A.; de MELO, E. J. Study of the thermodynamic equilibrium of fragrance mixtures, limonene, linalool and geraniol, using the Unifac and Cosmo-Sac models and the estimation of their combined properties in binary, ternary and quaternary mixtures. *American Journal of Engineering and Applied Sciences*, v. 15, n. 2, p. 161-177, 2022.

SUN, B.; LU, L.; ZHU, Y. Molecular dynamics simulation on the diffusion of flavor, O_2 and H_2O molecules in LDPE film. *Materials*, v. 12, n. 3515, p. 1-25, 2019.

SÜSKIND, P. *O perfume*. Trad. KOTHE, F. R. Mestres da literatura contemporânea. Rio de Janeiro: Record/Altaya, 1985. 255 p.

TAVEL, L.; GUICHAR, E.; MOREAU, C. Contribution of NMR spectroscopy to flavor release and perception. Chapter 6, p. 173-188. In: WEBB, G. A. (Ed.). *Annual Reports on NMR Spectroscopy*, v. 64. New York: Academic Press, 2008, 224 p.VOGT, C. Essência e evanescência. *ComCiência. Revista Eletrônica de Jornalismo Científico*. 10 set. 2007. Disponível em: <http://www.comciencia.br/comciencia/handler.php?section=8&edicao=28&id=318>. Acesso em: 29 ago. 2020.

WILKE, C. R.; CHANG, P. Correlation of diffusion coefficients in dilute solutions. *AIChE Journal*, New York, v. 1, n. 2, p. 264-270, 1955.

CAPÍTULO 12

Não é culpa do vento

Não culpe o vento por desalinhar os seus cabelos ou por dispersar palavras sem a intenção em dizê-las. Não é culpa do vento se nele há brisa ou vendaval, pois não se pode culpá-lo por denunciar o possível vazio da existência, percebida no flanar das folhas, que esvoaçam dos galhos e encontram repouso no chão. Também não é culpa do vento que o agrotóxico pulverizado na plantação atinja impiedosamente o pasto vizinho, lançando à morte o gado e o leite, o rio e o peixe. Não é culpa do vento o que se molda em nossa consciência, pois nela reside a responsabilidade sobre a preservação, em toda sua extensão, da vida neste Planeta.

A evolução, a persistência, a decomposição e as modalidades de transferência de herbicidas, fungicidas e inseticidas e de seus produtos de degradação muitas vezes são pouco conhecidas. Notícias vinculadas na mídia brasileira, em novembro de 2021, relatavam o despejo de agrotóxicos sobre diversos biomas brasileiros para desmatar e, dessa maneira, favorecer a agricultura e pecuária (Freitas, 2021; Paiva, 2021), prevalecendo o interesse econômico de poucos a despeito do sofrimento de muitos, remetendo à tática do exército norte-americano quando da Guerra do Vietnã, ao lançar certo herbicida e desfolhante químico com o objetivo de destruir florestas e, assim, descobrir a resistência imposta pelos vietnamitas. Componente químico desse mesmo herbicida foi encontrado em solos do Mato Grosso, percebendo a intenção criminosa de seu uso naquele bioma, como em outros, por exemplo, os resíduos de agrotóxicos em terras indígenas da etnia Xukuru do Orubá, em Pernambuco, e no solo brasileiro em toda sua extensão.

Agrotóxicos contaminam reservatórios aquíferos, recursos hídricos e bacias fluviais, interferindo na vida aquática, estendendo-se a lagos, poços e mananciais em zonas urbanas (Lopes; Albuquerque, 2018). Contudo, existem os pequenos agricultores que, tendo a lavoura suscetível a pragas, veem-se sem alternativas ou carecendo de política de desenvolvimento de uma agricultura ambientalmente sustentável, lançam mão do uso intensivo de agrotóxicos, expondo-se a alto risco de morte. Inúmeros estudos apontam agravos à saúde humana, podendo causar alterações celulares, associando-se a diversos tipos de câncer. Os lavradores sujeitos à contínua exposição a agrotóxicos apresentam tendências ao suicídio, desenvolvimento de transtornos mentais, distúrbios respiratórios, lesões musculares, perda auditiva, alterações hormonais e nos sistemas reprodutores masculinos e femininos. Além desses efeitos, os agrotóxicos podem estar relacionados a alterações no binômio mãe-feto, como malformações congênitas e nascimentos prematuros (Lopes; Albuquerque, 2018). Dentre os vários agrotóxicos está a classe dos organofosforados, destacando-se o dietil 2-dimetoxifosfinotioilsulfanilbutanedioato ($C_{10}H_{19}O_6PS_2$, M_A = 330,358 Da – Figura 12.1), cujo nome comercial é Malathion® (MLT).

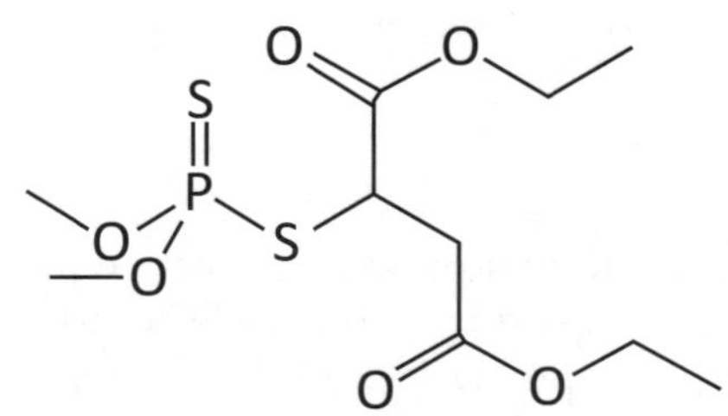

Figura 12.1 – Estrutura molecular do Malathion®.

O MLT é empregado em instalações de armazenamento, gramados, jardins, áreas residenciais, viveiros ornamentais, perímetros de construção, estradas, pastagens e áreas regionais para erradicação de pragas, bem como para o controle de vasta variedade de insetos, incluindo formigas, pulgões, lagartas, moscas, gafanhotos, vespas, mariposas, ácaros, mosquitos, escorpiões, aranhas e gorgulhos, além de ectoparasitas de bovinos, cavalos, suínos, aves e animais de estimação (Bruxel, 2021). Nos alimentos, o MLT é aplicado em ampla variedade de produtos, como alface, couve, vagem, brócolis, repolho, pepino, tomate, berinjela, abóbora, alho, tubérculos, algodão, soja, arroz, feijão, trigo, café, cacau, morango, pêssego, maçã e frutas cítricas (Bianchi, 2008; Bruxel, 2021).

O MLT é biotransformado em malaoxon e degradado pelo organismo, podendo ser rapidamente hidrolisado no ambiente e nos processos biológicos. Um dos mecanismos associados à toxicidade do MLT é a formação de radicais livres provenientes do estresse oxidativo causado nas células. Esse fator aponta uma ligação direta entre o MLT e o processo de envelhecimento e a ocorrência de doenças degenerativas com ação dos radicais livres. Existem estudos que apresentam esse dano oxidativo das biomoléculas presentes no cérebro de pacientes com Alzheimer e outras doenças neurodegenerativas (Silva; De Carli, 2021). A absorção do Malathion® ocorre tanto pelo contato cutâneo quanto pelas vias respiratórias, principalmente durante seu manuseio (Bianchi, 2008). Apesar do perigo, uma população de trabalhadores rurais – em pleno século XXI – ainda não percebe o risco, carecendo de práticas quanto à segurança e à saúde no trabalho. Além disso, seja por falta de esclarecimento ou por questão econômica, não utilizam equipamentos de proteção pessoal, por ser caro, desconfortável e inadequado para o clima, expondo a si mesmo e a sua família aos perigos dos agrotóxicos.

Não se pode ignorar a realidade de um país desigual, em que milhares buscam seu sustento na agricultura, convivendo com o dilema da sobrevivência, cuja responsabilidade não pode ser creditada ao vento, mas à consciência diante do que deve ser feito, a começar com o uso adequado de equipamentos de proteção. Essa prática previne a contaminação, em particular por via cutânea, uma vez que o agrotóxico, ao penetrar na pele, pode atingir as células e causar mutagênese. A migração da espécie química pode ser descrita por fenômenos de difusão mássica da espécie química associada ao agrotóxico desde o umedecimento da luva (no preparo do pesticida, por exemplo), até atingir a célula (de hemácia), como ilustrado na Figura 12.2.

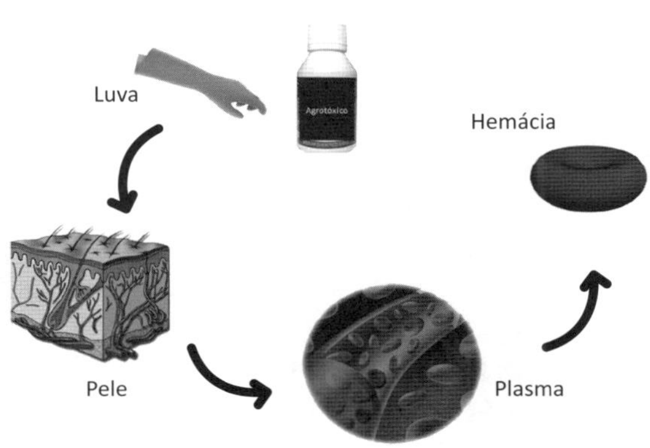

Figura 12.2 – Processos difusivos associados à penetração de agrotóxicos na pele humana.

Entendendo como de importância crucial à saúde no trabalho de pequenos lavradores que, por total falta de opção tecnológica, ainda se encontram na necessidade de manusear agrotóxicos, como o Melathion®, e dada a relevância de elementos conceituais de difusão mássica para conscientização do uso adequado de equipamentos de proteção, considere as seguintes questões:

a) Tendo em vista que o agrotóxico é diluído em água, obtenha o valor do coeficiente de difusão do Malathion® em água a 37 °C.

b) Uma vez que a luva indicada para a manipulação do MLT é do tipo SolVex®, com espessura média de 0,62 mm, e sabendo que testes de permeação levaram a *time-lag* igual a 222 min (Lin; Hee, 1998), obtenha o valor da difusividade aparente do MLT na luva, bem como o valor de sua energia de ativação difusional característica, $A_p{}^*$, utilizando-se a Equação (11.8) para a qual se assume $\tau = 1.670$.

c) Admitindo que a porção da superfície (pele) a qual a luva protege apresente espessura de 1,47 mm e porosidade aparente igual a 0,235 (Hashemifarda *et al.*, 2021), estime o valor do coeficiente de difusão do Malathion® nesse meio difusivo e compare o resultado obtido com aquele advindo do teste de permeação, cujo *time-lag* é igual a 174 min (Holmgaard; Nielsen, 2009).

d) Calcule o valor do coeficiente de difusão do MLT em plasma sanguíneo, sabendo que a viscosidade dinâmica deste, a 37 °C, é 1,2 cP (Nader *et al.*, 2019).

e) Visto que a viscosidade dinâmica do citoplasma da hemácia a 37 °C é igual a 6 cP (Guglietta *et al.*, 2020), obtenha o valor do coeficiente de difusão do Malathion® nesse meio difusivo.

f) A partir dos valores conhecidos do coeficiente livre de difusão do MLT em água, plasma sanguíneo e citoplasma, obtenha os cartogramas 3D, adotando-se número de passos igual a 10^5 e $\Delta t = 1$ ns, relativos à sua dispersão em tais meios difusivos considerando-se o movimento browniano.

COMENTÁRIOS

O cuidado com a manipulação de agrotóxicos é vital, uma vez que são potenciais indutores de distúrbios relacionados ao sangue. O contato direto, decorrente do manuseio ou da sua aplicação na lavoura, dá-se principalmente pelas vias respiratórias e cutânea, ressaltando que a pele atua como barreira central contra bactérias e toxinas. Conforme ilustra a Figura 12.3, a pele é composta por três camadas importantes: epiderme, derme e hipoderme. A epiderme fica em contato direto com o ambiente, ou seja, é por meio dela que se dá o primeiro contato com o agrotóxico e, por isso, exige o uso de luvas apropriadas de proteção. Essa camada cutânea é nutrida por difusão a partir dos capilares da derme, uma vez que não contém vasos sanguíneos. A derme é recheada por glândulas sebáceas e sudoríparas, sendo irrigada por vasos sanguíneos.

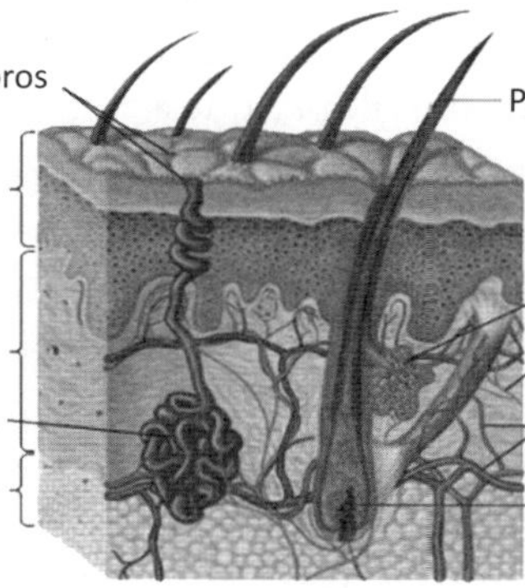

Figura 12.3 – Pele humana: epiderme, derme, hipoderme, estruturas anexas.

Fonte: adaptada de Bernardo; Santos; Silva (2019).

Os agrotóxicos são capazes de induzir alterações nas membranas celulares e no metabolismo dos componentes do sangue, o que pode resultar na redução da sobrevida de hemácias e plaquetas (Fortunée, 2017). Estudos apontam para várias alterações hematológicas de pessoas expostas aos pesticidas, particularmente anemia aplástica, doença da medula óssea e do sangue, em que a medula produz poucas hemácias, plaquetas e glóbulos brancos (Prihartono *et al.*, 2011).

No presente capítulo, além da importância de se entender a difusão do agrotóxico em água, visto que o agroquímico usualmente é diluído antes de se aplicar, é essencial compreender o mecanismo difusivo do soluto tanto na luva quanto na epiderme. A descrição da difusão do Malathion® nesses meios difusivos segue a 2ª lei de Fick, considerando-se fluxo unidimensional e em que o meio seja descrito enquanto duas placas paralelas, $z = 0$, $z = \delta$, segundo (Dudek; Borys, 2019)

$$\frac{\partial \rho_A}{\partial t} = D_{ap} \frac{\partial^2 \rho_A}{\partial z^2} \tag{12.1}$$

em que D_{ap} é a difusividade aparente do agrotóxico nos poros da pele, negligenciando-se os efeitos de interação adsortiva. Assumindo que é nula a concentração inicial do agrotóxico, a quantidade de agrotóxico, por unidade de área da membrana (Q_T), que a permeia é, para tempos longos, $t \to \infty$,

$$Q_T = D_{ap} \frac{\rho_{A_1}}{\delta} \left(t - \frac{\delta^2}{6D_{ap}} \right) \tag{12.2}$$

em que ρ_{A1} é a concentração do agrotóxico no ambiente externo ao meio difusivo; δ, espessura do meio difusivo. A Figura 12.4 ilustra o fluxo do agrotóxico em meio difusivo considerado. Dessa figura, observa-se que a extrapolação da permeação em estado estacionário no eixo x fornece

$$\theta = \frac{\delta^2}{6D_{ap}} \tag{12.3}$$

O tempo θ, reconhecido como *time-lag* ou tempo de atraso, está associado ao tempo necessário para que se atinja o estado estacionário.

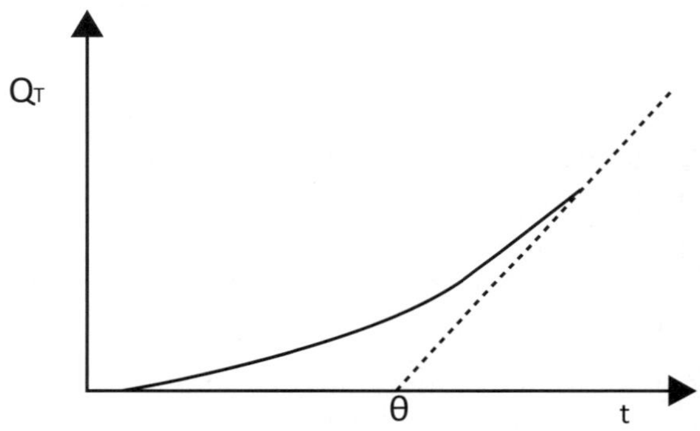

Figura 12.4 – Obtenção do coeficiente de difusão empregando-se o método *time-lag*.

FORMULÁRIO

Nota-se, na Equação (12.3), a necessidade de se conhecer a difusividade aparente do agrotóxico na luva, a qual advém da Equação (11.7),

$$D_{ap} = 10^4 \exp\left(A_p - 0{,}1351 M_A^{2/3} + 0{,}003 M_A - \frac{10.454}{T}\right) \tag{12.4}$$

com D_{ap} em cm^2/s e, neste capítulo, $M_A = 330{,}36$ Da, com a expressão para A_p oriunda da Equação (11.8), tem-se

$$A_p = A_p^* - \frac{1.670}{T} \tag{12.5}$$

No caso da difusão na epiderme, assume-se que a grandeza fenomenológica característica advém do mecanismo simples de difusão nos poros, D_p, por meio da Equação (8.2)

$$D_p = D_{AB} \frac{\varepsilon_p}{\left(2-\varepsilon_p\right)^2} \tag{12.6}$$

em que ε_p é a porosidade aparente do meio considerado e D_{AB} é o coeficiente de difusão do agrotóxico no líquido no qual está diluído. Uma vez que a massa molar do Malathion® é 330,36 Da, utiliza-se a Equação (8.11), retomada como

$$D_{AB} = 2,954 \frac{T}{\eta_B M_A^{1/2}} \tag{12.7}$$

em que T é a temperatura do meio, em Kelvin; η_B, viscosidade dinâmica do meio, em cP; M_A, massa molar do soluto em Da (ou g/mol), fornecendo o resultado do D_{AB} em Å²/ns. A descrição do mecanismo da dispersão molecular do Malathion® em água, plasma sanguíneo e citoplasma dá-se por meio da abordagem browniana, a partir das Equações (5.7) a (5.10), ou

$$x(t) = x(t-\Delta t) + \beta_A R_i \tag{12.8}$$

$$y(t) = y(t-\Delta t) + \beta_A R_i \tag{12.9}$$

$$z(t) = z(t-\Delta t) + \beta_A R_i \tag{12.10}$$

$$\beta_A = \sqrt{2D_{AB}\Delta t} \tag{12.11}$$

Ao se conhecer os valores de β_A e o número de passos L, pode-se utilizar o algoritmo fornecido na Figura 5.4 para a construção do cartograma 3D, representativo da dispersão molecular do Malathion®. Neste capítulo, vale notar que a temperatura de trabalho é igual a 37 °C porque, em geral, essa é a temperatura do corpo humano e que foi considerada para o plasma sanguíneo e o citoplasma, cujos valores da viscosidade dinâmica foram fornecidos, exceto para a água. Nesse caso, utiliza-se (Reid; Prausnitz; Sherwood, 1977)

$$\eta_B^{-0,2662} = \eta_0^{-0,2662} + \frac{T-T_0}{233} \tag{12.12}$$

em que o subscrito "0" é relativo à temperatura de referência, em °C, e os valores da viscosidade dinâmica em cP. Para T = 25 °C, $\eta_0 = 0{,}8911$ cP.

Note que, no item c), solicita-se a comparação entre o valor dos coeficientes de difusão do Malathion® na pele em relação àquele oriundo da técnica do *time-lag*. Essa comparação pode ser feita via cálculo do desvio relativo na forma

$$\text{Desvio}(\%) = \frac{\left(D_{P_{cal}} - D_{P_{exp}}\right)}{D_{P_{exp}}} \times 100 \tag{12.13}$$

sendo o subscrito "cal" referente ao modelo e o subscrito "exp", àquele oriundo do *time-lag*.

Informações adicionais:

1 cm = 10 mm = 10^8 Å;

1 min = 60 s = 6×10^{10} ns;

1 $cm^2/s = 10^7$ Å^2/ns.

SOLUÇÃO

a) Este item refere-se ao cálculo do valor do coeficiente de difusão do Malathion® (A) diluído em água (B) a 37 °C. Para tanto, será utilizada a Equação (12.7),

$$D_{AB} = 2{,}954 \frac{T}{\eta_B M_A^{1/2}} \tag{1}$$

Tendo em vista que o meio (solvente) é a água (B) a T = 37 °C, o valor da viscosidade dinâmica do solvente, η_B, no caso da água, depende da temperatura, conforme explicita a Equação (12.12), com $T_0 = 25$ °C, $\eta_0 = 0{,}8911$ cP, ou

$$\eta_B^{-0,2662} = (0{,}8911)^{-0,2662} + \frac{37-25}{233}$$

ou

$$\eta_B = 1{,}083 \text{ cP} \tag{2}$$

O valor do coeficiente de difusão do Malathion® em água a 37 °C = 273,15 + 37 = 310,15 K advém da utilização da Equação (1), substituindo-se, nesta, o resultado 2 e o valor de M_A = 330,358 Da

$$D_{AB} = (2,954)\frac{(310,15)}{(1,083)(330,358)^{1/2}} = 46,54\,\text{Å}^2/\text{ns} \tag{3}$$

b) Tendo em vista que a luva indicada para a manipulação do MLT apresenta espessura média igual a 0,62 mm = 6,2 × 10^6 Å e sabendo que testes de permeação levaram ao *time-lag* igual a 222 min = 1,332 × 10^{13} ns, o valor do coeficiente aparente de difusão do MLT, considerando-o nos poros na luva, é obtido por meio da Equação (12.3), reescrita como

$$D_{ap} = \frac{\delta^2}{6\theta} = \frac{(6,2\times10^6)^2}{(6)(1,332\times10^{13})} = 0,48\,\text{Å}^2/\text{ns} = 0,48\times10^{-7}\,\text{cm}^2/\text{s} \tag{4}$$

O valor da energia de ativação difusional característica, A_p^*, advém da Equação (12.5),

$$A_p^* = A_p + \frac{1.670}{T} \tag{5}$$

sendo o valor de A_p resultado da utilização da Equação (12.4), retomada como

$$A_p = \ell n\left(D_{ap}\times10^{-4}\right) + 0,1351M_A^{2/3} - 0,003M_A + \frac{10.454}{T} \tag{6}$$

Dessa maneira, substitui-se M_A = 330,358 Da, T = 310,15 K e o resultado 4 na Equação (6)

$$A_p = \ell n(0,48\times10^{-11}) + (0,1351)(330,358)^{2/3} - (0,003)(330,358) + \left(\frac{10.454}{310,15}\right) = 13,11 \tag{7}$$

Substiuindo T = 310,15 K e o resultado 7 na Equação (5),

$$A_p^* = 13,11 + \left(\frac{1.670}{310,15}\right) = 18,49 \tag{8}$$

c) Uma vez que se assumiu que a porosidade aparente da pele é igual a 0,235, o valor de difusão nesse meio advém da Equação (12.6), substituindo-se, nessa, o resultado 3,

$$D_p = D_{AB}\frac{\varepsilon_p}{\left(2-\varepsilon_p\right)^2} = (46,54)\frac{(0,235)}{(2-0,235)^2} = 3,51\,\text{Å}^2/\text{ns} \tag{9}$$

Pelo interesse de se avaliar o resultado 5 em relação ao oriundo do método do *time-lag*, Equação (12.3), sabe-se que se considerou a espessura da pele igual a 1,47 mm = 1,47 × 10^7 Å, encontrando-se θ = 174 min = 1,044 × 10^{13} ns, resultando em

$$D_p = \frac{\delta^2}{6\theta} = \frac{\left(1,47\times10^7\right)^2}{(6)\left(1,044\times10^{13}\right)} = 3,45\,\text{Å}^2/\text{ns} \tag{10}$$

A comparação entre os resultados 9 e 10 é realizada mediante a utilização da Equação (12.13),

$$\text{Desvio}(\%) = \frac{\left(D_{p_{cal}} - D_{p_{exp}}\right)}{D_{p_{exp}}}\times100 = \frac{(3,51-3,45)}{3,45}\times100 = 1,71\% \tag{11}$$

d) O valor do coeficiente de difusão do MLT em plasma sanguíneo, sabendo que sua viscosidade dinâmica a 37 °C é 1,2 cP, advém do emprego da Equação (1),

$$D_{AB} = (2,954)\frac{(310,15)}{(1,2)(330,358)^{1/2}} = 42,01\,\text{Å}^2/\text{ns} \tag{12}$$

e) De igual maneira ao item anterior, o valor do coeficiente de difusão do Malathion® no citoplasma da hemácia a 37 °C, com viscosidade dinâmica de 6 cP, advém da Equação (1), ou

$$D_{AB} = (2,954)\frac{(310,15)}{(6,0)(330,358)^{1/2}} = 8,40\,\text{Å}^2/\text{ns} \tag{13}$$

f) O cartograma 3D para MLT em água, plasma sanguíneo e citoplasma, é obtido a partir do algoritmo apresentado na Figura 5.4. Para tanto, deve-se conhecer o valor do desvio padrão, advindo da Equação (12.11),

$$\beta_A = \sqrt{2D_{AB}\Delta t} \tag{14}$$

Tem-se, para $\Delta t = 1$ ns.

Difusão do Malathion® diluído em água: $D_{AB} = 46{,}54$ Å²/ns,

$$\beta_A = \sqrt{(2)(46{,}54)(1{,}0)} = 9{,}65\,\text{Å} \tag{15}$$

Difusão do Malathion® diluído em plasma sanguíneo: $D_{AB} = 42{,}01$ Å²/ns,

$$\beta_A = \sqrt{(2)(42{,}01)(1{,}0)} = 9{,}17\,\text{Å} \tag{16}$$

Difusão do Malathion®diluído em citoplasma sanguíneo: $D_{AB} = 8{,}40$ Å²/ns,

$$\beta_A = \sqrt{(2)(8{,}40)(1{,}0)} = 4{,}10\,\text{Å} \tag{17}$$

A Figura 1 apresenta o cartograma representativo ao do deslocamento 3D do Malathion® nos meios considerados, assumindo-se 10^5 passos.

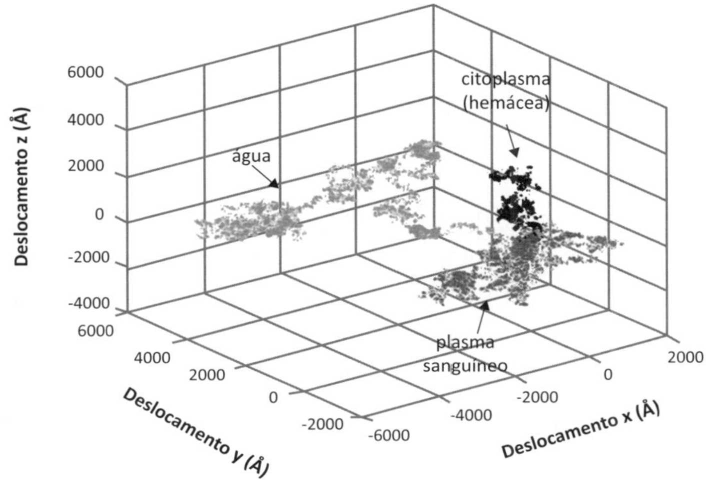

Figura 1 – Cartograma 3D ilustrativo do movimento browniano do MLT em água, plasma sanguíneo e citoplasma de hemácia a 37 °C.

Nota-se, por inspeção da Figura 1, que o MLT difunde-se com mais facilidade em água quando comparado aos outros meios (citoplasma e plasma sanguíneo). Isto decorre de a água oferecer menor resistência à difusão mássica, decorrente de sua viscosidade dinâmica, que é menor em relação à dos demais meios.

REFERÊNCIAS

BERNARDO, A. F. C.; SANTOS, K. D.; SILVA, D. P. D. Pele: alterações anatômicas e fisiológicas do nascimento à maturidade. *Revista Saúde em Foco*, n. 11, p. 1221-1233, 2019.

BIANCHI, J. *Análise dos efeitos citotóxicos, genotóxicos e mutagênicos do inseticida malation, utilizando os sistemas teste de* Allium *cepa e célula de mamíferos*. 2008. 152 f. Dissertação (Mestrado em Ciências Biológicas) – Universidade Estadual Paulista Júlio de Mesquita Filho, Rio Claro, 2008.

BRUXEL, M. A. *Impacto da exposição ao malathion sobre a homeostase glicêmica durante a gestação e seus defechos metabólicos no pós-termo em ratas e prole*. 2021. 161 f. Tese (Doutorado em Fisiologia) – Universidade Federal de Santa Catarina, Florianópolis, 2021.

DUDEK, G.; BORYS, P. A simple methodology to estimate the diffusion coefficient in pervaporation-based purification experiments. *Polymers*, v. 11, p. 343-356, 2019.

FORTUNÉE, R. M. N. *Efeito dos agrotóxicos e seus metabólitos em células sanguíneas*. 2017. 45 f. Dissertação (Mestrado em Medicina) – Universidade de São Paulo, Ribeirão Preto, 2017.

FREITAS, H. Fazendeiros jogam agrotóxico sobre Amazônia para acelerar desmatamento. *Repórter Brasil*. 16 nov. 2021. Disponível em: <https://reporterbrasil.org.br/2021/11/fazendeiros-jogam-agrotoxico-sobre-amazonia-para-acelerar-desmatamento/>. Acesso em: 19 nov. 2021.

GUGLIETTA, F.; BEHR, M.; BIFERALE, L.; FALCUCCI, G.; SBRAGAGLIA, M. On the effects of membrane viscosity on transient red blood cell dynamics. *Soft Matter*, v. 16, n. 26, p. 1-21, 2020.

HASHEMIFARD, S. A.; MATSUURA, T.; ISMAIL A.F.; REZAEI, M. A novel approach to predict the skin layer porosity of porous asymmetric membranes via gas permeation test. *Chemical Engineering Research and Design*, v. 166, p. 197-208, 2021.

HOLMGAARD, R.; NIELSEN, J. B. Dermal absorption of pesticides – evaluation of variability and prevention. *Pesticides Research*, n. 124, p. 1-116, 2009.

LIN, Y-W.; HEE, S. S. Q. Permeation of a malathion formulation through butyl gloves. *Journal of Hazardous Materials*, v. 60, p. 143-158, 1998.

LOPES, C. V. A.; ALBUQUERQUE, G. S. C. Agrotóxicos e seus impactos na saúde humana e ambiental: uma revisão sistemática. *Saúde Debate*, v. 42, n. 117, p. 518-534, 2018.

NADER, E. *et al.* Blood rheology: key parameters, impact on blood flow, role in sickle cell disease and effects of exercise. *Frontiers in Physiology*, v.10, p. 1-14, 2019.

PAIVA, V. Fazendeiros usam avião para jogar agrotóxico sobre a Amazônia, diz levantamento. *Hypeness*. 19 nov. 2021. Disponível em: <https://www.hypeness.com.br/2021/11/fazendeiros-usam-aviao-para-jogar-agrotoxico-sobre-a-amazonia-diz-levantamento>. Acesso em: 19 nov. 2021.

PRIHARTONO, N.; KRIEBEL, D.; WOSKIE, S.; THETKHATHUEK, A.; SRIPAUNG, N.; PADUNGGTOD, C.; KAUFMAN, D. Risk of aplastic anemia and pesticide and other chemical expousures. *Asia Pacific Journal of Public Health*, v. 23, n.3, p. 369-377, 2011.

REID, R. C.; PRAUSNITZ, J. M.; SHERWOOD, T. K. *The properties of gases and liquids*. 3. ed. New York: McGraw-Hill, 1977. 688 p.

SILVA, L. O. T.; De CARLI, B. P. Efeitos do malathion no sistema nervoso central: uma revisão breve. *Journal of the Health Sciences Institute*, v. 39, n. 1, p. 29-32, 2021.

CAPÍTULO 13

O que se respira?

O grau de industrialização de um país, de certo modo, está atrelado ao seu parque industrial químico. Dentre os setores que o compõe está àquele inerente ao processamento de recursos fósseis, pois disso, como se observou no século XX e se estendeu ao início do século XXI, resulta a (in)dependência econômica que também reverbera em seu *status* democrático. A dependência do petróleo, no alvorecer do século XXI, é notória, pois é matéria-prima para própria indústria petrolífera que, por meio de seu refino, obtém outras matérias-primas, como metano, propano, etano e nafta; insumos para petroquímicos de 1ª geração, como propeno, eteno, butadieno, benzeno, que geram produtos intermediários, como amônia e cumeno, fundamentais para a obtenção de petroquímicos de 2ª geração, feito a ureia, utilizada em adubos e fertilizantes; os polímeros polipropileno, polietileno e PVC, empregados em plásticos em geral, bem como surfactantes, utilizados em produtos de limpeza, além do Nylon® e poliéster, empregados na indústria têxtil. Colchões, calçados, isolantes térmicos, assentos para automóveis, lonas, velas para barcos, xampu, detergente etc. Em geral, os olhos do consumidor estão direcionados para os produtos finais da cadeia petroquímica, incluindo os óleos sintéticos. Entretanto, há produtos oriundos da cadeia de refino, como os óleos minerais; ou resíduos advindos da destilação do petróleo, como o betume (Félix, 2009).

Quanto à história do betume, há de se buscá-la nas entranhas da Terra. Resto fossilizado da vida, traduzido em um óleo denso, escuro. "Construa uma arca de madeira resinosa, calafetando-a com betume" (Gênesis, 6, 14). Além de encontrar a sua menção na Bíblia, o betume é conhecido desde os sumérios, assírios, babilônios e romanos. Os egípcios, além de empregá-lo em processo de mumificação, utilizavam-no para a calefação de casas, barcos, bem como elemento de aglutinação nos blocos de suas pirâmides (Félix, 2009). Ainda que possa ser utilizado para fabricação de tintas anticorrosivas, baterias eletroquímicas e impermeabilizantes na construção civil, a sua utilização central está voltada à pavimentação de ruas, estradas e rodovias (Félix, 2009). É importante, porém, diferenciar betume de asfalto. Betume refere-se à mistura de hidrocarbonetos com proporção de átomos de carbono predominantemente superiores a C_{25} e com elevadas proporções carbono-hidrogênio, contendo pequenas quantidades de metais como níquel, ferro ou vanádio, solúvel em bissulfeto de carbono; já o asfalto é a mistura de hidrocarbonetos derivados naturalmente do petróleo ou decorrente de sua destilação podendo, por sua vez, conter, em baixas quantidades, enxofre, oxigênio e nitrogênio (Bernucci *et al.*, 2006).

No caso específico da pavimentação empregando-se o asfalto, não se pode ignorar a segurança daqueles que manuseiam esse produto. Tendo em vista a alta viscosidade do asfalto a temperatura ambiente, torna-se necessário aquecê-lo até promover o intertravamento e a coesão entre as partículas após a compactação em campo. É importante registrar que o asfalto libera vapores ao ser aquecido (Sandaka; Gouveia; Senger, 2018), expondo trabalhadores a riscos de intoxicação (Lopes, 2008). Além do estudo das viabilidades técnica e ambiental, deve-se, necessariamente, avaliar o impacto do manuseio do betume (ou do asfalto) na saúde dos trabalhadores, em particular quando expostos a seus vapores, por exemplo, metano e propano. Assim, além da compreensão da difusão desses vapores no ar (M = 28,85 g/mol), cujos valores experimentais dos coeficientes binários de difusão a 25 °C e 1 atm estão apresentados na Tabela 13.1, é de interesse o estudo da difusão mássica de hidrocarbonetos leves no próprio betume, resumida nas informações apresentadas na Tabela 13.2.

Tabela 13.1 – Informações sobre a difusão mássica de gases em ar seco em ar

Gás	*M (g/mol)	**D_{AB} (cm^2/s)
CH_4	16,043	0,222
C_3H_8	44,097	0,115

**Fonte*: Reid; Prausnitz; Poling (1987)

***Fonte*: Tang *et al.* (2015)

Tabela 13.2 – Informações sobre a difusão mássica de gases em betume do tipo WC-B-B3

Gás	V_b (cm³/mol)	T (°C)	η_B (cP)	D_{AB}x10⁶ (cm²/s)
CH_4	37,98	100	120	9,50
C_3H_8	75,91	50	2.120	1,27

Fonte: adaptada de Richardson (2017)

a) A partir do modelo do passeio aleatório, obtenha o cartograma 3D que descreva a difusão estocástica dos gases apresentados na Tabela 13.1 em ar seco a 25 °C e 1 atm e no tempo igual a 0,1 ns.

b) Obtenha o cartograma 3D que descreva a difusão estocástica dos gases apresentados na Tabela 13.2 em betume do tipo WC-B-B3 a 80 °C (290 cP) (Richardson, 2017). Considere, para tanto, o modelo browniano com $\Delta t = 0{,}1$ ns e o número de passos sendo igual ao maior encontrado no item anterior.

c) Avalie o desempenho do modelo de Fuller, Schetter e Giddings (1966), comparando os resultados obtidos dos coeficientes binários de difusão com aqueles experimentais apresentados na Tabela 13.1.

d) Tendo como base os valores experimentais do coeficiente binário de difusão dos gases em betume apresentados na Tabela 13.2, avalie o desempenho da correlação de Richardson (2017).

COMENTÁRIOS

Óleos minerais oriundos da cadeia de refino; óleos sintéticos, procedentes da cadeia petroquímica. Enfim, é inegável a riqueza tecnológica resultante da exploração do petróleo e de seus derivados, como mostra a Figura 13.1. Dentre as etapas ilustradas nessa figura, destaca-se o refino do petróleo, de evidente relevância para as demais etapas. Note, portanto, a dependência cotidiana dos produtos oriundos de recursos fósseis, embora os efeitos danosos de sua exploração e o processamento não possam ser desconsiderados.

Durante o processo de refino e de transporte do petróleo, por meio de oleodutos e de tanques de armazenamento, pode ocorrer o vazamento desse material e a consequente contaminação do solo, gerando resíduo de difícil utilização e de descarte dispendioso. Oleodutos em más condições de manutenção podem acarretar a contaminação de grandes extensões de solo, além de oferecerem riscos com relação à contaminação do lençol freático. Um dos contaminantes provenientes de fontes petrolíferas são os hidrocarbonetos policíclicos aromáticos, que apresentam propriedades mutagênicas, carcinogênicas e teratogênicas, caracterizados como ambientalmente estáveis, resistentes à degradação, sendo também bioacumuláveis, hidrofílicos e tóxicos.

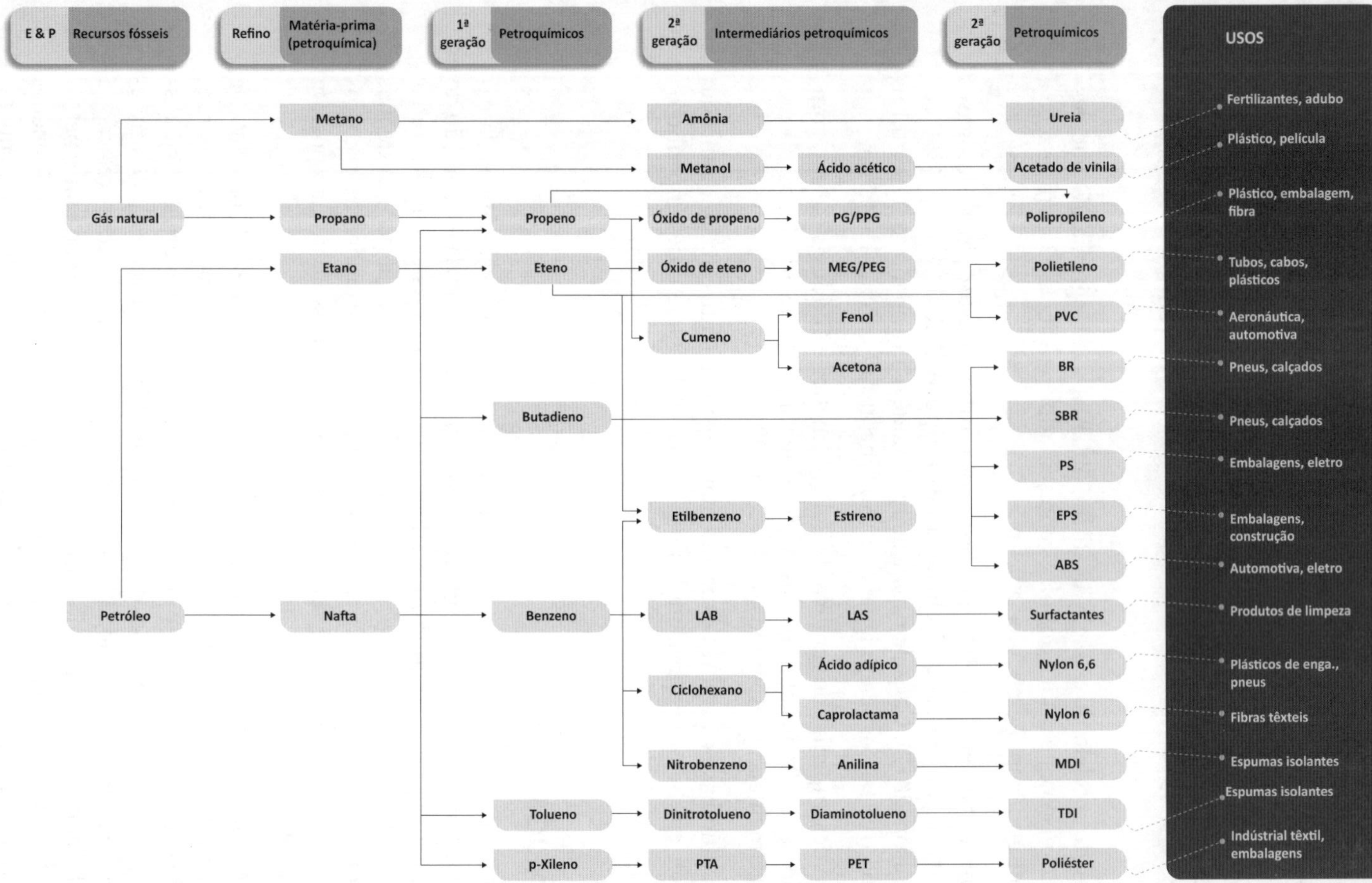

Figura 13.1 – Principais cadeias petroquímicas. ABS: acrilonitrila-butatieno-estireno; BR: borracha de butadieno; EPS: poliestireno expansível (isopor); LAB: benzeno alquílico linear; LAS: alquilbenzeno sulfonado linear; MDI: di-isocianato de difenilmetano; MEG: metiletileno glicol; PEG: polietilenoglicol; PET: poliéster de alta tenacidade; PG: poliglicol; PPG: polipropilenoglicol; PS: polímeros poliestirenos; PTA: ácido tereftálico purificado; PVC: policloreto de vinil; SBR: borracha de estireno-butadieno; TDI: di-isocianato de tolueno.

Fonte: adaptada de Bain & Company (2014).

No contexto da problemática ambiental, estão incluídos desmatamentos, geração e descarte de resíduos, aquecimento global (Araújo *et al.*, 2016). Seja qual for a questão a ser avaliada, são imprescindíveis as contribuições científica e tecnológica para a sua compreensão e solução. Nesse sentido, a contribuição de transferência de massa, dentre várias, está no primeiro passo para o entendimento da dispersão molecular dos gases emitidos durante o manuseio do betume, tanto para o ambiente atmosférico quanto para o aquoso. A descrição da difusão mássica dos vapores de hidrocarbonetos leves, contidos no betume no ar atmosférico se dá via colisões moleculares, tendo como pressuposto o passeio aleatório para a abordagem de sua dispersão; já a difusão mássica desses mesmos vapores no próprio betume, considerando-o enquanto líquido, advém do movimento browniano.

FORMULÁRIO

A descrição estocástica para a difusão em gases segue a descrição apresentada no Capítulo 1, considerando-se o modelo representado desde o passeio aleatório do soluto, descrito pela matriz de transição, representada Equação (1.14) e ilustrada na Figura 1.5, passando pelo formalismo probalístico, cuja distribuição do deslocamento do soluto pode seguir a distribuição binomial, de modo que o número de passos, igual em todas as dimensões, advém da Equação (1.40), reescrita como

$$L = M = N = 8D_{AB}\Delta t \tag{13.1}$$

A dispersão molecular dos hidrocarbonetos no ar seco advém da aplicação da matriz de transição, Equação (1.14), para d = 3, considerando-se o algoritmo sugerido na Figura 1.7, para o qual a única variável a ser fornecida é o valor do número de passos L, oriundo da Equação (13.1). Já a descrição do deslocamento dos gases em betume (assumindo-o líquido) pode ser abordada por meio do modelo do movimento browniano, a partir do qual se pode escrever para o deslocamento de determinado hidrocarboneto a partir das Equações (4.7) a (4.10), ou

$$x(t) = x(t - \Delta t) + \beta_A R_i \tag{13.2}$$

$$y(t) = y(t - \Delta t) + \beta_A R_i \tag{13.3}$$

$$z(t) = z(t - \Delta t) + \beta_A R_i \tag{13.4}$$

com R_i, número aleatório i, cuja função de distribuição de probabilidade (PDF do inglês *Probability Distribution Function*) apresenta média igual a 0 e variância igual a 1, ou seja, o ruído branco N(0,1) e,

$$\beta_A = \sqrt{2D_{AB}\Delta t} \tag{13.5}$$

Ao se conhecer os valores de β_A e o número de passos L, pode-se utilizar o algoritmo fornecido na Figura 4.4.

Para a predição do valor do coeficiente binário de difusão dos gases presentes na Tabela 13.1 em ar seco (M_B = 28,85 g/mol), será empregada a Equação (11.2),

$$D_{AB} = \sqrt{2} \times 10^{-3} \frac{T^{1,75}}{PM_{AB}^{1/2}\left[\left(\sum v_A\right)^{1/3} + \left(\sum v_B\right)^{1/3}\right]^2} \tag{13.6}$$

O resultado de D_{AB} é cm^2/s, utilizando-se T em K, P em atm; a massa molar reduzida na forma da Equação (11.3), aqui retomada

$$M_{AB} = 2\left(\frac{M_A M_B}{M_A + M_B}\right) \tag{13.7}$$

A grandeza Σv_i, para i = A ou B, refere-se ao volume associado à difusão da molécula i cujo valor, para moléculas simples, está apresentado na Tabela 11.1, de onde se identifica, para o ar seco (espécie B), Σv_B = 20,10. Para o metano e o propano, lança-se mão da técnica de contribuição de grupos, que estão contidos na Tabela 11.2, da qual se verifica os volumes atômicos para os átomos de carbono e hidrogênio, respectivamente, v_C =16,5 e v_H = 1,98.

Para a avaliação dos coeficientes binários de difusão dos gases dissolvidos em betume (difusão em líquidos), utiliza-se a seguinte expressão (Richardson, 2017)

$$D_{AB} = 5{,}18 \times 10^{-6} \frac{T}{V_{b_A}^{0,946} \eta_B^{0,403}} \tag{13.8}$$

com o resultado do coeficiente de difusão em cm^2/s, a viscosidade dinâmica em cP e a temperatura em K. O desvio relativo entre os valores calculados do coeficiente binário de difusão e aqueles fornecidos nas Tabela 13.1 e 13.2 pode ser na forma

$$\text{Desvio}(\%) = \frac{\left(D_{AB_{cal}} - D_{AB_{exp}}\right)}{D_{AB_{exp}}} \times 100 \tag{13.9}$$

em que o subscrito "cal" se refere ao valor calculado, e o subscrito "exp", ao valor experimental.

Informação adicional

1 cm^2/s = 1×10^7 Å^2/ns.

SOLUÇÃO

a) A construção do cartograma 3D para o deslocamento da mistura binária, relativa aos gases presentes na Tabela 13.1 em ar seco a 25 °C e 1 atm no tempo igual a 0,1 ns, advém do emprego do algoritmo apresentado na Figura 1.7. Para tanto, deve-se conhecer o número de passos, que advém da Equação (13.1)

$$L = M = N = 8D_{AB}\Delta t \tag{1}$$

Tem-se para o CH_4: $D_{AB} = 0{,}222\ cm^2/s = 2{,}22 \times 10^6\ Å^2/ns$ e $\Delta t = 0{,}1$ ns,

$$L = (8)(2{,}22 \times 10^6)(0{,}1) = 1{,}176 \times 10^6 \tag{2}$$

Para o C_3H_8: $D_{AB} = 0{,}115\ cm^2/s = 1{,}15 \times 10^6\ Å^2/ns$ e e $\Delta t = 0{,}1$ ns,

$$L = (8)(1{,}15 \times 10^6)(0{,}1) = 0{,}92 \times 10^6 \tag{3}$$

De posse do número de passos obtidos e do algoritmo apresentado na Figura 1.7, constrói-se o cartograma 3D, conforme apresentado na Figura 1. Nota-se, claramente, o maior espalhamento do gás mais leve no ar, tendo em vista a sua dimensão molecular.

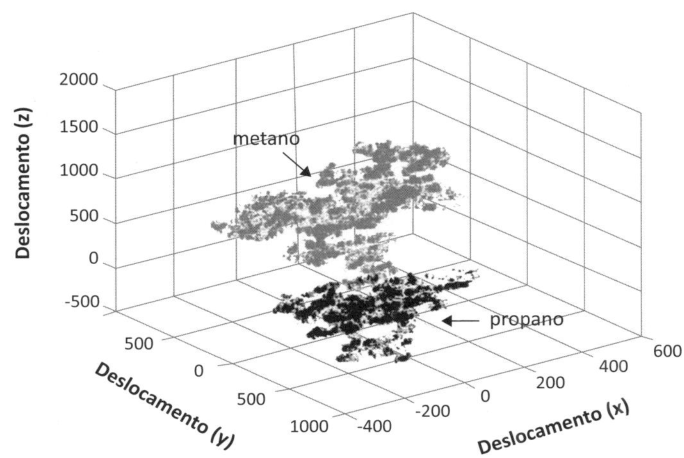

Figura 1 – Cartograma 3D ilustrativo do passeio aleatório de metano e propano em ar seco a 25 °C e 1 atm.

b) Solicita-se, neste item, a construção do cartograma 3D que descreva a difusão estocástica dos gases, apresentados na Tabela 13.2, em betume a 80 °C, cuja viscosidade dinâmica é igual a 290 cP. Observe que, diferentemente do item anterior, não se conhece o valor experimental a essa temperatura. Assim, o valor do coeficiente de difusão do gás no betume será obtido mediante o emprego da Equação (13.8), ou

$$D_{AB} = 5{,}18 \times 10^{-6} \frac{T}{V_{b_A}^{0,946} \eta_B^{0,403}} \tag{4}$$

Para o metano, CH_4, conhece-se o seu volume molar à temperatura normal de ebulição, $V_{bA} = 37{,}98$ cm³/mol. Visto que T = 80 °C = 80 +273,15 = 353,15 K e $\eta_B = 290$ cP, tem-se na Equação (4)

$$D_{AB} = \left(5{,}18 \times 10^{-6}\right) \frac{(353{,}15)}{(37{,}98)^{0,496}(290)^{0,403}} = 5{,}97 \times 10^{-6}\ \text{cm}^2/\text{s} = 0{,}597\ \text{Å}^2/\text{ns} \tag{5}$$

possibilitando o cálculo do desvio padrão segundo a Equação (13.5), para $\Delta t = 0{,}1$ ns,

$$\beta_A = \sqrt{(2)(0{,}597)(0{,}1)} = 0{,}346\ \text{Å} \tag{6}$$

De igual modo, tem-se para o propano, C_3H_8, em que $V_{bA} = 75{,}91$ cm³/mol.

$$D_{AB} = \left(5{,}18 \times 10^{-6}\right) \frac{(353{,}15)}{(75{,}91)^{0,496}(290)^{0,403}} = 3{,}10 \times 10^{-6}\ \text{cm}^2/\text{s} = 0{,}310\ \text{Å}^2/\text{ns} \tag{7}$$

resultando em

$$\beta_A = \sqrt{(2)(0{,}310)(0{,}1)} = 0{,}249\ \text{Å} \tag{8}$$

Considerando-se $L = 1{,}176 \times 10^6$ passos para cada gás dissolvido em betume, tem-se o cartograma 3D apresentados na Figura 2.

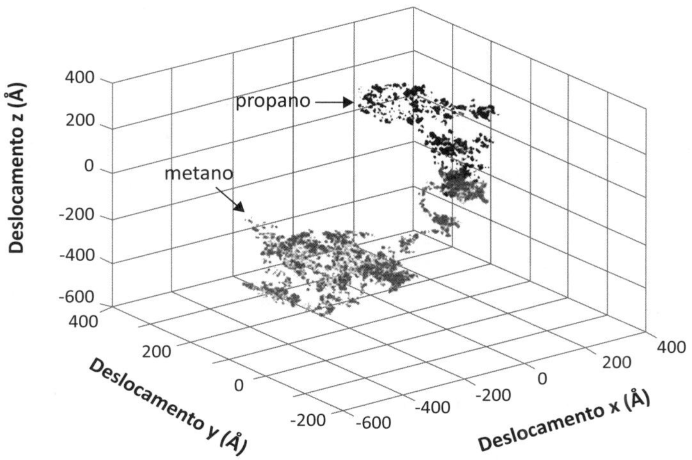

Figura 2 – Cartograma 3D ilustrativo do movimento browniano dos hidrocarbonetos leves CH_4 e C_3H_8 em betume do tipo WC-B-B3 a 80 °C.

c) A predição do valor do coeficiente binário de difusão dos gases em ar seco a partir do modelo de Fuller, Schetter e Giddings (1966) advém do emprego das Equações (13.6) e (13.7), aqui retomadas

$$D_{AB} = \sqrt{2} \times 10^{-3} \frac{T^{1,75}}{PM_{AB}^{1/2}\left[\left(\sum v_A\right)^{1/3} + \left(\sum v_B\right)^{1/3}\right]^2} \tag{9}$$

com

$$M_{AB} = 2\left(\frac{M_A M_B}{M_A + M_B}\right) \tag{10}$$

Para A = CH_4 e B = ar seco, tem-se M_A = 16,043 g/mol e M_B = 28,85 g/mol, os quais, substituídos na Equação (10)

$$M_{AB} = (2)\left[\frac{(16,043)(28,85)}{16,043 + 28,85}\right] = 20,62 \text{ g/mol} \tag{11}$$

Uma vez que $\Sigma v_B = 20,10$, enquanto o volume difusional do metano, CH_4, é calculado por

$$\sum v_A = v_C + 4v_H \tag{12}$$

Visto v_C =16,5 e v_H = 1,98, tem-se na Equação (12),

$$\sum v_A = v_C + 4v_H = 16,5 + (4)(1,98) = 24,42 \tag{13}$$

Tendo em vista que T = 25 °C = 273,15 + 25 = 298,15 K; P = 1 atm, substituem-se esses valores em conjunto com os resultados 11, 12 e 13 na Equação (9),

$$D_{AB} = \left(\sqrt{2} \times 10^{-3}\right) \frac{(298,15)^{1,75}}{(1)(20,62)^{1/2}\left[(24,42)^{1/3} + (20,10)^{1/3}\right]^2} = 0,211\,cm^2/s \tag{14}$$

Uma vez que o valor experimental é igual a 0,222 cm²/s, obtém o valor do desvio relativo ao substituir essa informação em conjunto com o resultado 14 na Equação (13.9),

$$Desvio(\%) = \frac{\left(D_{ABcal} - D_{ABexp}\right)}{D_{ABexp}} \times 100 = \frac{(0,211 - 0,222)}{0,222} \times 100 = -4,95\% \tag{15}$$

De igual maneira para o propano, C_3H_8, M_A = 44,097 g/mol. Visto M_B = 28,85 g/mol, tem-se na Equação (10)

$$M_{AB} = (2)\left[\frac{(44,097)(28,85)}{44,097 + 28,85}\right] = 34,88\ g/mol \tag{16}$$

O volume difusional do propano é

$$\sum v_A = 3v_C + 8v_H = (3)(16,5) + (8)(1,98) = 65,34 \tag{17}$$

Substituindo T = 298,15 K, P = 1 atm, Σv_B = 20,10 e os resultados 16 e 17 na Equação (9),

$$D_{AB} = \left(\sqrt{2} \times 10^{-3}\right) \frac{(298,15)^{1,75}}{(1)(34,88)^{1/2}\left[(65,34)^{1/3} + (20,10)^{1/3}\right]^2} = 0,113\,cm^2/s \tag{18}$$

Visto D_{ABexp} = 0,115 cm²/s, tem-se como desvio relativo,

$$Desvio(\%) = \frac{\left(D_{ABcal} - D_{ABexp}\right)}{D_{ABexp}} \times 100 = \frac{(0,113 - 0,115)}{0,115} \times 100 = -1,74\% \tag{19}$$

d) Este item trata da difusão de hidrocarbonetos leves dissolvidos em betume do tipo WC-B-B3, em particular para avaliar o desempenho da Equação (13.8), aqui retomada

$$D_{AB} = 5{,}18 \times 10^{-6} \frac{T}{V_{b_A}^{0{,}946} \eta_B^{0{,}403}} \tag{20}$$

Tendo como base as informações apresentadas na Tabela 13.2, pode-se proceder os cálculos para a estimativa dos valores dos coeficientes de difusão do metano e do propano diluídos em betume do tipo WC-B-B3.

Metano: V_{bA} = 37,98 cm³/mol; T =100 °C = 100 + 273,15 = 373,15 K; η_B = 120 cP.

$$D_{AB} = \left(5{,}18 \times 10^{-6}\right) \frac{\left(373{,}15\right)}{\left(37{,}98\right)^{0{,}496} \left(120\right)^{0{,}403}} = 9{,}00 \times 10^{-6}\ \text{cm}^2/\text{s} \tag{21}$$

Visto o valor experimental ser 9,5 × 10⁻⁶ cm²/s, tem-se o desvio relativo, a partir da Equação (13.9), em relação ao valor experimental

$$\text{Desvio}(\%) = \frac{\left(D_{AB_{cal}} - D_{AB_{exp}}\right)}{D_{AB_{exp}}} \times 100 = \frac{\left(9{,}00 \times 10^{-6} - 9{,}50 \times 10^{-6}\right)}{9{,}50 \times 10^{-6}} \times 100 = -5{,}26\% \tag{22}$$

Propano: V_{bA} = 75,91 cm³/mol; T = 50 °C = 50 + 273,15 = 323,15 K; η_B = 2.120 cP.

$$D_{AB} = \left(5{,}18 \times 10^{-6}\right) \frac{\left(323{,}15\right)}{\left(75{,}91\right)^{0{,}496} \left(2.120\right)^{0{,}403}} = 1{,}27 \times 10^{-6}\ \text{cm}^2/\text{s} \tag{23}$$

resultando em desvio relativo em relação ao valor experimental (1,5 × 10⁻⁶ cm²/s),

$$\text{Desvio}(\%) = \frac{\left(D_{AB_{cal}} - D_{AB_{exp}}\right)}{D_{AB_{exp}}} \times 100 = \frac{\left(1{,}27 \times 10^{-6} - 1{,}50 \times 10^{-6}\right)}{1{,}50 \times 10^{-6}} \times 100 = -15{,}33\% \tag{24}$$

REFERÊNCIAS

ARAUJO, V. M. C.; CASTELO BRANCO, V. T. F.; LIMA, D. M.; CAVALCANTE. Avaliação ambiental da utilização de solo contaminado por derivados de petróleo (SCDP) em misturas asfálticas. *Transportes*, v. 24, n. 2, p. 77-87, 2016.

BAIN & COMPANY. *Potencial de diversificação da indústria química brasileira: Relatório 6 – Matéria-prima petroquímica*. Rio de Janeiro: Bain & Company. 2014. 71 p.

BERNUCCI, L. B.; MOTTA, L. M. G.; CERATTI, J. A. P.; SOARES, J. B. *Pavimentação asfáltica*. Rio de Janeiro: Petrobras, Abeda, 2006. 504 p.

FÉLIX, G. B. *Estudo da incorporação de resíduo polimérico no asfalto – propriedades físicas*. 2009. 41 f. Monogafia (Conclusão de Curso em Engenharia Química) – Universidade Federal do Rio Grande do Norte, Natal, 2009. 41 f.

FULLER, E. N.; SCHETTLER, P. D.; GIDDINGS, J.C. New method for prediction of binary gas-phase diffusion coefficients. *Industrial & Engineering Chemistry*, v. 58, n. 5, p. 18 -27, 1966.

LOPES, J. L. Risco para a saúde de trabalhadores de pavimentação com asfalto. *INTERFACEHS – Revista de Gestão Integrada em Saúde do Trabalho e Meio Ambiente*, v. 3, n. 3, p. 1-10, 2008.

REID, R. C.; PRAUSNITZ, J. M.; POLING, B. E. *The properties of gases and liquids*. 4. ed. New York: McGraw-Hill, 1987. 742 p.

RICHARDSON, W. D. L. *Diffusivity of light hydrocarbon gases in bitumen*. Doctoral Thesis. Calgary: University of Calgary, 2017. 121 p.

SANDAKA, G.; GOUVEIA, L. T.; SENGER, L. J. Emissões do asfalto e seus efeitos na saúde humana. *Transportes*, v. 26, n. 2, p. 167-179, 2018.

TANG, M. J. SHIRAIWA, M.; POSCHL, U.; COX, R. A.; KALBERER. Compilation and evaluation of gas phase diffusion coefficients of reactive trace gases in the atmosphere: Volume 2. Diffusivities of organic compounds, pressure-normalised mean free paths, and average Knudsen numbers for gas uptake calculations. *Atmosphere Chemistry and Physics*, v. 15, p. 5585-5598, 2015.

CAPÍTULO 14
O que nos aquece?

Em 1802, Jean-Baptiste Pierre Antoine de Monet (1744-1829), o Chevalier de la Marck ou Lamarck, criou o termo biologia para definir o conjunto das ciências da vida (Moon, 2010). Em 1820, escreveu:

> O ser humano, por seu egoísmo tão clarividente em relação aos seus próprios interesses, por sua inclinação a explorar tudo o que está à sua disposição, parece trabalhar para o aniquilamento de seus meios de conservação e a destruição da própria espécie. Pode-se dizer que o ser humano está destinado a exterminar a si próprio, após tornar o globo inabitável (Marques, 2015).

Após duzentos anos, as palavras de Lamarck ecoam não mais premonitórias, mas atuais, em particular quando se contextualiza a contribuição antropogênica para as mudanças climáticas do Planeta. A partir do século XIX, com a Revolução Industrial, economias industriais passaram a emitir quantidades cada vez maiores de gases oriundos da queima de combustíveis fósseis, impactando a composição química da atmosfera e afetando o equilíbrio energético quanto à emissão oriunda do Sol e aquelas refletidas e absorvidas pela Terra, conforme ilustra a Figura 14.1.

Figura 14.1 – Ilustração do efeito de gás estufa.

Da quantidade de energia emitida pelo Sol, cerca de 20% são refletidos pelas nuvens e retornam ao espaço sideral; em torno de 8% são refletidos para o espaço a partir da superfície terrestre e o restante, 72%, são absorvidos pelo Planeta e reenviados à troposfera na forma de calor como radiação infravermelha, sendo uma pequena parcela captada por gases de estrutura complexa. As moléculas desses gases retransmitem o calor absorvido para as camadas abaixo da troposfera até a superfície da Terra e, por isso, são denominados gases de efeito estufa, GEE (Marques, 2015). Assim, quanto maior a concentração desses gases, maior a ação do efeito estufa e, logo, maior o aquecimento médio global, ocasionando eventos meteorológicos desastrosos, elevação do nível do mar e degelo das calotas polares.

O efeito estufa atua diretamente no impacto da mudança climática planetária, reconhecendo-se, do modo como aqui contextualizado, como ameaça para aspectos centrais de desenvolvimento, podendo-se citar a regulação do abastecimento de água, segurança alimentar, saúde humana, recursos naturais e proteção contra riscos naturais (Barbi, 2015). Portanto, é urgente a criação de políticas de preservação e a sua adoção imediata em nível mundial, incluíndo o controle rígido quanto ao desequilíbrio químico oriundo da concentração excedente dos GEE: metano (CH_4), dióxido de carbono (CO_2), óxido nitroso (N_2O), vapor de água (H_2O), ozônio (O_3), gases fluorados, como o hidrofluorcabono (HFC), o perfluocarbono (PFC) e o hexafluoreto de enxofre (SF_6) (Marques, 2015), destacando-se o CO_2, tendo em vista que o acompanhamento do efeito estufa e do próprio aquecimento da Terra dá-se, também, por meio da avaliação temporal de sua concentração na atmosfera.

Dessa maneira, a tecnologia é convocada para avaliar a questão e buscar ações para, no limite, atenuar a emissão de GEE, sobretudo do CO_2. A captura e o sequestro de carbono (*carbon capture and sequestration,* CCS) são uma das principais abordagens para o controle das emissões de CO_2, que consiste na captura, transporte e armazenamento de CO_2 proveniente de diferentes tipos de indústrias e da geração de energia (Lourenço, 2015). Dentro da etapa de captura, está o processo do método de pós-combustão, no qual existe a absorção química do CO_2 por um solvente em contato com o fluxo de gás gerado após a combustão (Lourenço, 2015). Dentre os solventes utilizados para remoção de CO_2 da fase gasosa, encontra-se a monoetanolamina (MEA). Apesar de ser uma tecnologia amplamente difundida e com resultados comprovados, o emprego desse solvente apresenta baixa seletividade frente a gases ácidos; alta toxicidade, corrosividade e volatilidade, gerando gases de forte impacto ambiental. Uma alternativa atraente para o solvente na absorção de CO_2 é o emprego de líquidos iônicos (LI). Os LI são sais orgânicos compostos por um ânion (orgânico ou inorgânico) e por um cátion orgânico (Silva, 2011; Souza *et al.*, 2018) e considerados como parte de uma classe especial de sais fundidos, com ponto de fusão por volta de 100 °C, com alguns exemplos ilustrados na Figura 14.2.

Cátions

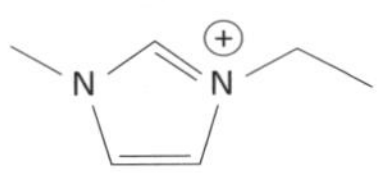

1-etil-3-metilimidazólio $[Emim]^+$

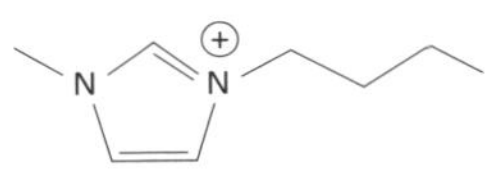

1-butil-3-metilimidazólio $[Bmim]^+$

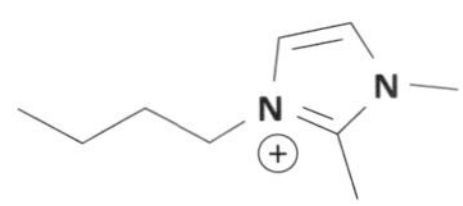

1-butil-2,3-dimetilimidazólio $[BDmim]^+$

Ânions

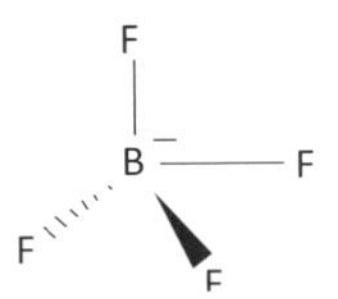

Tetrafluoborato $[BF_4]^-$

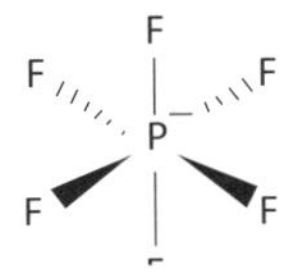

Hexafluorosfosfato $[PF_6]^-$

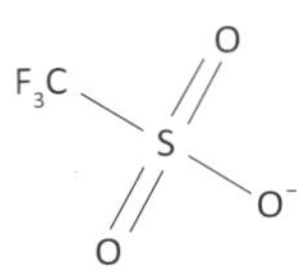

Triflato $[TfO]^-$

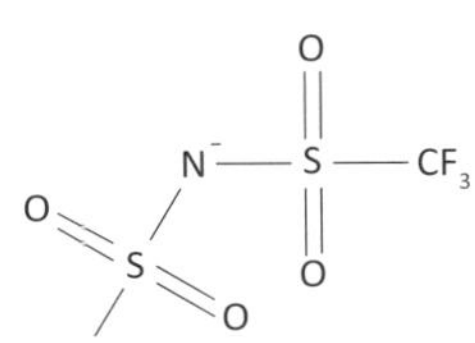

Bis(fluorometanosulfonil)imida $[NTf_2]^-$

Figura 14.2 – Exemplos de alguns cátions e ânions representativos dos líquidos iônicos.

Os LI apresentam características marcantes, como baixa pressão de vapor, estabilidade térmica, amplas faixas de solubilidade e janela eletroquímica, superando os solventes de natureza orgânica. Tais propriedades físicas permitem o emprego dos LI em células de combustíveis, como catalisadores, em processos de purificação de proteínas, solvente para tingimento têxteis, na química farmacêutica para a síntese de fármacos, em cromatografia gasosa e na absorção de gases característicos do efeito estufa (Gomes, 2017; Souza *et al.*, 2018). Nesse último caso, a incapacidade do LI de volatilizar evita a liberação de gases para a atmosfera; isso, associado ao seu amplo poder de solubilização (Silva, 2011), torna-o o solvente mais indicado em operações de absorção de CO_2.

Evidencia-se, portanto, a viabilidade técnica da utilização de LI para a captura de carbono, destacando-se a sua baixa volatilidade que permite, além de absorver gases poluentes, não emitir poluentes para a atmosfera (Silva, 2011). Por outro lado, embora não contribuam com a poluição atmosférica, vários LI são solúveis em água e podem contaminar esse meio (Valsecchi, 2018). Novamente, somos chamados para entender o problema do qual decorre, inclusive, uma questão ética profissional a ser pensada: como podemos diminuir a poluição atmosférica sem contaminar nossas águas?

Ao se debruçar nesta importante reflexão, torna-se essencial a fundamentação teórica. No caso em particular, procurar entender a difusão mássica de líquidos em soluções aquosas. É necessário inteirar-se da problemática tecnológica e social associada à captura do CO_2 da atmosfera, da própria contaminação líquida decorrente da presença de LI e estabelecer os primeiros passos para o conhecimento do processo de separação, fortemente atrelado as operações de transferência de massa. Assim, pede-se:

a) Obtenha o valor do coeficiente de difusão do CO_2, a 30 °C, nos seguintes líquidos iônicos: 1-etil-3-metilimidazólio bis((trifluorometilssulfonil)imida) [Emim][NTf_2]; trifluorometanossulfonato de 1-etil-3-metilimidazólio trifluorometanossulfonato [Emim][TfO]; hexafluorofosfato de 1-butil-3-metilimidazólio [Bmim][PF_6]. Para tanto, utilize a correlação de Morgan; Fergunson; Scovazzo (2005) e compare-a com os valores experimentais (Tabela 14.1).

Tabela 14.1 – Propriedades físico-químicas de alguns LI

Líquido iônico	Fórmula química	η_B (cP)	D_{AB} x10^6 (cm^2/s)
[Emim][NTf_2]	$[C_6N_2H_{11}^+][(CF_3SO_2)_2N^-]$	26	6,60
[Emim][TfO]	$[C_6N_2H_{11}^+][CF_3SO_3^-]$	45	5,20
[Bmim][PF_6]	$[C_8N_2H_{18}^+][PF_6^-]$	176	2,70

Fonte: adaptada de Morgan; Fergunson; Scovazzo (2005)

b) Obtenha os valores dos coeficientes de difusão do tetrafluoroborato de 1-butil-2,3-dimetilimidazólio [BDmim][BF_4] e do hexafluorofosfato de 1-butil-2,-3-dimetilimidazólio [BDmim][PF_6], diluídos em água a 30 °C (η_B = 0,793 cP). Para tanto, empregue a abordagem da difusão de eletrólitos diluídos em água segundo a equação de Nernst e compare com os resultados experimentais apontados na Tabela 14.2.

Tabela 14.2 – Propriedades físico-químicas de alguns LI

Líquido iônico	Fórmula química	D_{AB} x10^5 (cm2/s)
[BDmim][BF_4]	[$C_9N_2H_{17}^+$][BF_4^-]	1,933
[BDmim][PF_6]	[$C_9N_2H_{17}^+$][PF_6^-]	1,206

Fonte: adaptada de Soriano *et al.* (2011)

COMENTÁRIOS

É importante lembrar que o efeito estufa acontece naturalmente na atmosfera terrestre e tem função essencial para a manutenção de temperaturas compatíveis para os seres vivos. Caso os GEE não existissem, a Terra seria uma esfera gélida, com temperatura média de menos 18 °C, sem contar que, sem a presença de CO_2, não haveria fotossíntese. O problema central é o desequilíbrio, sendo inquestionável a contribuição humana para tal. O aumento exponencial das emissões de CO_2 na atmosfera a partir da combustão de combustíveis fósseis, que compõem 86% dos gases de efeito estufa, não reflete um modelo energético sustentável. A criação do protocolo de Quioto trouxe a necessidade de reduzir as emissões antropogênicas de CO_2 (Torralba-Calleja; Skinner; Gutiérrez-Tauste, 2013), todavia, em vez de se diminuir as emissões de GEE em 5,2% até 2012 comparativamente aos níveis de 1990, as emissões atmosféricas de CO_2 aumentaram, entre 1992 e 2012, em mais de 50% (Marques, 2015).

Trata-se de uma realidade que provoca a consciência humana tanto para a sua preservação quanto do Planeta, evocando a preocupação centenária de Lamarck. Reforça-se que um dos compromissos sociais da tecnologia é a constante busca de solução de problemas relacionados ao meio ambiente. Os setores industriais de transformação, transporte e produção de energia são os maiores contribuintes para a carga poluidora. O Painel Intergovernamental sobre Mudanças Climáticas (IPCC) considerou necessária a redução superior a 60% dos gases estufa para prevenir mudanças climáticas globais significativas. O setor industrial poderia realizar uma redução de custos e emissões aplicando os princípios da sustentabilidade e da engenharia verde. O desempenho econômico e ambiental pode ser melhorado com a adoção de processos nos quais a produção de resíduos é evitada, e as operações de separação e purificação são projetadas para minimizar o consumo de energia e o uso de materiais (Galán-Sánchez, 2008).

Nesse contexto, é imperativo o desenvolvimento de solventes que possam ser utilizados como alternativa segura aos compostos orgânicos voláteis, que possam minimizar os níveis de poluição e resíduos químicos, alterações climáticas, problemas ambientais e outros relacionados com a saúde humana (Figueiredo, 2013) na formação de recursos humanos. Assim, os LI são uma alternativa a ser considerada. Como mencionado, é comum categorizá-los como sais fundidos a temperatura ambiente. Por serem meios constituídos apenas por íons, nos quais as moléculas em solução podem exibir propriedades distintas das que se verificam em outros solventes, os LI são compostos por uma combinação de ânions volumosos e assimétricos e cátions orgânicos, como imidazólio. A adição de um cátion orgânico em substituição a um íon metálico permite aumentar a dimensão do cátion e sua assimetria (Figueiredo, 2013), resultando em fraca interação eletrostática entre eles (Cândido, 2012), ocasionando, por exemplo, baixo ponto de fusão.

Diferentemente de sais fundidos, em que existem fortes interações iônicas decorrentes da presença de cargas e distâncias estruturais, nos LI, por seu tamanho e assimetria entre seus íons, existe maior distanciamento entre cátions e ânions. Nos LI, os íons não são separados por moléculas de solvente, por isso eles estão sempre em contato, por meio de interações íon-íon, ligações de hidrogênio e forças de van der Waals. Em outras palavras, há menor adensamento estrutural (Cândido, 2012), acarretando vazios na estrutura dos LI. Tais cavidades decorrem de interações mais fracas entre cátion-ânion e, portanto, reguladas pela termodinâmica dessas interações. Quanto mais fraca a interação cátion-ânion, maior a ocorrência de cavidades, permitindo, assim, a captura de gases como CO_2. A movimentação aleatória do soluto em tais volumes livres, associada à interação soluto-íon, governada principalmente pela viscosidade do solvente, bem como a energia necessária ao deslocamento do soluto para novos volumes vazios, acabam por trazer luz ao mecanismo difusivo de gases em LI. Alguns fatores, como o tamanho dos íons, os pares iónicos e a viscosidade, influenciam a difusão e a condutividade desses solventes. É de interesse do presente capítulo avaliar o próprio LI enquanto meio em que ocorre a difusão mássica.

FORMULÁRIO

Para a obtenção do valor do coeficiente de difusão do CO_2 nos LI apresentados no item a), utiliza-se a correlação de Morgan, Fergunson e Scovazzo (2005)

$$D_{AB} = \frac{2,66 \times 10^{-3}}{\eta_B^{0,66} V_{b_A}^{1,04}} \tag{14.1}$$

sendo η_B a viscosidade dinâmica do LI em cP e $V_{bA} = 34$ cm^3/mol (Tabela 11.5).

De igual modo à obtenção do coeficiente de difusão de eletrólitos em líquidos convencionais, os valores dos coeficientes de difusão, em condição de diluição infinita, podem ser estimados por meio da equação de Nernst, em termos da condutividade molar do íon, à diluição infinita, Λ^0_i,

$$D_{\overset{o}{A}} = 8,931 \times 10^{-6} \left(\frac{\overset{o}{\Lambda}_+ \overset{o}{\Lambda}_-}{\overset{o}{\Lambda}_+ + \overset{o}{\Lambda}_-} \right) \left(\frac{|z_+| + |z_-|}{|z_+||z_-|} \right) T \tag{14.2}$$

em que $D_{\text{Å}}$ é o coeficiente de difusão em diluição infinita do eletrólito (LI) em determinado solvente e usualmente água (em cm^2/s); T, temperatura em K; z_i é o número de carga do íon, respectivamente, enquanto $\Lambda^0{}_i$ é condutividade molar do íon, à diluição infinita, em ($S.\ m^2/mol$) que pode ser expressa em relações do tipo Arrhenius na forma (Soriano *et al.*, 2011)

$$\overset{\circ}{\Lambda}_i = A_0 \exp\left(-\frac{E_A}{RT}\right) \tag{14.3}$$

Os parâmetros da Equação (14.3) estão apresentados na Tabela 14.3.

Tabela 14.3 – Parâmetros da relação de Arrhenius

Íons	A_0 ($S.m^2/mol$)	E_A (J/mol)
$[BDmim]^+$	2,08050	15.226
$[BF_4]^-$	0,43076	10.220
$[PF6]^-$	11,8220	20.607

Fonte: adaptada de Soriano *et al.* (2011)

O desvio relativo entre os resultados calculados e os experimentais pode ser obtido por

$$\text{Desvio}\left(\%\right) = \frac{\left(D_{AB} - D_{AB\exp}\right)}{D_{AB\exp}} \times 100 \tag{14.4}$$

Informação adicional

R = 8,3145 J/(mol.K)

SOLUÇÃO

a) Será avaliado, neste item, o desempenho da Equação (14.1), ou

$$D_{AB} = \frac{2,66 \times 10^{-3}}{\eta_B^{0,66} V_{b_A}^{1,04}} \tag{1}$$

Visto $V_{bA} = 34\ cm^3/mol$, tem-se na Equação (1),

$$D_{AB} = \frac{6,794 \times 10^{-5}}{\eta_B^{0,66}} \tag{2}$$

Dessa maneira, tem-se:

Líquido iônico: [Emim][NTf_2], $\eta_B = 26$ cP. Da Equação (2)

$$D_{AB} = \frac{\left(6,794 \times 10^{-5}\right)}{\left(26\right)^{0,66}} = 7,91 \times 10^{-6}\ cm^2/s \tag{3}$$

Uma vez que o valor experimental é $6,6x10^{-6}\ cm^2/s$, tem-se, a partir da Equação (14.4), o seguinte desvio relativo

$$\text{Desvio}(\%) = \frac{\left(7,91 \times 10^{-6} - 6,60 \times 10^{-6}\right)}{6,60 \times 10^{-6}} \times 100 = 19,85\% \tag{4}$$

Líquido iônico: [Emim][TfO], $\eta_B = 45$ cP. Assim,

$$D_{AB} = \frac{\left(6,794 \times 10^{-5}\right)}{\left(45\right)^{0,66}} = 5,51 \times 10^{-6}\ cm^2/s \tag{5}$$

O valor experimental é $5,20 \times 10^{-6}\ cm^2/s$; tem-se, a partir da Equação (14.4), o seguinte desvio relativo

$$\text{Desvio}(\%) = \frac{\left(5,51 \times 10^{-6} - 5,20 \times 10^{-6}\right)}{5,20 \times 10^{-6}} \times 100 = 5,96\% \tag{6}$$

Líquido iônico: [Bmim][TfO], $\eta_B = 176$ cP. Desse modo,

$$D_{AB} = \frac{\left(6,794 \times 10^{-5}\right)}{\left(176\right)^{0,66}} = 2,24 \times 10^{-6}\ cm^2/s \tag{7}$$

O valor experimental é 2,70×10^{-6} cm^2/s; tem-se, a partir da Equação (14.4), o seguinte desvio relativo

$$\text{Desvio}(\%) = \frac{\left(2,24\times10^{-6} - 2,70\times10^{-6}\right)}{2,70\times10^{-6}} \times 100 = -17,04\% \tag{8}$$

b) Intenta-se estimar os valores do coeficiente de difusão iônica dos LI [BDmim][BF_4] e [BDmim][PF_6] diluídos em água a 30 °C. Nesse caso, utiliza-se a Equação (14.2), ou

$$D_{\overset{o}{A}} = 8,931\times10^{-10}\left(\frac{\overset{o}{\Lambda}_+\overset{o}{\Lambda}_-}{\overset{o}{\Lambda}_+ + \overset{o}{\Lambda}_-}\right)\left(\frac{|z_+|+|z_-|}{|z_+||z_-|}\right)T \tag{9}$$

Observe que se torna necessária a obtenção da condutividade molar dos íons analisados no presente exercício. Essa informação é oriunda da utilização da Equação (14.3),

$$\overset{o}{\Lambda}_i = A_0 \exp\left(-\frac{E_A}{RT}\right) \tag{10}$$

cujos parâmetros estão apresentados na Tabela 14.3. Dessa maneira, tem-se, para os íons [BDmim]$^+$, [BF_4]$^-$ e [PF_6]$^-$, os seguintes resultados (considerando E_A em J/mol)

$$\overset{o}{\Lambda}_{[\text{BDmim}]^+} = (2,08050)\exp\left[-\frac{(15.226)}{(8,3145)(303,15)}\right] = 4,951\times10^{-3}\ \text{S.m}^2/\text{mol} \tag{11}$$

$$\overset{o}{\Lambda}_{[\text{BF}_4]^-} = (0,43076)\exp\left[-\frac{(10.220)}{(8,3145)(303,15)}\right] = 7,470\times10^{-3}\ \text{S.m}^2/\text{mol} \tag{12}$$

$$\overset{o}{\Lambda}_{[\text{PF}_6]^-} = (11,8220)\exp\left[-\frac{(20.607)}{(8,3147)(303,15)}\right] = 3,327\times10^{-3}\ \text{S.m}^2/\text{mol} \tag{13}$$

Para [BDmim][BF_4]: substituindo T = 303,15 K, $|z_i|$ = 1 e os resultados 11 e 12 na Equação (9)

$$D_{\mathring{A}} = \left(8{,}931\times10^{-10}\right)\left[\frac{\left(4{,}951\times10^{-3}\right)\left(7{,}470\times10^{-3}\right)}{4{,}951\times10^{-3}+7{,}470\times10^{-3}}\right]\left[\frac{1+1}{(1)(1)}\right](303{,}15) = 1{,}612\times10^{-5}\ \text{cm}^2/\text{s} \quad (14)$$

Pelo fato de o valor experimental ser $1{,}933\times10^{-5}$ cm^2/s, tem-se o seguinte desvio relativo

$$\text{Desvio}(\%) = \frac{\left(1{,}612\times10^{-5} - 1{,}933\times10^{-5}\right)}{1{,}933\times10^{-5}}\times100 = -16{,}61\% \quad (15)$$

Para [BDmim][BF_4]: substituindo T = 303,15 K, $|z_i|$ = 1 e os resultados 11 e 13 na Equação (9)

$$D_{\mathring{A}} = \left(8{,}931\times10^{-10}\right)\left[\frac{\left(4{,}951\times10^{-3}\right)\left(3{,}327\times10^{-3}\right)}{4{,}951\times10^{-3}+3{,}327\times10^{-3}}\right]\left[\frac{1+1}{(1)(1)}\right](303{,}15) = 1{,}077\times10^{-5}\ \text{cm}^2/\text{s} \quad (16)$$

Uma vez que o valor experimental é $1{,}206\times10^{-5}$ cm^2/s, tem-se

$$\text{Desvio}(\%) = \frac{\left(1{,}077\times10^{-5} - 1{,}206\times10^{-5}\right)}{1{,}206\times10^{-5}}\times100 = -10{,}70\% \quad (17)$$

REFERÊNCIAS

BARBI, F. *Mudanças climáticas e respostas políticas nas cidades*. Campinas: Editora da Unicamp, 2015. 248 p.

CÂNDIDO, L. G. *Líquidos iônicos: efeito da temperatura sobre a condutividade iônica*. 2012. 94 f. Dissertação (Mestrado em Química) – Universidade de Brasília Instituto de Química, Brasília, 2012.

DE SOUZA, A. L.; VIEIRA, M. O.; POLESSO, B. B.; COBALCHINI, F. W.; BERNARD, F. D. V.; EINLOFT, S. Sorção de CO_2 utilizando líquido iônico aditivado com extensores de área superficial. *Química Nova*, v. 41, n. 6, p. 656-661, 2018.

FIGUEIREDO, E. J. P. *Velocidade do som e compressibilidade em líquidos iónicos*. 2013. 55 f. Dissertação (Mestrado em Ciências e Tecnologia) – Universidade de Coimbra, Coimbra, 2013.

GÁLAN SÁNCHEZ, L. M. *Functionalized ionic liquids: absorption solvents for carbon dioxide and olefin separation*. 2008. 201 f. Tese (Doutorado em Tecnologia) – Technische Universiteit Eindhoven, Eindhoven, 2008.

GOMES, R. S. *Determinação de propriedades termofísicas e estudo do equilíbrio líquido-líquido de sistemas envolvendo líquidos iônicos próticos*. 2017. 87 f. Dissertação (Mestrado em Engenharia Química) – Universidade Federal do Pará, Belém, 2017.

LOURENÇO, T. C. *Simulação computacional de líquidos de interesse em tecnologia limpa*. 2015. 96 f. Dissertação (Mestrado em Química) – Universidade Federal de Alfenas, Alfenas, 2015.

MARQUES, L. *Capitalismo e colapso ambiental*. Campinas: Editora da Unicamp, 2015. 642 p.

MOON, P. A reabilitação do herege. Ciência e Tecnologia. *Época*. 21 jan. 2010. Disponível em: <http://revistaepoca.globo.com/Revista/Epoca/0,EMI117614-15224,00.html>. Acesso em: 16 ago. 2022.

MORGAN, D.; FERGUSON, L.; SCOVAZZO, P. Diffusivities of gases in room-temperature ionic liquids: Data and correlations obtained using a lag-time technique. *Industrial & Engineering Chemistry Research*, v. 44, n. 13, p. 4815-4823, 2005.

SILVA, F. M. *Condutivimetria aplicada ao monitoramento da polimerização em emulsão contendo líquidos iônicos*. 2011; 104 f. Dissertação (Mestrado em Engenharia de Processos) – Universidade Tiradentes, Aracaju, 2011.

SORIANO, A. L.; AGAPITO, A. M.; LAGYMBAY, L. J. L.; CAPARANGA, A. R. LI, M-H. Diffusion coefficients of aqueous ionic liquid solutions at infinite dilution determined from electrolytic conductivity measurements. *Journal of the Taiwan Institute of Chemical Engineers*, v. 42, p. 258-264, 2011.

TORRALBA-CALLEJA, E.; SKINNER, J.; GUTIÉRREZ-TAUSTE, D. CO_2 capture in ionic liquids: A review of solubilities and experimental methods. *Journal of Chemestry*, v. 2013, n. ID 473584, 16 p., 2013.

VALSECCHI, C. *Estudos teóricos de pares iônicos a base de imidazol em nível atomístico e coarse-grained em solução e membranas biológicas*. 2018. 111 f. Tese (Doutorado em Química) – Universidade Federal do Rio Grande do Sul, Porto Alegre, 2018.

CAPÍTULO 15
Ouro de tolo ou pedra filosofal?

Pélias, usurpador do trono de Tessália, para dar um fim ao herdeiro do reino, Jasão, enviou-o para a missão impossível de trazer um objeto encantado, que possibilitaria riqueza e poder para quem o possuísse: o velocino de ouro. Esse velocino ou velo referia-se à lã mágica do carneiro mítico Crisómalos, encravada em um carvalho na distante Cólquida. Jasão e outros heróis, os Argonautas, partiram na busca da preciosa lã, enfrentando inúmeros desafios (Cremasco, 2023). Mas o que a lenda grega dos Argonautas tem a ver com um livro técnico? Pois bem: estudos arqueológicos revelam que, há cerca de 4.000 a.C., o ouro era trabalhado na Mesopotâmia, cujas técnicas para a sua extração e obtenção, assim como as formas de manipulação para manufatura de adornos e outros objetos, foram transmitidas para as civilizações do Mediterrâneo Oriental. Para separar o ouro do cascalho, em 1.300 a.C. e na região do Mar Negro, que banha a Cólquida (hoje, República da Geórgia), o ser humano empregava sluices, espécie de canaleta feita de madeira, coberta com lã de carneiro, cuja oleosidade contribuía para a separação do ouro, tendo em vista a hidrofobicidade do metal. Em outros termos, o ouro ficava impregnado à lã ao fazê-lo passar, misturado com cascalho e água, na caneleta destinada à sua separação. Quem sabe aí a origem da lenda e os Argonautas saíram desde a antiga Grécia, atravessaram os mares Egeu e Negro, para constatarem a existência de tal lã áurea. Será que não a encontraram? Além do emprego da lã de carneiro para a separação do ouro, descobriu-se, há 1.000 a.C, que esse metal poderia ser misturado ao mercúrio e posteriormente separado; contudo, a utilização mais ampla do processo de amalgamação deu-se a partir do século XIV, na Europa Central. Transmutar qualquer metal em ouro, na busca da pedra filosofal, era um dos objetivos dos alquimistas na Idade Média, contribuindo, indiretamente, para o surgimento da Química como a entendemos hoje, bem como da Metalurgia (Rosa, 2006). Um componente essencial dessa busca era o emprego do mercúrio, tendo em vista a facilidade de amalgamar-se no metal.

Para o bem ou para o mal, ouro de tolo ou pedra filosofal, sabe-se que, aproximadamente, 2 g de mercúrio são utilizados no processamento de 1 g de ouro. É notório, desse modo, que o ouro é o mais nobre dos metais. A antiga civilização egípcia o considerava o metal perfeito. Nas Américas, astecas e maias conheciam-no e reconheciam o seu valor. É o único metal que não é atacado no ar ou na água por oxigênio ou enxofre, e a sua durabilidade sob condições corrosivas levou ao seu uso generalizado em moedas e joias ao longo dos tempos (Nicol; Fleming; Paul, 1987). Encontra-se a sua utilização, além das indústrias joalheiras e monetárias, nas indústrias eletroeletrônica, química, têxtil, de impressão, de papel, de plásticos, alimentícia, farmacêutica e vítrea (Otelo, 2018).

É igualmente evidente o impacto nocivo da extração do minério sem a devida consciência tanto relativa ao impacto ambiental de sua lavra e beneficiamento quanto ao social, que vai desde aspectos de saúde (seja humana ou de qualquer ser vivo) à social, tendo em vista a natureza exploratória do trabalho, principalmente em relação à atividade artesanal, chegando ao limite da lavra predatória. A garimpagem ocorre ou em terra firme ou em leitos aquáticos. Neste último, a extração dá-se por meio de bombeamento das águas de rios para ser processado em caixas de madeira forradas ou por saco de aniagem ou por carpete (lembrem-se de Crisómalos), com taliscas dispostas transversalmente. Mercúrio é adicionado na parte superior da caixa de forma a amalgamar-se com o ouro, e a parcela não aproveitada de mercúrio é descartada no ambiente (Caheté, 1998). A separação do ouro e do mercúrio dá-se pela queima do amálgama, volatizando o mercúrio para o ar atmosférico. O mercúrio, durante a queima (Figura 15.1), é emitido para atmosfera na sua forma elementar (Hg^0), podendo ser oxidado para a forma iônica Hg^{2+}, o qual entra em contato com vapor de água para, então, ser depositado em superfícies foliares. O mercúrio elementar também pode ser absorvido por outras partículas atmosféricas e conduzido para o solo.

Dessa forma, o mercúrio configura-se como um poluente de elevada preocupação porque, após sua emissão de fontes antropogênicas, que incluem manufatura, armazenamento, manejo, transporte, uso e eliminação, a fração de mercúrio elementar (Hg^0) está sujeita ao transporte atmosférico de longo alcance e, consequentemente, deposição em outros lugares do Planeta. O mercúrio é trocado entre a atmosfera e a hidrosfera, sendo facilmente transformado por processos químicos ou biológicos. Acresce-se que os compostos de mercúrio orgânico tóxico se acumulam na cadeia alimentar aquática e terrestre (Kuss; Olzmann; Ludwig, 2009).

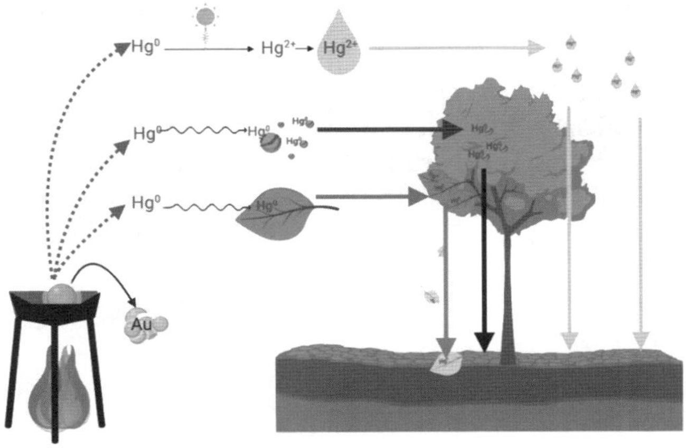

Figura 15.1 – Percurso de deposição de mercúrio no meio ambiente decorrente da queima do amálgama Au-Hg.

Fonte: adaptada de Gerson *et al*. (2022).

O mercúrio apresenta-se principalmente como Hg elementar, Hg inorgânico e Hg orgânico. O mercúrio metálico, por sua volatilidade e lipossolubilidade, é absorvido essencialmente pelos pulmões, pois cerca de 80% dos vapores inalados, tanto de Hg^0 quanto de Hg orgânico, são absorvidos no nível alveolar. A exposição crônica a vapores de mercúrio pode levar a alterações mentais (irritabilidade, dificuldade de concentração, insônia), tremores e nefrotoxicidade. Os efeitos deletérios do mercúrio sobre os sistemas nervosos central e periférico, assim como nos rins e outros órgãos, são conhecidos há tempos (Vaz; Lima, 2003).

Este capítulo mostra a complexidade da interação do ser humano com a sua história, a relação com valores sociais e econômicos, refletindo na necessidade de se contribuir, com conhecimento, para o Desenvolvimento Sustentável, que vai desde o conhecimento da matriz cristalina do ouro e como se dá o mecanismo autodifusivo de seus átomos, até técnicas destinadas à remoção de mercúrio contido em águas residuárias. Nesse contexto, e entendendo a importância de se dominar fundamentos de transferência de massa, pede-se:

a) Obtenha o valor do coeficiente de difusão do vapor de mercúrio elementar, Hg^0, em ar seco a 25 °C e 1 atm, e compare o resultado obtido com aquele encontrado na literatura, 0,1423 cm^2/s (Lugg, 1968).

b) Avalie o desempenho da correlação proposta por Kuss (2014) para obter o valor do coeficiente de difusão do mercúrio elementar, Hg^0, diluído em água

$$D_{AB} = 0{,}0335 \exp\left(-\frac{18.630}{RT}\right) \tag{15.1}$$

com R, em J/(mol.K) e T em K. Compare o resultado obtido com aquele experimental a 25 °C, que é 1,81 × 10^{-5} cm^2/s (viscosidade dinâmica da água, η = 0,8911 cP).

c) Sabendo que o valor do raio atômico do ouro elementar é igual 1,441 Å, obtenha o valor do coeficiente de difusão do ouro amalgamado em mercúrio a 25 °C e compare com aquele experimental, que é igual a 0,85 × 10^{-5} cm^2/s (Guminski; Galus, 1977). Assuma a descrição do modelo browniano para a obtenção do coeficiente de difusão do soluto diluído no meio considerado, por meio da Equação (4.3), ou

$$D_{AB} = 1,497 \times 10^{-7} \frac{T}{\eta_B \sigma_A} \tag{15.2}$$

em que T é a temperatura do meio (K); η_B, viscosidade dinâmica do meio (cP); σ_A, diâmetro do soluto (Å), fornecendo o resultado do D_{AB} em cm^2/s. Para tanto, é preciso saber o valor da viscosidade dinâmica do mercúrio, η_B, a qual advém de (Assael *et al.*, 2012),

$$\ell og_{10}\left(\eta_B / \eta_0\right) = -0,2561 + \frac{132,29}{T} \tag{15.3}$$

com o resultado em cP, sendo η_0 = 1 cP e a temperatura em Kelvin.

d) Obtenha uma expressão, na forma de Dushman-Langmuir, para a autodifusão do ouro em sua estrutura cristalina, considerando-se as informações experimentais apresentadas na Tabela 15.1.

Tabela 15.1 – Valores do coeficiente de autodifusão de ouro: pureza de 99,999%

T (°C)	603	642	716	829	903
D_ax10^{10} (cm^2/s)	0,046	0,111	0,683	4,63	15

Fonte: adaptada de Okkerse (1956)

Avalie o desempenho da correlação proposta por Makin; Rowe e LeClaire (1957)

$$D_a = 0,091 \exp\left(-\frac{41,7}{RT}\right) \tag{15.4}$$

válida para $704 \leq T \leq 1.048$ °C, com a temperatura em K; R em kcal/(mol.K), e o resultado de D_a em cm^2/s.

e) Calcule os valores da energia livre de Gibbs de migração atômica para cada situação apontada na Tabela 15.1, bem como das diferenças de entalpia e de entropia difusional. Admita, para tanto, que a frequência de vibração venha ser igual a 10^{14} Hz e que a célula unitária da rede cristalina cfc do Hg apresente comprimento igual a 4,07 Å.

COMENTÁRIOS

Midas, rei da Frígia, transformava em ouro a tudo o que tocava, desde o seu alimento até a própria filha. Para uns, retrato da ganância extrema; para outros, epíteto de sucesso. Fato é que, a Frígia, hoje, situa-se na Anatólia, Turquia. E a Turquia é banhada, a oeste pelo mar Egeu e a leste pelo mar Negro; ou seja, no caminho entre a Tessália e a Cólquida, estabelecendo, desse modo, uma rota marítma para o ouro na antiguidade. Ainda da Grécia, herdamos o mercúrio, cujo símbolo Hg remete à *hydro* (água) e *argyros* (prata) ou prata líquida, tendo em vista a sua natureza de metal líquido prateado. Contudo, muito antes da Grécia, o ser humano acerca-se de mercúrio, a começar do cinábrio, sulfeto de mercúrio (HgS), utilizado em pinturas nas paredes de cavernas, objetos de argila e de tintura facial. Dada a sua cor vermelha característica, o cinábrio líquido servia de indicador de temperatura nos termômetros (aliás, o termo cinábrio tem origem persa, que remete a "sangue de dragão"). Reporta-se que a extração intencional do cinábrio se dá há mais de 2.300 anos, sendo empregado na medicina pelos chineses e como unguento pelos romanos. Vitruvius, arquiteto romano, observou que o mercúrio dissolvia prontamente o ouro em processo de amalgamação, na intenção de recuperar o metal a ser utilizado em vestimentas. Por outro lado, não se pode olvidar o impacto de sua utilização, não só decorrente de mineração inconsequente. A poluição por mercúrio na Amazônia decorrente da mineração do ouro representou grave problema ambiental no início do século XXI, pois cerca de 70 a 170 toneladas de mercúrio foram despejadas, em conjunto com incêndios, consistindo, esta, igualmente em fonte primária de emissões de Hg (Azevedo; Nascimento; Chasin, 2003). As fontes antropogênicas incluem manufatura, armazenamento, manejo, transporte, uso e eliminação. O manuseio de substâncias químicas em ambientes de trabalho também é responsável por danos à saúde e, nesse caso, dos trabalhadores (Arcuri; Fernicola, 2003). Acidentes envolvendo mercúrio são reportados na literatura, conforme aponta o Quadro 15.1, demonstrando a importância do desenvolvimento consciente, incluindo da ciência e da tecnologia.

Quadro 15.1 – Acidentes envolvendo mercúrio

Tipo de acidente ou material contaminado	Origem ou fonte de contaminação	Localização	Danos	Data
Derramamento de Hg metálico	Hg transportado por caminhão	Rodovia de Cajamarca até costa do Peru	8 pessoas internadas	2000
Vazamento	Reator elétrico desativado	Mairinque/SP	10 pessoas contaminadas	2001
Contaminação de rio	Incêndio em armazém de agrotóxicos	Shweizerhalle, Suíça	Eliminação massiva no rio Reno	1986
Água e sedimento de rio	Mineração de ouro	Rondônia	Não relatados	Década de 1980
Peixe	Mineração na bacia do rio Madeira	Amazônia	Não relatados	Década de 1990
Água do mar	Produção de acetaldeído e de cloreto de vinila	Baía de Minamatta, Japão	Contaminação de plânctons, peixes, humanos	1920-1960
Grãos de trigo e de cevada	Metimercúrio utilizado como agrotóxico	Iraque	Aproximadamente 7.000 pessoas hospitalizadas, com cerca de 450 mortes	1959-1960 1971-1972

Fonte: adaptada de Arcuri; Fernicola (2003)

A remoção de metais como o mercúrio envolve, entre outros, processos físico-químicos de precipitação, troca iônica e extração por solvente. Tais processos não se mostraram adequados diante das legislações cada vez mais restritas para despejo de efluentes. Dessa forma, o presente capítulo abarca a difusão do mercúrio em distintos meios difusivos: gás, líquido e sólido cristalino. O mecanismo para a descrição da difusão do mercúrio elementar, Hg^0, em ar, pode ser resumido na obtenção do coeficiente binário de difusão, advindo da teoria cinética dos gases segundo a Equação (3.7), aqui retomada

$$D_{AB} = 2{,}66 \frac{T^{3/2}}{\sigma_{AB}^2 P \Omega_D M_{AB}^{1/2}} \times 10^{-3} \tag{15.5}$$

com a massa molar reduzida obtida da Equação (3.8), ou

$$M_{AB} = 2,0\left(\frac{M_A M_B}{M_A + M_B}\right) \tag{15.6}$$

com a temperatura (T) em K; pressão (P) em atm; diâmetro de colisão (σAB) em Å; DAB em cm2/s; em que σAB é o diâmetro de colisão e ΩD, a integral de colisão. Uma vez que o par Hg0-ar é apolar, o diâmetro de colisão de Lennard-Jones é conhecido a partir da Equação (3.9),

$$\sigma_{AB} = \frac{1}{2}(\sigma_A + \sigma_B) \tag{15.7}$$

Sendo a integral de colisão oriunda da Equação (3.11),

$$\Omega_D = \frac{1,06036}{T^{*0,1561}} + \frac{0,193}{\exp(0,473T^*)} + \frac{1,03587}{\exp(1,52996T^*)} + \frac{1,76474}{\exp(3,8941T^*)} \tag{15.8}$$

com a temperatura reduzida, T*, obtida da Equação (3.12), ou

$$T^* = \frac{k_B T}{\varepsilon_{AB}} \tag{15.9}$$

sendo a energia máxima de atração oriunda da Equação (3.13),

$$\frac{\varepsilon_{AB}}{k_B} = \sqrt{\left(\frac{\varepsilon_A}{k_B}\right)\left(\frac{\varepsilon_B}{k_B}\right)} \tag{15.10}$$

A Tabela 15.2 apresenta informações complementares e necessárias para a estimativa do valor de difusão do mercúrio em ar.

Tabela 15.2 – Propriedade das espécies químicas envolvidas na difusão em gases considerada neste capítulo

Espécie	M (g/mol)	σ_i (Å)	ε_i/k_B (K)
Mercúrio (Hg)	200,61	2,969	750
ar	28,85	3,711	78,6

A descrição da autodifusão do ouro em sua própria rede cristalina (Figura 15.2) segue o modelo do estado ativado, em que o coeficiente de difusão atômica, a partir da teoria do salto energético, decorre da equação de Dushman-Langmuir, Equação (15.1), retomada como (Okkerse, 1956)

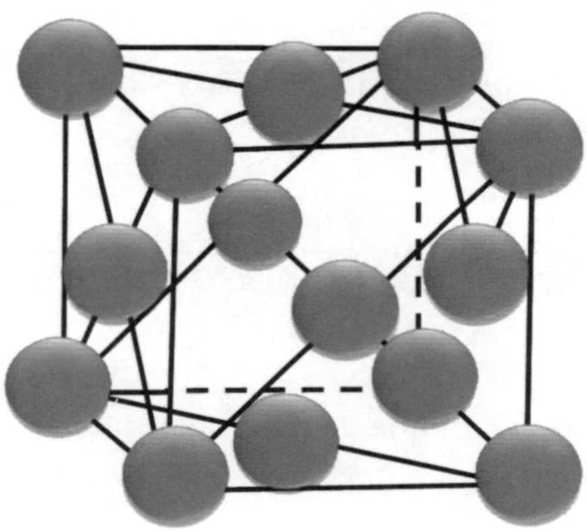

Figura 15.2 – Ilustração de sólido cristalino cúbica de face centrada (cfc).

Fonte: adaptada de Cremasco (2019).

$$D_a = \omega a^2 \exp\left(-\frac{\Delta G_m}{RT}\right) \tag{15.11}$$

em que ω está associado à energia vibracional atômica e, logo, à frequência dos saltos atômicos; a é o parâmetro da célula unitária da rede cristalina, que está associado ao tamanho do átomo hospedeiro, bem como do número de coordenação, que depende da distribuição dos átomos hospedeiros na rede cristalina e, portanto, associado à distância decorrente do salto energético do difundente; RT remete à energia cinética associada ao salto energético, e ΔG_m é a energia livre de Gibbs difusional, identificada a

$$-\frac{\Delta G_m}{RT} = \frac{\Delta S_m}{R} - \frac{\Delta H_m}{RT} \tag{15.12}$$

sendo ΔS_m a diferença de entropia difusional, R, constante universal dos gases; em que a diferença da entalpia difusional, ΔH_m, se relaciona com a energia de ativação difusional, E_A, por meio de

$$\Delta H_m = E_A - RT \tag{15.13}$$

Substituindo-se a Equação (15.13) na Equação (15.12), e o resultado na Equação (15.11), obtém-se

$$D_a = D_0 \exp\left(-\frac{E_A}{RT}\right) \tag{15.14}$$

com

$$D_0 = 2{,}7183\omega a^2 \exp\left(\frac{\Delta S_m}{R}\right) \tag{15.15}$$

FORMULÁRIO

O desempenho dos modelos propostos pode ser acompanhado mediante o emprego da análise do desvio relativo médio entre os encontrados na Tabela 15.1

$$DRM(\%) = \frac{1}{n}\sum_{i=1}^{n} Desvio_i \tag{15.16}$$

com o desvio relativo ao valor experimental calculado por

$$Desvio(\%) = \frac{\left(D_{AB_{cal}} - D_{AB_{exp}}\right)}{D_{AB_{exp}}} \times 100 \tag{15.17}$$

em que o subscrito "cal" se refere ao valor calculado e o subscrito "exp", ao experimenal.

Informações adicionais

R = 8,3145 J/(mol.K) = 1,987 cal/(mol.K) = 8,3145 × 10^{-3} kJ/(mol.K) = 1,987 × 10^{-3} kcal/(mol.K);

1 cm = 10^8 Å;

1 mm^2 = 10^{-2} cm^2;

1 min = 60 s.

SOLUÇÃO

a) obtenção do coeficiente de difusão do vapor de mercúrio no ar advém da utilização da Equação (15.5),

$$D_{AB} = 2,66 \frac{T^{3/2}}{\sigma_{AB}^2 P \Omega_D M_{AB}^{1/2}} \times 10^{-3} \tag{1}$$

com a massa molar reduzida obtida da Equação (15.6), ou

$$M_{AB} = 2,0 \left(\frac{M_A M_B}{M_A + M_B} \right) \tag{2}$$

Identificando A = Hg e B = ar, verifica-se da Tabela 15.4, M_A = 200,61 g/mol e M_B = 28,85 g/mol, resultando da Equação (2),

$$M_{AB} = (2,0)\left[\frac{(200,61)(28,85)}{200,61 + 28,81} \right] = 50,45 \text{ g/mol} \tag{3}$$

O valor do diâmetro de colisão do par Hg-ar advém da Equação (15.7). Da Tabela 15.3, sabe-se que σ_A = 2,969 Å e σ_B = 3,711 Å, resultando em

$$\sigma_{AB} = \frac{1}{2}(\sigma_A + \sigma_B) = \frac{1}{2}(2,969 + 3,711) = 3,340 \text{ Å} \tag{4}$$

O valor da integral de colisão, Ω_D, presente na Equação (1), depende da temperatura reduzida, T*, oriunda da Equação (15.9), ou

$$T^* = \frac{k_B T}{\varepsilon_{AB}} \tag{5}$$

com a energia máxima de atração advinda da Equação (15.10),

$$\frac{\varepsilon_{AB}}{k_B} = \sqrt{\left(\frac{\varepsilon_A}{k_B}\right)\left(\frac{\varepsilon_B}{k_B}\right)} \tag{6}$$

Pela Tabela 15.1, sabe-se que $\varepsilon_A/k_B = 750$ K e $\varepsilon_B/k_B = 78{,}6$ K, resultando da Equação (6),

$$\frac{\varepsilon_{AB}}{k_B} = \sqrt{(750)(78{,}6)} = 242{,}80\,\text{K} \tag{7}$$

Visto T = 25 °C = 25 + 273,15 = 298,15 K, substitui-se esse valor, em conjunto com o resultado 7, na Equação (5),

$$T^* = \frac{k_B T}{\varepsilon_{AB}} = \frac{(298{,}15)}{(242{,}80)} = 1{,}228 \tag{8}$$

O valor da integral de colisão advém da substituição do resultado 8 na Equação (15.8),

$$\Omega_D = \frac{1{,}06036}{(1{,}228)^{0{,}1561}} + \frac{0{,}193}{\exp\left[(0{,}473)(1{,}228)\right]} + \frac{1{,}03587}{\exp\left[(1{,}52996)(1{,}228)\right]} + \frac{1{,}76474}{\exp\left[(3{,}8941)(1{,}228)\right]} = 1{,}308 \tag{9}$$

Dessa maneira, o valor do coeficiente de difusão do vapor de mercúrio a 25 °C (298,15 K) e 1 atm é obtido ao substituir T = 298,15 K, P = 1 atm e os resultados 3, 4 e 9 na Equação (1),

$$D_{AB} = (2{,}66)\frac{(298{,}15)^{3/2}}{(3{,}340)^2(1{,}0)(1{,}308)(50{,}45)^{1/2}} \times 10^{-3} = 0{,}1321\ \text{cm}^2/\text{s} \tag{10}$$

Tendo em vista que o valor experimental é 0,1423 cm^2/s, tem-se, considerando-se a Equação (15.17), o seguinte desvio relativo

$$\text{Desvio}(\%) = \frac{(0{,}1321 - 0{,}1423)}{0{,}1423} \times 100 = -7{,}17\,\% \tag{11}$$

b) O valor do coeficiente de difusão do mercúrio elementar diluído em água a 25 °C advém da utilização da Equação (15.1), na qual se substitui R = 8,3145 J/(mol.K) e T = 298,15 K,

$$D_{AB} = 0{,}0335\exp\left(-\frac{18.630}{RT}\right) = (0{,}0335)\exp\left[-\frac{(18.630)}{(8{,}3145)(298{,}15)}\right] = 1{,}83\times10^{-5}\ \text{cm}^2/\text{s} \quad (12)$$

Visto o valor experimental ser igual a 1,81 × 10^{-5} cm^2/s, tem-se o seguinte desvio relativo

$$\text{Desvio}(\%) = \frac{(1{,}83\times10^{-5} - 1{,}81\times10^{-5})}{1{,}81\times10^{-5}}\times100 = 1{,}11\% \quad (13)$$

O que era de se esperar, pois a Equação (15.1) foi desenvolvida especificamente para a difusão de mercúrio elementar em água.

c) O procedimento de cálculo neste item para a obtenção do valor do coeficiente de difusão de ouro em mercúrio líquido a 25 °C é semelhante ao apresentado no item anterior, lembrando que, aqui, o Hg é o meio difusivo, enquanto o ouro é o soluto. Nesse caso, toma-se a Equação (15.2),

$$D_{AB} = 1{,}497\times10^{-7}\frac{T}{\eta_B\sigma_A} \quad (14)$$

cujo valor da viscosidade dinâmica do mercúrio líquido advém da Equação (15.3),

$$\ell og_{10}(\eta_B/\eta_0) = -0{,}2561 + \frac{132{,}29}{T} \quad (15)$$

com o resultado em cP, sendo η_0 = 1 cP e a temperatura em Kelvin. Uma vez que T = 25 °C = 298,15 K, tem-se na Equação (15)

$$\ell og_{10}(\eta_B) = -0{,}2561 + \left(\frac{132{,}29}{298{,}15}\right) = 0{,}1876$$

ou

$$\eta_B = 1{,}54\,\text{cP} \tag{16}$$

Visto r_A =1,441 Å, portanto σ_A =2,882 Å, pode-se substituir esse valor em conjunto com T = 298,1K e o resultado 16, na Equação (14),

$$D_{AB} = \left(1{,}497\times10^{-7}\right)\frac{(298{,}15)}{(1{,}54)(2{,}882)} = 1{,}00\times10^{-5}\ \text{cm}^2/\text{s} \tag{17}$$

Como o valor experimental é igual a 0,85×10^{-5} cm^2/s tem-se, considerando-se a Equação (15.17), o seguinte valor para o desvio relativo

$$\text{Desvio}(\%) = \frac{\left(1{,}00\times10^{-5} - 0{,}85\times10^{-5}\right)}{0{,}85\times10^{-5}}\times100 = 18{,}31\% \tag{18}$$

d) A equação na forma de Dushman-Langmuir para a autodifusão do ouro em sua estrutura cristalina apresenta-se como

$$D_a = D_0 \exp\left(-\frac{E_A}{RT}\right) \tag{19}$$

Ao se construir o gráfico -ln(Da) vs. 1/RT, observa-se a presença ou não de uma reta. No caso positivo, a inclinação da reta é a energia potencial difusional, E_A, enquanto o valor exponencial da interseção da reta no eixo da ordenada é o fator pré-exponencial, D_0. Desse modo, utiliza-se a Tabela 15.1, considerando a temperatura em Kelvin e R = 1,987 × 10^{-3} kcal/(mol.K), de modo que se obtém a Tabela 3, a partir da qual se constrói a Figura 1.

Tabela 1 – Valores do coeficiente de autodifusão de ouro: pureza de 99,999%

1/RT (mol/kcal)	0,574	0,550	0,509	0,457	0,428
-lnD$_a$ (cm^2/s)	26,105	25,224	23,407	21,493	20,318

Fonte: adaptada de Okkerse (1956)

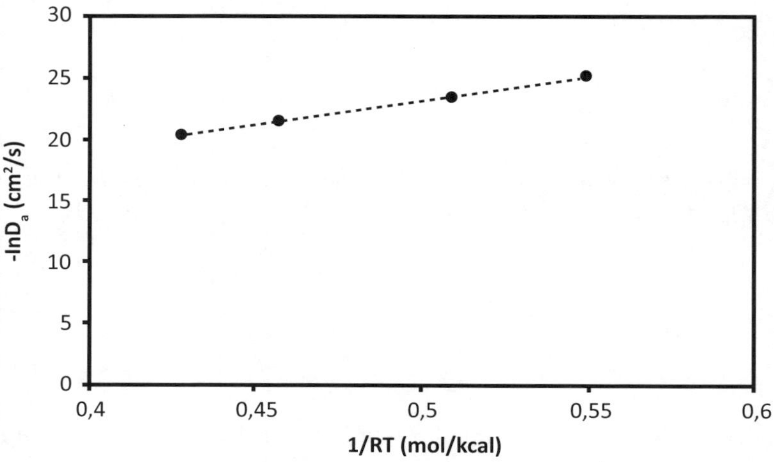

Figura 1 – Obtenção dos parâmetros da equação de Dushman-Langmuir para a autodifusão do ouro.

Da Figura 1, obtém-se uma reta de coeficiente de determinação igual a $R^2 = 0,9992$, na forma

$$-\ell n\left(D_a\right) = 0,3698 + \frac{39,6}{RT} \tag{20}$$

possibilitando escrever

$$D_a = 0,0344 \exp\left(-\frac{39,6}{RT}\right) \tag{21}$$

A Equação (21) apresenta desvio relativo médio, calculado mediante a Equação (15.17), igual a 0,19%. Deseja-se, também, no presente tópico, avaliar o desempenho da Equação (15.4), ou

$$D_a = 0,091 \exp\left(-\frac{41,7}{RT}\right) \tag{22}$$

Tendo em vista que $R = 1,987 \times 10^{-3}$ kcal/(mol.K) e conhecendo as temperaturas em Kelvin (Tabela 15.1), são obtidos os valores do coeficiente de autodifusão do ouro fornecidos na Tabela 2, que apresenta os valores de desvio relativo, Equação (15.17), em relação aos valores experimentais, para cada temperatura, acarretando em desvio médio relativo, Equação (15.16), igual a -7,32%.

Tabela 2 – Valores do coeficiente de autodifusão de ouro: pureza de 99,999%

T (°C)	603	642	716	829	903
D_ax10[10] (cm²/s)	0,046	0,111	0,683	4,63	15
Desvio relativo (%)	-21,72	-9,97	-18,65	5,66	8,07

Fonte: adaptada de Okkerse (1956)

e) O conhecimento dos valores termodinâmicos, energia livre de Gibbs de migração atômica e diferenças de entalpia e entropia difusional decorrem do emprego, respectivamente, das Equações (15.12), (15.13) e (15.14). Para a diferença de entalpia difusional, tem-se

$$\Delta H_m = E_A - RT \tag{23}$$

Exemplificando os cálculos para T = 603 °C = 603 + 273,15 = 876,15 K, R = 1,987×10^{-3} kcal/(mol.K) e E_A = 39,6 kcal/mol, tem-se na Equação (23)

$$\Delta H_m = 39{,}6 - \left(1{,}987\times10^{-3}\right)\left(876{,}15\right) = 37{,}86\,\text{kcal/mol} \tag{24}$$

A obtenção do valor da diferença de entropia difusional advém da Equação (15.15), retomada segundo

$$\Delta S_m = R\ell n\left(\frac{D_0}{2{,}7183\omega a^2}\right) \tag{25}$$

Visto que ω = 10^{14} Hz = 10^{14} s^{-1}, a = 4,07 Å = 4,07 10^{-8} cm e D_0 = 0,0344 cm²/s, obtém-se

$$\Delta S_m = \left(1{,}987\times10^{-3}\right)\ell n\left[\frac{(0{,}0344)}{(2{,}7183)\left(1{,}0\times10^{14}\right)\left(4{,}07\times10^{-8}\right)^2}\right] = -5{,}11\times10^{-3}\,\text{kcal/(mol.K)} \tag{26}$$

Os valores de energia livre de Gibbs de migração atômica decorrem da utilização da Equação (15.12), reescrita como

$$\Delta G_m = \Delta H_m - T\Delta S_m \tag{27}$$

Para T = 603 °C = 876,15 K, substitui-se esse valor em conjunto com os resultados 24 e 26 na Equação (27),

$$\Delta G_m = 37,86 - (876,15)(5,11\times10^{-3}) = 42,34\,\text{kcal/mol} \tag{28}$$

A Tabela 3 apresenta os demais resultados de ΔH_m e ΔG_m para as demais temperaturas.

Tabela 3 – Diferença de entalpia difusional e energia livre de Gibbs de migração atômica associadas à autodifusão do ouro

T (°C)	603	642	716	829	903
ΔH_m (kcal/mol)	37,86	37,78	37,63	37,41	37,26
ΔG_m (kcal/mol)	42,34	42,46	42,68	43,04	43,27

REFERÊNCIAS

ARCURI, A. S. A.; FERNICOLA, N. A. G. G. Riscos ao meio ambiente e acidentes relatados. Cap. 15, p. 451-492. In: A. F. AZEVEDO, A. A. M. CHASIN (Eds.). *Metais – Gerenciamento da toxidade.* São Paulo: Atheneu, 2003. 554 p.

ASSAEL, M. J.; ARMYRA, I. J.; BRILLO, J.; STANKUS, S. V..; WU, J.; WAKEHAM, W. A.; Reference data for the density and viscosity of liquid cadmium, cobalt, gallium, indium, mercury, silicon, thallium, and zinc. *Journal of Physical and Chemical Reference Data*, v. 41, n. 3, p. 033101.1-033101.16, 2012.

AZEVEDO, F. A.; NASCIMENTO, E. S.; CHASIN, A. A. M. Mercúrio. Cap. 11, p. 299-352. In: AZEVEDO, F. A.; CHASIN, A. A. M. (Eds.). *Metais – Gerenciamento da toxidade.* São Paulo: Atheneu, 2003. 554 p.

CAHETÉ, F. S. A extração do ouro na Amazônia e implicações para o meio ambiente. *Novos Cadernos*, v. 1, n. 2, p. 1-23, 1998.

CREMASCO, M. A. *Difusão mássica*. São Paulo: Blucher, 2019. 284 p.

CREMASCO, M. A. *Viagens necessárias*. São Paulo: Tao, 2023. 196 p.

GERSON, J. R. et al. Amazon forests capture high levels of atmospheric mercury pollution from artisanal gold mining. *Nature Communications*. Disponível em: <hrrps://doi.org./10.1038/s41467-0220-27997-3/www.nature.com./naturecommunications>. Acesso em: 30 ago. 2022.

GUMINSKI, C.; GALUS, Z. Determination of diffusion coefficient and concentrations of gold in mercury based on the pre-peak formation in the reduction of zinc (II) at hanging gold amalgam drop electrodes. *Journal of Electroanalytical Chemistry*, v. 83, p. 139-50, 1977.

KUSS, J. Water–air gas exchange of elemental mercury: An experimentally determined mercury diffusion coefficient for Hg0 water–air flux calculations. *Limnology and Oceanography*, v. 59, n. 5, p. 1461-1467, 2014.

KUSS, J.; OLZMANN, J.; LUDWIG. R. An elemental mercury diffusion coefficient for natural Waters determined by molecular dynamics simulation. *Environmental Science & Technology*, v. 43, n. 9, p. 3183-3186, 2009.

LUGG, G. A. Diffusion coefficients of some organic and other vapors in air. *Analytical Chemistry*, v. 40, n. 7, p. 1072-1077, 1968.

MAKIN, S. M.; ROWE, A. H.; LeCLAIRE, A. D. Self-diffusion in gold. *Proceedings of the Physical Society*. Section B, v. 70, p. 5450552, 1957.

NICOL, M. J.; FLEMING, C. A.; PAUL, R. L. The chemistry of the extraction of gold. Chapter 15, p. 831-905. In: STANLEY, G. G. (Ed.).*The extractive metallurgy of gold in South Africa*. Johannesburg: The South African Institute of Mining and Metallurgy, 1987.

OKKERSE, B. Self-diffusion of gold. *Physical Review*, v. 103, n. 5, p. 1246-1249, 1956.

OTELO, A. Q. *Validação do termo de referência para licenciamento ambiental de mineração artesanal e de pequena escala (MAPE) de minério de ouro no estado de Pernambuco*. 2018. 216 f. Dissertação (Mestrado em Engenharia Mineral) – Universidade Federal de Pernambuco, Recife, 2018.

ROSA, A. P. F. *Joias em aço inoxidável:* Proposta para produção artesanal. 2006. 96 f. Dissertação (Mestrado em Engenharia de Produção) – Universidade Federal de Santa Catarina, Florianópolis, 2006.

VAZ, A. J.; LIMA, I. V. Imunotoxidade dos metais. Cap. 13, p. 399-414. In: AZEVEDO, F. A.; CHASIN, A. A. M. (Eds.). *Metais – Gerenciamento da toxidade*. São Paulo: Atheneu, 2003. 554 p.

Nomenclatura

D_a	Coeficiente intersticial atômico	$[L^2.T^{-1}]$
$D_{\mathring{A}}$	Coeficiente de difusão do eletrólito A	$[L^2.T^{-1}]$
D_{AB}	Coeficiente de difusão do soluto A no meio B	$[L^2.T^{-1}]$
D_{1M}	Coeficiente de difusão do soluto 1 no meio multicomponente M	$[L^2.T^{-1}]$
D_e	Coeficiente de difusão de elétrons	$[L^2.T^{-1}]$
D_{ef}	Coeficiente de difusão efetivo; difusividade efetiva	$[L^2.T^{-1}]$
D_p	Coeficiente de difusão nos poros	$[L^2.T^{-1}]$
$D_{p,ef}$	Coeficiente efetivo de difusão nos poros; difusividade nos poros	$[L^2.T^{-1}]$
$D_{V,ef}$	Coeficiente efetivo de difusão capilar ou viscosa	$[L^2.T^{-1}]$
D_x	Coeficiente generalizado de difusão na direção x	$[L^2.T^{-1}]$
D_{ij}	Coeficiente de difusão da espécie i no meio j; i = 1	$[L^2.T^{-1}]$
D_{iM}	Coeficiente de difusão da espécie i no meio multicomponente M	$[L^2.T^{-1}]$
$D_{\mathring{A}}$	Coeficiente de difusão em diluição infinita do eletrólito	$[L^2.T^{-1}]$

$D_{\parallel}$	Coeficiente de difusão paralela	$[L^2.T^{-1}]$
$D_{\perp}$	Coeficiente de difusão perpendicular	$[L^2.T^{-1}]$
E	Potencial eletrostático	$[F.L.Q^{-1}]$
E_A	Energia de ativação	[F.L]
E_{relax}	Energia de ativação de relaxação	[F.L]
E_{th}	Força limiar	[F.L]
$j_{i,z}$	Fluxo difusivo de i, na direção z, em base mássica; i = A	$[M.L^{-2}.T^{-1}]$
k	Permeabilidade da matriz porosa	$[L^2]$
k_B	Constante de Boltzmann	$[L^2.M.T^{-1}.t^{-1}]$
L	Comprimento de segmento de cadeia polimérica	[L]
L	Número de passos	Adimensional
m	Massa de uma partícula material; massa	[M]
m_i	Massa da espécie i; i = 1, 2..., i, ...n; i = i, j	[M]
M	Massa molar do meio (mistura ou solução)	$[M.mol^{-1}]$
M_{AB}	Massa molar reduzida	$[M.mol^{-1}]$
$N_{i,z}$	Fluxo global molar da espécie i (i = A, B) na direção z	$[mol.L^{-2}.T^{-1}]$
N_0	Número de Avogadro	$[molécula.mol^{-1}]$
P	Pressão; pressão total do sistema	$[F.L^{-2}]$
Q_T	Massa de soluto por área	$[M.L^{-2}]$
r_G	Raio de giro	[L]
$<r>$	Deslocamento médio do soluto	[L]
R	Constante universal dos gases	$[F.mol^{-1}.t^{-1}]$
R	Raio da partícula	[L]
R_i	Número pseudoaleatório	-
T	Temperatura	[t]
T_c	Temperatura crítica	[t]
v(t)	Velocidade de uma partícula material; velocidade da avalanche (raio)	$[L.T^{-1}]$

V	Volume	[L^3]
V_b	Volume molar à temperatura normal de ebulição	[$L^3.mol^{-1}$]
V_c	Volume crítico	[$L^3.mol^{-1}$]
<x>	Deslocamento médio em x	[L]
<y>	Deslocamento médio em y	Adimensional
y_i	Fração molar (para gás/vapor) para a espécie i; i = 1, 2..., i, ...n; i = a, b, i, j	Adimensional
w_i	Fração mássica para a espécie i; i = 1, 2..., i, ...n; i = a, b, i, j	Adimensional
z_C	Comprimento da cauda do raio	[L]
z_i	Carga do íon i	
z_S	Comprimento da *streamer zone* (raio)	[L]
<z>	Deslocamento médio em z	Adimensional

Letras gregas

β	Constante de Kozeny	Adimensional
γ_A	Coeficiente de atividade da espécie A; da solução eletrolítica ±	Adimensional
$\Gamma_\pm$	Fator termodinâmico para soluções eletrolíticas	Adimensional
δ	Percurso característico; espessura	[L]
ΔG_m	Energia livre de Gibbs difusional	[F.L]
ΔH_m	Diferença de entalpia difusional	[F.L]
ΔS_m	Diferença de entropia difusional	[F.L]
Δt	Incremento no tempo	[T]
ε_{AB}	Energia máxima de atração entre as espécies A e B	[F.L]
ε_i	Energia máxima de atração da espécie i; para i = A, B	[F.L]
η_B	Viscosidade dinâmica do meio B (com A diluído nesse meio)	[$M.L^{-1}.T^{-1}$]
λ_i	Condutividade iônica limite	[$ohm.eq^{-1}$]
Λ_i	Condutividade molar iônica limite	[$ohm.L^2.mol^{-1}$]

ν_i	Frequência de colisão iônica	$[T^{-1}]$
σ^2	Variância; segundo momento	-
σ_i	Diâmetro difusional do difundente (soluto) i; diâmetro de Stokes-Einstein	[L]
σ_{AB}	Diâmetro médio de colisão entre as espécies A e B	[L]
σ_p	Diâmetro médio dos poros	[L]
τ	Tempo característico; tempo característico de amortecimento viscoso	[T]
τ	Tempo de relaxação	[T]
Σv_i	Volume de difusão (ou difusional) da espécie i	
ϕ	Parâmetro de associação do solvente; relação entre os volumes V_A e V_L	Adimensional
ω	Frequência vibracional atômica do difundente em uma estrutura cristalina	$[T^{-1}]$
Ω_D	Integral de colisão	Adimensional

Subscritos

0	Condição inicial; pré-exponencial
1, 2, ...	Espécies químicas 1, 2, ...
A	Espécie química A; soluto, sal
B	Espécie química B
c	Crítica
exp	Experimental
F	Alimentação
H_2O	Água
i	Íon; espécie i; plano ou região i
j	Espécie j
mod	Modelo, teórico
M	Meio multicomponente M

p	Interface, permeado, poro
R	Retentato
x	Direção espacial x
y	Direção espacial y
z	Direção espacial z

Sobrescritos

o	Condição de diluição do soluto no meio considerado
•	Coeficiente de difusão decorrente da contribuição ponderada das espécies envolvidas
*	Equilíbrio; reduzida

Índice remissivo

A

B

C

D

E

N

O

GRÁFICA PAYM
Tel. [11] 4392-3344
paym@graficapaym.com.br